HIDROLOGIA

Blucher

LUCAS NOGUEIRA GARCEZ

Ex-Professor Catedrático da Escola Politécnica
da Universidade de São Paulo

GUILLERMO ACOSTA ALVAREZ

Professor Titular da Universidade Mackenzie

●

HIDROLOGIA

2ª Edição Revista e Atualizada

●

Hidrologia

© 1988   Lucas Nogueira Garcez
          Guillermo Acosta Alvarez

2ª edição – 1988

13ª reimpressão – 2019

Editora Edgard Blücher Ltda.

Blucher

Rua Pedroso Alvarenga, 1245, 4º andar
04531-934 – São Paulo – SP – Brasil
Tel.: 55 11 3078-5366
contato@blucher.com.br
www.blucher.com.br

É proibida a reprodução total ou parcial
por quaisquer meios, sem autorização
escrita da Editora.

Todos os direitos reservados pela Editora
Edgard Blücher Ltda.

FICHA CATALOGRÁFICA

Garcez, Lucas Nogueira
    Hidrologia / Lucas Nogueira Garcez,
Guillermo Acosta Alvarez. – 2. ed. rev. e atual.
– São Paulo: Blucher, 1988.

    Bibliografia.
    ISBN 978-85-212-0169-4

    1. Hidrologia I. Acosta Alvarez, Guillermo.
II. Título.

04-0028   CDD-551.48

Índice para catálogo sistemático:
1. Hidrologia   551.48

Prefácio desta edição

A profícua obra didática do eminente professor e ilustre engenheiro Lucas Nogueira Garcez não poderia estagnar-se, e aqui está então a segunda edição, revista e atualizada, de **Hidrologia**.

Fui apresentado ao professor Garcez em 1973 e, ao longo dos anos que se seguiram, conhecendo ele as minhas atividades profissionais ligadas ao setor de obras hidráulicas, entre outras, manifestou claramente o desejo de que eu o ajudasse na atualização e eventual complementação da sua obra, que ele classificava de "despretensiosa e como resultado do trabalho de sua equipe na Escola Politécnica da Universidade de São Paulo".

Em 1981, comecei então a levar adiante a idéia, visando o objetivo maior que norteou a obra original: o de que a publicação seja útil a estudantes e profissionais da Hidrologia. A obra original nasceu de aulas ministradas no Curso de Pós-Graduação da Escola Politécnica da Universidade de São Paulo em 1964 e 1965, curso esse do qual o Prof. Garcez foi o coordenador responsável, contando com a valiosa colaboração dos Profs. Carlos Eduardo de Almeida, José Augusto Martins, Eduardo Romey Yassuda e Kokei Uehara. Essa colaboração está presente na redação dos itens 5.1 a 5.7 do Cap. 5 — "Precipitações" e de todo o Cap. 8 — "Escoamento superficial" pelo Prof. Carlos Eduardo de Almeida; na redação parcial do Cap. 9 — "Previsão de enchentes" pelo Prof. Kokei Uehara; e nas sugestões e observações dos mesmos somadas às dos Profs. José Augusto Martins e Eduardo Romey Yassuda sobre diversos assuntos deste trabalho.

São Paulo, novembro de 1988

Guillermo Acosta Alvarez

Índice

Capítulo 1 - INTRODUÇÃO
1.1 Generalidades 1
1.2 Ciclo hidrológico 2
1.3 Métodos de estudos 3
1.4 Exemplos de aplicações da hidrologia à engenharia 4
Referências bibliográficas 5

Capítulo 2 - FUNDAMENTOS GEOFÍSICOS DA HIDROLOGIA
2.1 A atmosfera 7
    2.1.1 Generalidades 7
    2.1.2 Espessura e massa 7
    2.1.3 Composição 8
    2.1.4 Algumas propriedades do vapor de água de interesse para Hidrometeorologia 9
    2.1.5 Expressões da umidade do ar atmosférico 10
2.2 A radiação solar 11
    2.2.1 Generalidades 11
    2.2.2 Balanço energético do sistema Terra-atmosfera 12
    2.2.3 Variações da intensidade da radição global 13
2.3 O campo vertical das temperaturas 14
    2.3.1 Generalidades 14
    2.3.2 Distribuição vertical das temperaturas na troposfera 15
    2.3.3 Estabilidade atmosférica 16
2.4 O campo das pressões e dos ventos 17
    2.4.1 O campo vertical das pressões em um lugar determinado 17
    2.4.2 O Campo horizontal das pressões na superfície terrestre 18
    2.4.3 Os ventos 18
2.5 Evolução da situação meteorológica 20
    2.5.1 Generalidades 20
    2.5.2 A circulação geral da atmosfera 20
    2.5.3 Os ciclones e os anticiclones 22
    2.5.4 As massas de ar 23
    2.5.5 As frentes 23

2.5.6 Gênese das perturbações e as frentes e chuvas a elas associadas 24
2.5.7 Gênese das precipitações devido as frentes 26
2.5.8 As tempestades 27
2.6 Notas sobre meteorologia tropical 27
Referências bibliográficas 28

Capítulo 3 - COLETA DE DADOS DE INTERESSE PARA A HIDROLOGIA
3.1 Introdução 29
3.2 Sistemas clássicos 31
3.2.1 Estações meteorológicas 31
3.2.2 Sistemas especiais 35
3.3 Sistemas de satélites 36
3.3.1 Generalidades 36
3.3.2 Sistemas existentes 38

Capítulo 4 - CARACTERÍSTICAS DAS BACIAS HIDROGRÁFICAS
4.1 Generalidades 43
4.2 Características topográficas 43
4.2.1 Definições 43
4.2.2 Individualização da bacia hidrográfica 45
4.2.3 Curvas características da topologia de uma bacia 45
4.3 Perfil longitudinal de um curso de água 48
4.4 Características fluviomorfológicas 49
4.4.1 Índice de conformação 49
4.4.2 Índice de compacidade 49
4.4.3 Densidade de drenagem 50
4.5 Características geológicas 50
4.6 Cobertura vegetal 51
4.7 Características térmicas 51
4.8 Medida da temperatura do ar no solo 51
4:8.1 Definição das temperaturas fornecidas pelos boletins meteorológicos 51
4.8.2 Distribuição geográfica das temperaturas 52
4.8.3 As variações da temperatura no tempo 53
4.8.4 A temperatura da água 53
4.9 Dados básicos para o planejamento de bacias hidrográficas 54
Referências bibliográficas 55

Capítulo 5 - PRECIPITAÇÕES ATMOSFÉRICAS
5.1 Generalidades 57
5.1.1 Definição 57
5.1.2 Importância do estudo das precipitações atmosféricas 57
5.2 Mecanismo de formação das precipitações atmosféricas 58
5.2.1 Estrutura das nuvens 58
5.2.2 Dimensões das gotas de chuva 58
5.2.3 Processos de desencadeamento das chuvas 60
5.2.4 Alimentação das precipitações atmosféricas 60
5.2.5 Provocação artificial de chuvas 61
5.3 Tipos de chuvas 61
5.4 Medida das chuvas 61
5.4.1 Grandezas características e unidades de medida 62
5.4.2 Dificuldades de medição 62
5.4.3 Tipos de aparelhos 64
5.4.4 Cuidados especiais na instalação e operação dos aparelhos de medida 65
5.4.5 Distribuição dos aparelhos 68
5.4.6 Redes pluviométricas no Brasil 70
5.5 Análise dos dados relativos a uma estação pluviométrica 70
5.5.1 Preparo preliminar dos dados 70

5.5.2 Elementos característicos 71
5.5.3 Altura pluviométrica anual 72
5.5.4 Alturas pluviométricas mensais 79
5.6 Distribuição geográfica das precipitações 81
    5.6.1 Regimes plulviométricas gerais 81
    5.6.2 Cartas pluviométricas 82
    5.6.3 Determinação da altura média precipitada sobre uma área 84
5.7 Precipitação intensas 86
    5.7.1 Importância prática do estudo das precipitações intensas 87
    5.7.2 Diagramas representativos das chuvas intensas 87
    5.7.3 Relação entre intensidade, duração e frequência 88
    5.7.4 Distribuição das intensidades durante a duração 172
    5.7.5 Distribuição no tempo e no espaço 173
    Referências bibliográficas 175

Capítulo 6 - EVAPOTRANSPIRAÇÃO
6.1 Generalidades 177
6.2 Grandezas características 177
6.3 Fatores Intervenientes 178
    6.3.1 Grau de umidade relativa do ar atmosférico 178
    6.3.2 Vento 178
    6.3.3 Temperatura 179
    6.3.4 Radiação solar 179
    6.3.5 Pressão barométrica 179
    6.3.6 Salinidade da água 179
    6.3.7 Evaporação na superfície do solo 179
    6.3.8 Transpiração 179
6.4 Instrumentos de medida do poder evaporante da atmosfera 180
6.5 Fórmulas empíricas para o cálculo do poder evaporante da atmosfera a partir
    de dados meteorológicos 182
6.6 Estimativas de perdas por evaporação baseadas em medidas feitas em evaporamento . 184
6.7 Redução da evaporação nas superfícies de reservatórios de acumulação 184
6.8 Análise dos dados, apresentação de resultados e previsão das perdas por evaporação .. 185
6.9 Evaporação em solo sem vegetação 186
    6.9.1 Medida da evaporação neste caso 186
    6.9.2 Resultados das medidas de evaporação neste caso 189
6.10 Transpiração 190
    6.10.1 Medida da transpiração 191
    6.10.2 Resultados das medidas de transpiração 191
    6.10.3 Necessidade de água consumida pelas plantas cultivadas 192
6.11 O déficit de escoamento 193
    6.11.1 Balanço hidrológico e déficit de escoamento médio anual de uma bacia .. 193
    6.11.2 Fórmulas empíricas para o cálculo do déficit de escoamento anual médio
            em função das precipitações e das temperaturas 194
    Referências bibliográficas 198

Capítulo 7 - INFILTRAÇÃO
7.1 Ocorrência 199
7.2 Grandezas características 200
    7.2.1 Capacidade de infiltração 200
    7.2.2 Distribuição granulométrica 200
    7.2.3 Porosidade de um solo 200
    7.2.4 Velocidade de filtração 200
    7.2.5 Coeficiente de permeabilidade 200
    7.2.6 Suprimento específico 202
    7.2.7 Retenção específica 202

7.2.8 Fatores intervenientes na capacidade de infiltração 202
7.2.9 Fatores intervenientes no coeficiente de permeabilidade 205
Referências bibliográficas 209

Capítulo 8 - ESCOAMENTO SUPERFICIAL
8.1 Generalidades 211
8.2 Constituição da rede de drenagens superficial 211
   8.2.1 Águas livres 211
   8.2.2 Águas sujeitas 212
8.3 Componentes do escoamento dos cursos de água 212
   8.3.1 Principais fatores que determinam o afluxo da água a uma seção do rio 213
8.4 Medida do escoamento superficial 214
   8.4.1 Grandezas características 214
   8.4.2 Medida do nível de água 214
   8.4.3 Medida de velocidades 221
   8.4.4 Determinação da vazão 227
   8.4.5 Correlação nível de água-vazão 235
   8.4.6 Redes fluviométricas no Brasil 245
8.5 Análise dos dados relativos a uma estação fluviométrica 245
   8.5.1 Preparo preliminar dos dados 245
   8.5.2 Elementos estatísticos característicos 247
   8.5.3 Estudo do módulo (deflúvio anual) 247
   8.5.4 Estudo das vazões médias anuais 247
   8.5.5 Estudo das vazões e níveis de água médios diários 248
8.6 Regime dos cursos de água 249
8.7 Cartas de distribuição geográfica de grandezas características do escoamento superficial 249
Referências bibliográficas 250

Capítulo 9 - PREVISÃO DE ENCHENTES
9.1 Generalidades 251
9.2 Fórmulas empíricas para a previsão de enchentes 252
   9.2.1 Fórmulas de Fuller 252
   9.2.2 Fórmulas para estimativas das vazões máximas em pequenas bacias hidrográficas 254
9.3 Fundamentos dos processos estatísticos 256
9.4 Exemplos de aplicação de métodos estatísticos 258
   9.4.1 Previsão de enchentes no rio Paraíba, em Guararema, no Estado de São Paulo . . . 258
   9.4.2 Aplicação do método de Fuller 261
   9.4.3 Aplicação do método de Ven te Chow 264
   9.4.4 Aplicação do método de Foster-Hazen 264
   9.4.5 Aplicação do método de Foster, usando-se a curva normal de probabilidade
      de Gauss 267
   9.4.6 Aplicação do método de Galton-Gibrat 267
   9.4.7 Aplicação do método de Gumbel 271
   9.4.8 Comparação de valores de vazões milenares estimadas por processos
      probabilísticos 273
9.5 Métodos indiretos 275
   9.5.1 Método racional 275
   9.5.2 Fluviograma unitário 278
   9.5.3 O "streamflow routing" 280
9.6 Métodos hidrometeorológicos 286
   9.6.1 Avaliação da máxima precipitação provável 286
   9.6.2 Estudos hidrometeorológicos 289
   9.6.3 Máxima precipitação provável 289
   9.6.4 Hidrologia das enchentes 290
   9.6.5 Enchente máxima provável 290
Referências bibliográficas 291

1
Introdução

1.1 GENERALIDADES

A. Meyer define a *Hidrologia* como sendo a "ciência natural que trata dos fenômenos relativos à água em todos os seus estados, de sua distribuição e ocorrência na atmosfera, na superfície terrestre e no solo, e da relação desses fenômenos com a vida e com as atividades do homem".

Como ciência, a Hidrologia pode ser considerada como um capítulo da Física da Terra, e, portanto, intimamente relacionada à Meteorologia, Climatologia, Geografia Física, Geologia, Oceanografia etc.; no estudo da relação dos fenômenos hidrológicos com a vida e as atividades do homem, a Hidrologia se entrosa com a Agronomia, Mecânica dos Solos, Hidráulica, Ecologia, etc.

A Meteorologia estuda a atmosfera, agente através do qual se desenvolve grande parte do chamado "ciclo hidrológico". A Climatologia estuda o clima, que na acepção moderna é a síntese estatística das condições individuais do tempo.

No campo da Meteorologia, um dos capítulos mais intimamente relacionados com a Hidrologia é a Hidrometeorologia, que estuda as fontes de umidade atmosférica e o seu transporte, desde as áreas de origem até as de precipitação.

A hidrologia de um lugar é grandemente influenciada pela fisiografia regional: posição relativamente aos oceanos; presença de montanhas que possam influenciar a precipitação; fortes declives de terrenos possibilitando rápidos escoamentos superficiais; depressões, lagos ou baixadas capazes de retardar ou armazenar o deflúvio, etc.

A distribuição da água sobre e sob a superfície das áreas terrestres depende fundamentalmente das características da crosta: tipos de rochas, peculiaridades e extensão de depósitos geológicos condicionam a ocorrência dos lençóis aqüíferos. E como os oceanos constituem a maior fonte de umidade para a renovação dos recursos de água das áreas terrestres, a Oceanografia no que concerne às correntes oceânicas, marés, evaporação, etc. fornece bases preciosas para a Hidrologia.

As interligações da Hidrologia com a Agronomia, Mecânica dos Solos, Hidráulica, etc. são por demais evidentes.

Como a Engenharia Hidráulica trata do planejamento, projeto, construção e operação das estruturas destinadas a controlar e utilizar os recursos hídricos, não há dúvidas de que a Hidrologia é a base desse importante setor da Engenharia Civil.

1.2 CICLO HIDROLÓGICO

O comportamento natural da água quanto à sua ocorrência, transformações de estado e relações com a vida humana é bem caracterizado por meio do conceito de ciclo hidrológico.

O ciclo hidrológico pode ser considerado como composto de duas fases principais: uma atmosférica e outra terrestre. Cada uma delas incluem:

a) armazenamento temporário de água;

b) transporte;

c) mudança de estado.

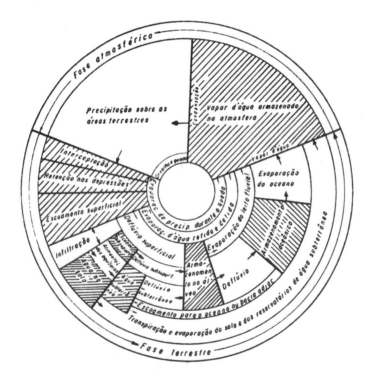

Figura 1.1 Representação esquemática do ciclo hidrológico (as áreas sombreadas representam "armazenamento" e as flechas indicam "escoamento")

INTRODUÇÃO **3**

Com fins didáticos e tendo em vista as aplicações à Engenharia Hidráulica, apresenta-se o ciclo hidrológico como compreendendo quatro etapas principais:

a) precipitações atmosféricas (chuva, granizo, neve, orvalho);

b) escoamentos subterrâneos (infiltração, águas subterrâneas);

c) escoamentos superficiais (torrentes, rios e lagos);

d) evaporação (na superfície das águas e no solo) e transpiração dos vegetais e animais.

Quando universalmente considerado, o volume de água compreendido em cada parte do ciclo hidrológico é relativamente constante; porém, quando se considera uma área limitada, as quantidades de água em cada parte do ciclo variam continuamente, dentro de amplos limites. A superabundância e a escassez de chuva representam, numa determinada área, os extremos dessa variação.

1.3 MÉTODOS DE ESTUDOS

Na maior parte de seu âmbito, a Hidrologia infere os seus princípios a partir de séries históricas, isto é, de conhecimentos que resultam da observação sistemática dos fenômenos hidrológicos no decorrer do tempo. Muitos dos dados hidrológicos, como, por exemplo, a ocorrência das precipitações atmosféricas e as vazões de enchentes, são elementos de natureza histórica porque cada um deles constitui um evento que não pode ser repetido na prática sob o controle de um experimentador. Os dados experimentais podem ser verificados e comparados por meio da repetição do experimento. Os dados históricos, ao contrário, não podem ser confirmados por repetição do fenômeno, em laboratório, tornando-se necessário a observação continuada para que se posssa fazer sua completa análise, comparação e verificação.

Modernamente, os métodos de estudo em Hidrologia distinguem-se de acordo com os processos analíticos utilizados, classificando-se em Hidrologia Estocástica e Hidrologia Paramétrica.

Na Hidrologia Estocástica se processam os dados estatísticos coletados a partir da observação das variáveis hidrológicas, com base nas propriedades estocásticas dessas variáveis (entende-se como variável estocástica aquela cujo valor é determinado por uma função probabilística qualquer). Já a Hidrologia Paramétrica compreende o desenvolvimento e análises das relações entre os parâmetros físicos intervenientes nos eventos hidráulicos e a utilização dessas relações para gerar ou sintetizar eventos hidráulicos.

Por meio da Hidrologia Estocástica pode se efetuar o estudo estocástico de um número limitado de variáveis, com a finalidade de se estender ou se ampliar a amostragem disponível ou a consideração de leis estatísticas na previsão do regime de cursos de água para o futuro, deixando de considerá-lo uma simples repetição de eventos passados. E como exemplo de aplicação da Hidrologia Paramétrica podem ser citados os processos para obtenção de hidrogramas unitários sintéticos e os métodos de reconstituição de hidrogramas em função de dados metereológicos e parâmetros físicos das bacias hidrográficas.

Observações precisas e continuadas de eventos hidrológicos evidenciam que:

a) embora grandes variações existam, elas são limitadas em caráter e extensão;

b) apesar de complexos os vários fatores hidrológicos são bem determinados e, pela observação continuada, podem ser suficientemente estimados de modo a possibilitar a elaboração de induções valiosas neles baseadas.

O engenheiro deve estimar tanto as grandes variações que ocorrem nos fenômenos hidrológicos como as limitações dessas mesmas variações. Do conhecimento da grandeza e freqüência de tais valores resultará a adoção criteriosa de coeficientes de segurança adequados à aplicação prática que se tenha em vista.

A insuficiência de dados hidrológicos ou a deficiência em sua análise e interpretação têm conduzido a engenharia a fracassos espetaculares. Não há engenheiro civil com certa experiência profissional que não possa citar, entre outros, exemplos de:

a) construção de obras custosas de captação e adução para aproveitamento de mananciais inadequados ou insuficientes;

b) abertura de canais visando a melhoria da navegação mas que acabam por inutilizar zonas portuárias;

c) retificações de trechos de rios que acabam por agravar os problemas de inundação e assoreamento;

d) dimensionamento impróprio de bueiros e galerias ao longo de vias urbanas, auto-estradas e ferrovias.

1.4 EXEMPLOS DE APLICAÇÕES DA HIDROLOGIA À ENGENHARIA

De forma genérica, a sistemática para solução de um problema hidrológico pode ser assim resumida:

a) coleta de dados e elementos;

b) seleção e análises da consistência dos dados a elementos coletados;

c) escolha dos dados representativos para análise do problema;

d) locação dos dados representativos nos elementos cartográficos de estudo (mapas, cartas, levantamentos existentes);

e) traçado de isolinhas;

f) aplicação de fórmulas e modelos para solução do problema;

g) obtenção de parâmetros representativos;

h) conclusões e recomendações.

Como exemplos de aplicação da Hidrologia na Engenharia, podemos citar:

a) *estimativa dos recursos hídricos de uma região* (análise da capacidade de mananciais superficiais e subterrâneos, previsão e interpretação de variações na quantidade e qualidade das águas naturais; balanço hídrico);

b) *projeto e construção de obras hidráulicas* (fixação de seções de vazão em pon-

INTRODUÇÃO 5

tes, bueiros e galerias; dimensionamento de condutos e sistemas de recalque; projeto e construção de barragens; dimensionamento de extravasores);

c) *drenagem e recuperação de áreas*;

d) *irrigação;*

e) *estudos evaporimétricos e de infiltração de água no solo*;

f) *regularização dos cursos de água e controle de inundações*;

g) *controle da poluição*;

h) *controle da erosão*;

i) *navegação*;

j) *aproveitamento hidrelétrico* (previsão das vazões máximas, mínimas e médias dos cursos de água para o estudo econômico-financeiro do aproveitamento; verificação da necessidade de reservatório de acumulação, e, existindo este, determinação dos elementos necessários ao projeto e construção do mesmo; bacias hidrográficas, volumes armazenáveis, perdas por evaporação e infiltração, etc.).

REFERÊNCIAS BIBLIOGRÁFICAS

CHOW, Ven te. *Handbook of Applied Hydrology*. Nova Iorque, McGraw-Hill, 1964.

MAKSOUD, H. "Definição, escopo e aplicações da Hidrologia". In revista *Engenharia*, n° 169, dezembro, 1956.

MEYER, A.F. *The elements of Hydrology*. Nova Iorque, John Wiley and Sons, 2. ed., 6. imp., 1948.

PINTO, N.L. de S. e HOLTZ, M. e Gomide. *Hidrologia básica*. São Paulo, Edgard Blücher, cap. 1, 1976.

ROUSE, H. "Engineering hidraulics". In G.R. Williams. *Hydrology*. Nova Iorque, John Wiley and Sons, sec. IV, 1950.

YASSUDA, E.R. *Hidrologia*. Edição mimeografada de curso ministrado na Faculdade de Higiene e Saúde Pública de São Paulo.

2
Fundamentos Geográficos da Hidrologia

2.1 A ATMOSFERA

2.1.1 Generalidades

No que se refere à Hidrologia, a atmosfera pode ser considerada como:

a) um grande reservatório de vapor de água que apresenta algumas regiões de água no estado líquido, formando microgotículas que constituem os nevoeiros e as nuvens. Em conseqüência de fenômenos mecânicos e termodinâmicos, os elementos dessa ''fase condensada'' ou se evaporam de novo, ou se aglomeram para dar lugar às precipitações; às vezes, em decorrência de particulares condições de temperatura, em lugar de microgotículas pode haver formação de minúsculas partículas de gelo.

b) um enorme sistema de transporte e de distribuição de água atmosférica sobre as terras e os oceanos, por meio da ação de uma rede complexa e flutuante de correntes aéreas, regulares ou fortuitas.

c) um vasto coletor de calor que absorve seletivamente uma pequena parte da radiação solar direta (a correspondente a pequenos comprimentos de onda) e uma parte muito maior da radiação calorífica indireta emitida pela Terra, aquecida pelo Sol. Este calor pode gerar movimentos convectivos e favorece a evaporação de água da superfície terrestre.

2.1.2 Espessura e massa

Apesar de a espessura da atmosfera ser teoricamente indefinida, no que diz respeito à evolução das situações meteorológicas basta considerar o que se passa numa camada de 45 km a partir do nível do solo (as principais perturbações ocorrem numa espessura não maior do que 15 km).

À pressão normal de 760 mm Hg, estima-se a massa da atmosfera em $5,6 \times 10^{15}$ toneladas, distribuída aproximadamente da seguinte maneira:

8 · HIDROLOGIA

a) os 5 primeiros km contêm 1/2 massa atmosférica;

b) os 10 primeiros km contêm 3/4 massa atmosférica;

c) os 20 primeiros km contêm 9/10 massa atmosférica.

Na atmosfera, as variações das grandezas físicas são muito mais rápidas no sentido vertical do que no horizontal (para a temperatura e pressão, por exemplo, os gradientes nas duas direções estão na razão de 1/1 000, e, às vezes 1/10 000); também as grandes correntes aéreas de altitude são quase horizontais (exceto certas perturbações locais).

Isso ocorre não apenas porque as dimensões horizontais da atmosfera meteorológica sejam extremamente grandes, comparadas com as verticais, como também devido à enorme diferença na variação das grandezas físicas nas direções horizontal e vertical; para a Hidrologia, a atmosfera constitui um espaço pelicular enormemente achatado. É essa camada gasosa turbulenta, extremamente delgada e sujeita a fortes influências térmicas, que condiciona todos os processos hidrometeorológicos.

2.1.3 Composição

A Organização Meteorológica Internacional fixou como composição volumétrica mais provável da atmosfera seca (a uma altura de 25 km aproximadamente) a indicada na Tab. 2.1.

Tabela 2.1 Composição volumétrica da atmosfera seca

Elemento químico	Porcent. em vol.	Elemento químico	Porcent. em vol.
Nitrogênio	78,09	Neônio	$1,80 \times 10^{-3}$
Oxigênio	20,95	Hélio	$5,24 \times 10^{-4}$
Argônio	0,93	Kriptônio	$1,00 \times 10^{-4}$
Anidrido carbônico	0,03	Hidrogênio	$5,00 \times 10^{-5}$
		Xenônio	$0,80 \times 10^{-6}$
		Ozona	$1,00 \times 10^{-6}$
		Radônio	$6,00 \times 10^{-18}$

Essa composição mantém-se praticamente a mesma nos primeiros 25 km de altitude e varia muito pouco até cerca de 40 km de altitude.

Na Meteorologia, o ar pode ser considerado como um gás perfeito de massa molecular $M = 28,966$ g, de constante $R = 2,8704 \times 10^6$ CGS (para 1 g de ar seco) e constante adiabática igual a 1,40.

Quanto ao vapor de água contido na atmosfera, o seu peso por m³ de ar varia muito, preferindo-se medi-lo pela relação entre a massa de vapor de água para a massa total da mistura ar + vapor de água, isto é, do ar úmido. Essa relação recebe o nome de *umidade específica* (u_e); o seu valor médio oscila de 25 g por kg de ar tropical marítimo a 0,5 g por kg de ar polar continental.

Os primeiros 5 km de altitude contêm pelo menos 9/10 do total do vapor de água presente na atmosfera. Condensado e uniformemente distribuido sobre a Terra, o conjunto formaria uma lâmina líquida de 25 mm de espessura.

FUNDAMENTOS GEOFÍSICOS DA HIDROLOGIA

2.1.4 Algumas propriedades do vapor de água de interesse para a Hidrometeorologia

Em uma mistura de gases, cada um deles exerce uma pressão parcial independente da dos outros. A pressão parcial ocasionada pelo vapor de água chama-se *tensão de vapor*. A quantidade máxima de vapor de água que um volume determinado pode conter depende da temperatura mas é independente da pressão. Quando, para uma dada temperatura, um volume determinado contém o máximo de vapor, diz-se que ele está *saturado* (apesar de não correto, diz-se comumente que o ar está saturado).

A tensão de vapor saturado (ou melhor saturante) é, por definição, a pressão exercida pelo vapor no volume saturado. Para cada temperatura existe um *ponto de saturação*, a partir do qual toda quantidade adicional de água não pode figurar na mistura, a não ser sob forma líquida (ou, eventualmente, sólida).

Quando, por um processo de resfriamento (com temperatura positiva), uma massa de ar tem a capacidade de absorção de vapor diminuída, o excesso de vapor se condensa sob a forma de minúsculas gotinhas líquidas que, na atmosfera, formam os nevoeiros e as nuvens. O fenômeno dá lugar à liberação de cerca de 600 calorias por grama de água condensada. Pode-se verificar que a condensação de 1 g de vapor de água eleva de 2 °C, aproximadamente, a temperatura de 1 m³ de ar à pressão normal (calor latente de condensação).

Caso as condições ambientais façam com que as gotículas assim formadas atinjam temperatura inferior a 0 °C, ou elas permanecem líquidas no estado de sobrefusão, ou, o que é mais comum, se transformam em minúsculas partículas de gelo. Nesse último caso, cada g de água passando ao estado sólido, à mesma temperatura, liberta cerca de 80 calorias, ou seja, a quantidade de calor necessária para elevar de 0,3 °C, mais ou menos, a temperatura de 1 m³ de ar (calor latente de solidificação).

Se as condições ambientes ocasionassem a evaporação do gelo (ou da neve) sem passar pelo estado líquido, teríamos o *calor latente de sublimação do gelo*, que é de 675 calorias por grama de 0 °C.

Tabela 2.2 Tensão e peso de vapor no ar saturado

Temperatura (°C)	Tensão de vapor (mm Hg)	Peso de vapor (g/m³)
-25	0,48	0,56
-20	0,78	0,89
-15	1,25	1,40
-10	1,96	2,16
-5	3,02	3,26
0	4,58	4,85
5	6,54	6,81
10	9,21	9,42
15	12,79	12,85
20	17,54	17,32
25	23,76	23,07
30	31,83	30,40
35	41,82	39,30

2.1.5 Expressões da umidade do ar atmosférico

O ar atmosférico não-saturado é uma mistura, em proporções variáveis, de dois geriformes: o ar seco e o vapor de água, os quais podem ser considerados como gases perfeitos nas condições de temperatura e de pressão normalmente vigentes na atmosfera.

Para se caracterizar essa mistura são usadas várias expressões:

a) *Umidade absoluta* (u_a). É a massa de vapor de água contida em um volume determinado de ar úmido. Em gramas por m³, a umidade absoluta pode ser expressa por:

$$u_a = 217 \frac{e}{T}$$

onde:

e = tensão (ou pressão parcial) do vapor de água na atmosfera, expressa em milibars (1, milibar = 10^3 dinas por cm³ $\cong$ 3 /4mm Hg);

T = temperatura absoluta em °C.

A uma certa temperatura T, a umidade absoluta não pode ultrapassar o valor máximo correspondente à saturação, valor esse indicado na Tab. 2.2. Observa-se que a umidade absoluta é o peso específico do vapor da água à pressão parcial e e a temperatura T.

b) *Umidade relativa* (u_r). É a relação entre a tensão de vapor observada e a tensão de vapor saturante à mesma temperatura. É geralmente expressa em porcentagem:

$$u_r = 100 \frac{e}{e_s} \text{ (em \%)}$$

Obviamente, u_r é a relação das umidades absolutas, à observada (u_a) e a saturante (u_s). Deve-se notar que a sensação fisiológica de umidade assim como numerosos fenômenos meteorológicos estão mais ligados à umidade relativa que à absoluta. Geralmente, u_r aumenta a partir do nível do solo, até atingir 100% no nível das nuvens, quando essas existem; acima de 6 km, u_r decresce rapidamente, reduzindo-se à ínfima porcentagem na atmosfera superior.

c) *Umidade específica* (u_e). É a relação entre a massa de vapor de água e a massa total do ar úmido. É geralmente expressa em g por kg de ar úmido, e pode ser calculada com boa aproximação pela fórmula:

$$u_e = 622 \frac{e}{p_a} \text{ (em g/kg)}$$

onde p_a é a pressão do ar considerado (em milibars).

d) *Razão de mistura* ou *taxa de umidade* (r). Para uma determinada massa de

FUNDAMENTOS GEOFÍSICOS DA HIDROLOGIA   **11**

ar, é a relação entre a massa de vapor·de água presente e a massa de ar seco. Habitualmente é expressa em g/kg de ar seco, e pode ser calculada pela fórmula:

$$r = 622 \; \frac{e}{p_a - e} \quad (\text{em } g/kg)$$

Observação: Em grande número de problemas meteorológicos, os valores numéricos de u_e e de r diferem muito pouco; com certa freqüência, são iguais.

Chama-se de *altura de água condensável* a altura da lâmina de água que, uniformemente distribuída sobre uma superfície horizontal, corresponderia ao peso do vapor de água contido na atmosfera que repousa sobre a superfície considerada. Por exemplo, caso fosse possível determinar por radiossondagens a distribuição do vapor de água segundo uma vertical, seria fácil calcular para cada altitude z a massa dm de vapor de água contida em um elemento de 1 m² de superfície e de espessura dz. Se u_a for a umidade absoluta medida nesse elemento:

$$dm = u_a \, dz$$

e como $u_a = 217 \dfrac{e}{T}$ vem:

$$dm = 217 \; \frac{e}{T} \, dz$$

Por integração gráfica ao longo da vertical de sondagem, poderia ser calculada a massa total de água contida na atmosfera a cada m² acima do lugar de observação:

$$m = 217 \int_0^\infty \frac{e}{T} \, dz$$

Facilmente daí se deduziria a altura de água condensável. É de se notar que um quilo de água distribuído uniformemente sobre uma superfície de um metro quadrado forma uma camada de 1 mm de espessura. Se se conhecer, *a priori*, a lei da variação de e e de T com a atitude z, a última fórmula permite calcular m a partir de e_0 e de T_0, observados no solo (isto é, para z = 0).

Curvas de igual altura de água condensável média mensal para todo o território norte-americano são traçadas pelo U.S. Weather Bureau, admitindo-se o ar saturado no nível do solo, pressão de 1 000 milibars nesse nível e um gradiente pseudo-adiabático de acordo com o conceito apresentado no item 2.1.1.

2.2 A RADIAÇÃO SOLAR

2.2.1 Generalidades

O ar puro e seco absorve muito pouco as radiações de médio e pequeno comprimento de onda, e por isso, apesar de a radiação solar ser a fonte primária de energia do ciclo hidrológico, a atmosfera é aquecida principalmente nas camadas inferiores graças à "emissão secundária" da superfície terrestre, que transforma a energia solar incidente em radiação calorífica de maior comprimento de onda (mais facilmente absorvida pelo vapor de água, pelo anidrido carbônico e pelas poeiras existentes nos primeiros quilômetros da camada de ar que recobre nosso globo).

Como exceção a isso, temos que o ozona concentrado a uns 30 km de altitude absorve a maior parte dos raios ultra violetas, dando origem à chamada *camada quente*, que desempenha papel importante nas flutuações meteorológicas.

2.2.2 Balanço energético do sistema Terra-atmosfera

Ao fluxo de energia que atravessa a unidade de área de uma superfície situada no limite superior da atmosfera e orientada perpendicularmente aos raios solares, quando a Terra se encontra à sua distância média anual do Sol (149×10^6 km), dá-se o nome de *constante solar*.

Em 1954, Johnson mostrou que o valor dessa constante é:

$$2 \pm 0,04 \text{ calorias por minuto e por } cm^2$$

ou

$$1\ 200 \text{ quilocalorias por hora e por } m^2$$

ou

$$1,39 \text{ kw por } m^2$$

A constante solar é proporcional ao quadrado da distância do Sol à Terra, e, como a órbita terrestre é bem próxima da circular, a variação dessa constante no decorrer do ano é pequena.

Ao atravessar a atmosfera, a intensidade de radiação solar direta vai diminuindo em razão dos fenômenos de difusão e de absorção. A difusão se opera em todas as direções e é devida aos diversos constituintes do ar (difusão molecular), às poeiras em suspensão (que atingem os primeiros três quilômetros de altitude) e às nuvens (as habituais se dispõem numa faixa de pouco menos de 1 a pouco mais de 10 km de altitude). Parte da radiação solar assim difundida é reenviada para os espaços interplanetários, perdendo-se para a Terra; outra parte atinge o solo e constitui a chamada "radiação do céu", que se acrescenta à radiação direta, para dar a radiação global efetivamente recebida na superfície terrestre.

A absorção retira parte da energia das radiações diretas e difundidas e a transfere, sob a forma de calor, às camadas de ar atravessadas. O oxigênio e o nitrogênio são praticamente "transparentes" para as radiações que correspondem ao espectro visível, porém o ozona absorve a maior parte das radiações ultravioletas (0,3 a 0,4 μ), ao passo que o vapor de água, concentrado nas camadas inferiores, sistematicamente absorve as radiações infravermelhas (0,9 a 1,9 μ). As gotículas de água que constituem as nuvens, assim como as poeiras em suspensão, formam um meio bastante absorvente que contribui notavelmente para o aquecimento da atmosfera inferior, sob a ação da radiação solar ou da radiação terrestre.

FUNDAMENTOS GEOFÍSICOS DA HIDROLOGIA

É importante aqui ser ressaltado o comportamento térmico da Terra. A superfície terrestre se comporta dia e noite como uma fonte emitindo uma radiação própria, infravermelha, cuja intensidade está ligada a sua temperatura pela conhecida Lei de Stefan; por outro lado, de dia somente, a Terra é uma fonte secundária refletindo e difundindo parte da radiação solar que recebe. De acordo com a Lei de Stefan, para uma temperatura do solo de 10 °C, a radiação própria seria de no máximo 0,53 caloria por minuto e por cm^2 ($0,35$ kW/m^2), o que explica o intenso resfriamento do solo em noite clara e tempo calmo. A intensidade da radiação difundida e refletida depende da natureza e do estado da superfície que recebe a radiação solar; assim, o valor pode chegar a 80% para a neve fresca e descer de 5 a 20% para as florestas e solos cultivados. Para os oceanos, as médias anuais vão de 5% da radiação incidente a 45° de latitude a 13% no equador.

Para a atmosfera propriamente dita, bem como para a superfície terrestre, há a distinguir também a radiação própria e a radiação solar difundida. Tanto a radiação própria como a solar difundida da atmosfera são muito influenciadas pela natureza das nuvens. No verão, em tempo calmo, uma camada de nuvens baixas desempenha, em relação ao solo, o papel de uma abóboda aquecedora de estufa.

O cálculo da resultante das diversas radiações absorvidas e emitidas pelo sistema Terra-Atmosfera é longo e complexo. Para as aplicações hidrológicas, relativamente à radiação solar interceptada nos confins da atmosfera terrestre pode-se admitir, em média, que:

- 43% dessa radiação solar, são difundidos para os espaços siderais;
- 12% são transformados em calor pelo vapor de água da atmosfera;
- 5% são absorvidos pelo ozona, pelo anidrido carbônico, pelas poeiras e pelas nuvens;
- 40% atingem a superfície do solo, onde são parcialmente absorvidos, refletidos ou difundidos para o alto, conforme foi visto anteriormente.

2.2.3 Variações da intensidade da radiação global

Vários fatores influenciam na intensidade da radiação global, podendo ser assinalados, por exemplo:

a) o ângulo formado pela direção do Sol com o plano horizontal que contém o ponto considerado da superfífice terrestre (altura do Sol), o qual depende obviamente da posição da Terra na eclíptica e da rotação de nosso planeta em torno de seu eixo imaginário;

b) a orientação e a inclinação da superfície receptora;

c) a latitude do lugar.

A Tab. 2.3 indica a variação das potências incidentes da radiação global em kW/m^2, em médias calculadas em 24 horas, para dias claros e dias de nebulosidade média (por m^2 de superfície horizontal).

Em uma superfície perpendicular à direção dos raios solares, em condições ótimas de posição do Sol e da transparência, a potência incidente não ultrapassa a 1 kW/m^2. Em uma superfície horizontal, em pleno verão, ao meio dia e em tempo claro, o valor máximo da radiação global é também próximo de 1 kW/m². Mesmo para locais e dias excepcionais, a potência incidente média por dia de 24 horas não excede de 0,35 a 0,40 kW/m².

Tabela 2.3 Variação das potências incidentes da radiação global

| Latitude | Dias claros | | Dias de nebulosidade média | | Médias anuais |
| | Médias de | | Médias de | | |
	junho	dezembro	junho	dezembro	
60° N	0,38	0,03	0,19	0,01	0,10
40° N	0,37	0,13	0,22	0,07	0,15
20° N	0,34	0,22	0,22	0,15	0,21
0°	0,29	0,31	0,15	0,19	0,19
20° S	0,22	0,37	0,13	0,23	0,19
40° S	0,11	0,42	0,06	0,28	0,17
60° S	0,02	0,43	0,01	0,16	0,08

Do exposto e raciocinando com base nos dados médios, resulta que a potência média anual da radiação solar sobre grande parte da superfície da Terra é de 0,1 a 0,2 kW/m², o que corresponde de 1/5 a 1/10 do valor máximo (1 kW/m²). A energia assim distribuída pelo Sol representa de 0,7 a 1,4 milhões de calorias por m² e por ano, o que equivale à quantidade de calor suficiente para evaporar uma lâmina de água de altura 1,30 a 2,60 m. Esses números demonstram eloqüentemente a importância fundamental da radiação solar em todas as fases do ciclo hidrológico (evaporação, condensação, precipitação, etc.) e, em conseqüência, em toda atividade vital.

2.3 O CAMPO VERTICAL DAS TEMPERATURAS

2.3.1 Generalidades

O resultado final dos diversos processos de troca de calor no sistema Terra-Atmosfera conduz a uma distribuição das temperaturas segundo a direção vertical.

Nesse particular, distingue-se duas regiões na atmosfera:

a) *A troposfera* — região de decréscimo da temperatura em função da altitude (cerca de 0,6 °C por 100 m) que atinge uma altura variável da ordem de 10 km (6 km nos pólos e 17 km no equador), em média.

b) *A estratosfera* — região em que a temperatura permanece aproximadamente constante, qualquer que seja a altitude. Essa região se estende de acima da troposfera até uma altitude de 30 a 40 km, e é interessante observar que aí, onde o gradiente de temperatura é igual a zero, o ar é mais quente (-55 °C) nas regiões polares que no equador (-85 °C).

A região que separa a troposfera da estratosfera chama-se *tropopausa*. Sua altura varia não apenas com a latitude mas também, em um mesmo local, com a situação

FUNDAMENTOS GEOFÍSICOS DA HIDROLOGIA   15

barométrica do momento. Por delimitar praticamente a atmosfera meteorológica, a tropopausa desempenha papel muito importante na previsão do tempo.

2.3.2 Distribuição vertical das temperaturas na troposfera

O interesse no estudo dos gradientes verticais das temperaturas resulta de eles condicionarem a possibilidade e a importância dos movimentos verticais de ar na atmosfera. Na troposfera, com exceção das pequenas altitudes em regiões influenciadas pelo relevo do solo, o gradiente vertical da temperatura em atmosfera livre é da ordem de 0,6 a 0,7 °C por 100 m. Este gradiente varia porém com a altitude, as estações, a situação meteorológica, e assim por diante. Nas camadas próximas do solo são registradas, freqüentemente, numerosas anomalias, tendo às vezes o gradiente valores positivos ou negativos sensivelmente mais elevados que os valores médios. Assim por exemplo, no inverno, à noite, em tempo claro, o solo se resfria e funciona como fonte de radiação para a atmosfera, podendo, então, as temperaturas das camadas de ar em contato com o solo serem muito mais baixas. Às vezes ocorrem mesmo fenômenos de "inversão térmica".

A influência da nebulosidade sobre o gradiente térmico vertical é notável, pois a nebulosidade reduz a intensidade da radiação que atinge o solo ou é emitida por ele — daí, por exemplo, a proteção de campos cultivados contra as geadas empregando-se o nevoeiro artificial.

Quando uma partícula de ar não-saturado passa de um nível onde reina uma determinada pressão para outro de pressão mais elevada, diminui de volume; uma parte do trabalho de compressão é convertido em calor e ocasiona um aumento de temperatura. De modo inverso, um volume de ar que se eleva expande-se e se resfria, e pode-se admitir, com suficiente aproximação, que essa transformação seja adiabática.

Nessas condições, um cálculo termodinâmico simples mostra que um volume elementar de ar não-saturado se resfria ou se aquece de aproximadamente 1 °C por 100 m, qualquer que seja a altitude. Esse gradiente de temperatura é chamado *gradiente de temperatura da adiabática seca*, isto porque, até que seja atingida a saturação, a umidade do ar não tem qualquer influência.

Quando um volume elementar de ar saturado se eleva adiabaticamente, o ar se expande e, em conseqüência, sua temperatura diminui; o resfriamento do vapor de água, porém, conduz à sua condensação e liberta o calor latente. Esse calor faz diminuir a taxa de resfriamento do ar em ascensão. Daí resulta que o *gradiente vertical da adiabática saturada é menor que o da adiabática seca*, e, ao contrário dessse último, varia com a altitude, mantidos constantes todos os outros fatores. Para uma pressão de 1 000 milibars e uma temperatura de 10 °C, o gradiente da adiabática saturada, calculado pelas leis termodinâmicas, seria próximo de 0,53 °C por 100 m. Como a quantidade de água que o ar pode conter na saturação diminui a temperatura, o calor liberado pela condensação diminui proporcionalmente, e, conseqüentemente, a baixas temperaturas (isto é, a grandes altitudes), o gradiente da adiabática saturada se aproxima do da adiabática seca.

Chama-se *gradiente vertical correspondente à pseudo-adiabática* aquele que seria realizado teoricamente se cada partícula condensada fosse imediatamente precipitada e expelida do volume elementar de ar úmido considerado. É claro que, estritamente falando, esse processo já não seria mais adiabático, pois cada gota expelida subtrairia uma certa quantidade de calor; por outro lado, a transformação seria irreversível, pois os produtos da condensação, por não mais permanecerem no seio do volume elementar estudado, não podem intervir nas transformações posteriores.

2.3.3 Estabilidade atmosférica

Quando, numa camada atmosférica, a distribuição das temperaturas é tal que um volume elementar de ar deslocado verticalmente de sua posição a esta tende retornar por si mesmo, diz-se que essa camada é *estável* (ou que o gradiente é estável). Esse conceito permite caracterizar as possibilidades de movimentos verticais na atmosfera.

Diz-se que uma camada de ar não-saturado é *absolutamente estável* quando seu gradiente de temperatura é inferior ao da adiabática seca, isto é, quando dentro da camada no sentido ascendente o resfriamento se processar a velocidade inferior a 1 °C por 100 m.

Quando se trata de uma camada de ar saturado, a condição de estabilidade de tal camada exige que o seu gradiente de temperatura seja inferior ao da pseudo-adiabática.

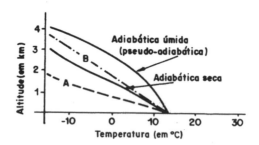

Figura 2.1 A = curva de estado de atmosfera instável; B = curva de estado de atmosfera condicionalmente instável

Se o gradiente de temperatura estiver compreendido entre o da pseudo-adiabática e o da adiabática seca, dir-se-á que o ar é *condicionalmente instável*; o ar tornar-se-á efetivamente instável se for elevado até o nível de condensação, porque, transformado em ar saturado, sua estabilidade exigirá um gradiente vertical mais fraco (por exemplo, 0,53 °C em vez de 1 °C por 100 m).

A representação gráfica fica bastante sugestiva quando se constrói o chamado *diagrama aerológico* (geralmente as pressões ou altitudes são levadas em ordenadas e as temperaturas, em abcissas).

Os balões de radiossondagens podem medir, ao longo de sua trajetória, a temperatura, a umidade e a pressão das camadas de ar que vão atravessando. Para análise e interpretação das medidas, os dados são transportados para diagramas aerológicos, que são semelhantes a diagramas termodinâmicos, derivados do de Clapeyton. Também são freqüentes diagramas aerológicos tendo como eixo coordenados o das temperaturas absolutas T e o dos logaritmos das pressões.

FUNDAMENTOS GEOFÍSICOS DA HIDROLOGIA

Nesses diagramas, cinco redes de curvas são de interesse na Hidrometeorologia:

a) as isotérmicas;
b) as isobáricas;
c) as adiabáticas secas;
d) as adiabáticas úmidas;
e) as curvas de igual taxa de umidade saturante.

2.4 O CAMPO DAS PRESSÕES E DOS VENTOS

2.4.1 O campo vertical das pressões em um lugar determinado

2.4.1.1 Variação da pressão com a altitude: atmosfera padrão

Tanto as determinações expeditas quanto as radiossondagens de grande precisão mostram que a pressão atmosférica decresce com a altitude, sendo o gradiente de pressão tanto menor quanto maior a altitude. A lei exata do decréscimo da pressão atmosférica com a altitude foi estabelecida por Laplace. O Comitê Internacional de Navegação Aérea adota uma *atmosfera padrão*, calculada para condições médias, indicada na Tab. 2.4.

Tabela 2.4 Atmosfera padrão

Altitude (m)	Temperatura (°C)	Pressão (milibars)
0	15,0	1.013,2*
1 000	8,5	898,7
2 000	2,0	794,8
3 000	-4,5	701,0
4 000	-11,0	616,2
5 000	17,5	540,0
10 000	-50,0	264,3
11 000	-56,5	226,5
Tropopausa 15 000	-56,5	120,4 >

* Correspondente a 760 mm de mercúrio

2.4.1.2 Variação da pressão no tempo

No decorrer do tempo podem ser observadas variações de pressão:

a) *regulares diurnas* análogas a uma dupla maré diária) *associadas às variações de temperatura*; a amplitude dessas variações nas regiões tropicais é de alguns mm.

b) *irregulares superpostas às regulares diurnas*; são de amplitudes consideráveis e estão relacionadas à passagem das chamadas perturbações meteorológicas.

18   *HIDROLOGIA*

2.4.2 O campo horizontal das pressões na superfície terrestre

Em um instante dado, a pressão atmosférica referida ao nível do mar pode ser diferente, mesmo considerando-se postos meteorológicos pouco afastados entre si. Esse fato indica o desequilíbrio hidrodinâmico da atmosfera em conseqüência dos ventos.

Chama-se *isobárica* o lugar geomémtrico dos pontos de igual pressão barométrica num instante dado. O conjunto de isobáricas define um *relevo barométrico* cujos pontos singulares mais importantes são:

a) os centros de alta pressão ou *anticiclones*;

b) os centros de baixa pressão ou *ciclones*, também chamados *depressões*.

Os outros acidentes do relevo barométrico têm denominações coincidentes com os da topografia: talvegue, crista, garganta, baixada etc.

Em muitos problemas meteorológicos não basta considerar as pressões referidas ao nível do mar; às vezes é necessário estabelecer cartas que dão as linhas de nível da superfície isobárica correspondendo a 700, 500, 300 milibars etc.

O traçado isobárico constitui sempre o fundo das cartas meteorológicas e mais especificamente o das *cartas sinóticas do tempo*, as quais ainda costumam conter diversos símbolos convencionais que exprimem os resultados das observações (temperatura, umidade, vento, nebulosidade etc.) feitas nas diversas estações da rede meteorológica, num mesmo instante. Em alguns países desenvolvidos, essas cartas são traçadas e difundidas quatro vezes por dia pelos diversos organismos meteorológicos nacionais (quase sempre às 6, 12, 18 e 24 horas GMT). No Brasil, as cartas sinóticas do tempo são publicadas diariamente em alguns matutinos.

2.4.3 Os ventos

A determinação analítica dos movimentos da atmosfera com base no campo das pressões e das temperaturas é bastante complexa e somente pode ser feita em alguns casos muito particulares. Não obstante há interesse em serem conhecidos alguns princípios relativos aos ventos criados em *regime permanente* por gradientes de pressão muito fracos; nas considerações a seguir supõe-se sempre desprezível a componente vertical do vento, sempre considerado como horizontal.

2.4.3.1 Determinação do "vento do gradiente" a partir do relevo isobárico

Chama-se *gradiente barométrico horizontal* a variação de pressão Δp por unidade de comprimento horizontal ΔL medido perpendicularmente às linhas isobáricas, ou seja:

$$G = \frac{\Delta p}{\Delta L}$$

Essa grandeza é expressa em geral em milibars por grau geográfico (isto é, por 111 km aproximadamente).

FUNDAMENTOS GEOFÍSICOS DA HIDROLOGIA

Sob a ação do gradiente barométrico horizontal G, cada unidade de massa de ar atmosférico está como que submetida a uma "força" do gradiente igual a

$$\frac{G}{\varrho}$$

(sendo ϱ massa específica do ar), dirigida das altas para as baixas pressões. Se essa força agisse sozinha, o vento sopraria das altas pressões para as baixas, segundo a linha de maior declive do relevo barométrico. Entretanto, devido à rotação da Terra, as massas de ar em deslocamento são desviadas (para a esquerda o hemisfério sul) pela força de Coriolis, a qual é perpendicular á velocidade do vento e tem por intensidade, para a unidade de massa de ar, $F = 2\omega V$ sen φ (sendo ω a velocidade angular de rotação da Terra, V a velocidade do vento e φ a latitude geográfica). O vento que, em regime permanente, resulta do equilíbrio da força do gradiente com a de Coriolis chama-se *vento geostrófico*, cuja velocidade pode ser calculada a partir da igualdade das intensidades das forças que o produzem:

$$\frac{G}{\varrho} = 2\omega V \text{ sen } \varphi \therefore V = \frac{G}{2\varrho\omega \text{ sen } \varphi}$$

Como a força de Coriolis, de um lado, é perpendicular à velocidade do vento e, por outro, deve ser igual e oposta à força do gradiente, resulta que o *vento geostrófico é paralelo às isobáricas.*

Até aqui não foi levada em consideração a força centrífuga (força ciclostrófica) que surge todas as vezes que as trajetórias dos ventos apresentarem curvatura notável, isto é, quando as isobáricas não forem aproximadamente retilíneas e paralelas. O vento que resulta, em regime permanente, da ação simultânea das três forças — do gradiente, de Coriolis e a ciclostrófica — chama-se *vento do gradiente*. Nas vizinhanças dos centros de ciclones e de anticiclones (onde a curvatura das isobáricas é notável) ou nas zonas equatoriais e tropicais (onde a força de Coriolis é pequena, devido ao diminuto valor de sen ϱ), o vento do gradiente não pode ser confundido com o geostrófico. No caso das baixas latitudes, por exemplo, a força do gradiente deve ser equilibrada em maior parte pela força centrífuga; os ciclones tropicais deverão ter velocidades V consideráveis e raios r pequenos para realizar uma força centrífuga V^2/r de intensidade suficiente, o que está de acordo com o verificado quanto à violência e ao reduzido raio de influência dos ciclones tropicais.

2.4.3.2 Vento na camada de atrito

Na camada atmosférica que se estende do solo até a altitude de 1 000 m, freqüentemente designada *camada turbulenta* ou *camada de atrito*, além das três forças já indicadas é necessário levar em conta também a *força de atrito*, dirigida em sentido oposto ao do movimento do ar. Observa-se que, nesse caso, ao contrário do que se passa na atmosfera livre, não há mais paralelismo entre as isobáricas e a direção do vento que forma com essas um ângulo de 20° a 30° no solo; esse afastamento angular vai diminuindo à medida que se eleva na atmosfera, anulando-se a uns 2 ou 3 mil metros.

2.4.3.3 Sentido de rotação dos ventos em torno dos ciclones e dos anticiclones

No hemisfério sul, o vento gira em torno dos ciclones no sentido do movimento dos ponteiros de um relógio; e em torno dos centros de alta pressão (anticiclones), no sentido contrário. No hemisfério norte se dá o inverso.

2.4.3.4 Variação da velocidade do vento com a altitude

Modernamente verificou-se que um pouco abaixo da tropopausa existem correntes aéreas muito rápidas (de 100 a 300 km/h), de 1 a 2 km de espessura e de centenas de km de largura, e que parecem girar ao redor da Terra, deslocando-se numa faixa de uns 20° de latitude; supõe-se que essas correntes, conhecidas como *jet-streams*, desempenhem papel importante na circulação atmosférica geral e na navegação aérea transcontinental começam a ser utilizadas para aumentar a velocidade de cruzeiro de aviões.

2.5 EVOLUÇÃO DA SITUAÇÃO METEOROLÓGICA

2.5.1 Generalidades

Ainda não há uma teoria inteiramente satisfatória e universalmente aceita para explicação e interpretação detalhada das incessantes flutuações da situação meteorológica. O que existe são alguns modelos propostos para esquematizar os principais fenômenos que condicionam a situação meteorológica, os quais permitem previsão do tempo razoável com 24 a 48 horas de antecedência.

2.5.2 A Circulação geral da atmosfera

2.5.2.1 Circulação térmica meridiana

O primeiro e mais simples dos modelos propostos para explicar e interpretar as situações meteorológicas refere-se à circulação geral (e, em particular, à localização dos ventos regulares e dos centros de ação semipermanentes), fazendo, de início, abstração da influência da rotação da Terra e da desigual distribuição das terras e dos mares. Esse modelo explica aproximadamente a posição das calmarias e dos ventos num meridiano.

Nesse modelo distinguem-se cinco zonas bem características:

1. *Cintura das calmarias e das baixas pressões equatoriais*. A intensa radiação solar determina uma ascensão geral de massas de ar úmido, ativada pelos ventos do solo que vêm das regiões tropicais adjacentes — *os ventos alísios*. As grandes correntes de convecção, provocadas pela insolação intensa, ocasionam tempestades quase diárias.

2. *Zona dos alísios e contra-alísios tropicais*. De um e outro lado da cintura equatorial encontram-se a zona dos alísios (ventos do solo) e a zona dos contra-alísios (ventos de altitude) soprando em sentido inverso ao dos alísios. Os coontra-alísios podem ser considerados como a corrente de retorno dos alísios.

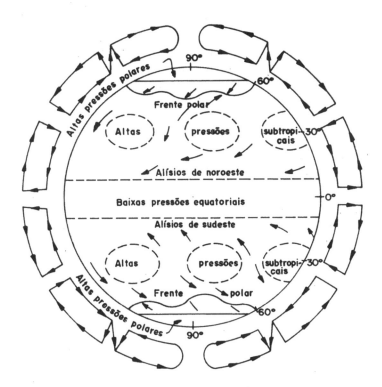

Figura 2.2 Esquema da distribuição das pressões e dos ventos sobre um globo uniforme

3) *Cintura das altas pressões subtropicais.* À altura de 30° de latitude N e S, as massas de ar atravessadas pelos contra-alísios, resfriadas pelo seu percurso nas regiões superiores da atmosfera, descem e se desenvolvem nas superfície do solo, em sentidos opostos, dando lugar, na direção do equador, aos ventos alísios, e, na direção dos pólos, a uma parte dos ventos característicos das zonas temperadas. Como conseqüência, surge um anel de altas pressões subtropicais que desempenha papel importante na gênese das perturbações. É curioso notar que nas regiões centrais desse anel estão os principais desertos da Terra (Saara, Gobi, entre outros) cuja localização assim se explica: as massas de ar provenientes das zonas altas da atmosfera, frias e, portanto, contendo baixo teor de água, no curso de sua descida aquecem-se adiabaticamente, atingindo o solo com umidade específica muito pequena, o que lhes dá extraordinária transparência — daí o clima seco com fortes contrastes térmicos, pois o vapor de água é o principal agente da absorção das radiações solares durante o dia e das radiações do solo à noite.

4. *Zonas temperadas.* Nessas zonas, que se estendem de um e outro lado da latitude de 45°, é que a circulação atmosférica apresenta sua maior complexidade. Aí surgem ciclones e anticiclones e há um incessante cruzamento de ventos provenientes dos centros de alta pressão subtropicais e de massas de ar polar deslocando-se no sentido do equador.

22   HIDROLOGIA

5. *Zonas polares*. Desenvolvendo-se desde o pólo até 60° de latitude, em cada hemisfério, aí o ar, progressivamente resfriado pela base, torna-se mais denso e desce em direção ao solo, onde se desenvolve na direção do equador. A *frente polar* tem também notável influência nas condições atmosféricas.

2.5.2.2 Influência da rotação da Terra

Se for levado em conta a rotação da Terra, veremos aparecer as primeiras modificações no modelo simplificado da circulação térmica meridiana.

Sob a ação da força de Coriolis, as trajetórias dos ventos se desviam para a esquerda ou para a direita conforme o hemisfério. E, em síntese, pode-se esquematizar a circulação geral média da atmosfera do seguinte modo:

a) Massas de ar quente e úmido que ascendem constantemente nas zonas equatorial e tropical graças a uma alimentação assegurada pelos ventos alísios.

b) As massas de ar quente e úmido, depois de um percurso a grande altitude retornam para o solo sob a influência dos ventos contra-alísios; parte dessas massas de ar, mais ou menos resfriada, desce na cintura das altas pressões subtropicais, quando as correntes ascendentes térmicas assim o permitem; outra parte vai alimentar as reservas da zona polar, criando acima da zona temperada ventos de altitude, chamados *correntes diretoras*.

c) A zona temperada (40° a 60° de latitude) é ocupada em toda sua altura por uma espécie de "rio aéreo", bastante largo, por onde se escoam ventos que fazem o giro em torno da Terra em cerca de 24 dias. De cada uma das margens sempre divagantes desse rio surgem periodicamente correntes transversais formadas de irrupções de ar quente do equador ou de ar frio proveniente das zonas polares. As superfícies de descontinuidade entre essas diversas correntes, de origem e de propriedades diferentes, formam as *frentes* (que serão metodicamente estudadas a seguir). Essas superfícies de descontinuidade propiciam também o aparecimento de numerosas perturbações — anticilones e depressões — de evolução rápida e de notável influência nas mudanças de tempo nas regiões temperadas.

2.5.2.3 Influência da desigual distribuição das terras e dos mares

A desigual distribuição das terras e dos mares faz com que as várias cinturas de alta e de baixa pressão não se estendam em faixas contínuas, como representado simplificadoramente no modelo estudado. Na realidade, elas se fracionam em zonas de alta e de baixa pressão, chamadas *centros de ação*. Por exemplo, no inverno os continentes são relativamente mais frios que os oceanos, e então as altas pressões tendem a se intensificar sobre as terras, ao passo que as baixas pressões tornam-se mais pronunciadas sobre os mares. No verão a situação tende a se inverter.

2.5.3 Os ciclones e os anticiclones

Os centros de ação formam um campo de pressões ás vezes chamado *campo estável* (melhor seria chamá-lo campo semipermanente, pois ele evolui constante e lentamente no decurso das estações). O campo estável se sobrepõe a um conjunto de per-

FUNDAMENTOS GEOFÍSICOS DA HIDROLOGIA

turbações de dimensões mais reduzidas, de evolução muito mais rápida (às vezes uma semana), formando o chamado *campo perturbado*. Os ciclones e os anticiclones são entidades notáveis do campo das pressões, sejam elas semipermanentes ou transitórias.

De acordo com tudo o que foi exposto, um anticiclone pode ser considerado como uma zona de pressões relativamente elevadas na qual um ar frio e seco desce das altas altitudes nas encostas do cume desse relevo barométrico para se espalhar no solo em todas as direções. Sob o guarda-chuva do anticiclone, o tempo é geralmente bom e seco.

Um ciclone extratropical é uma zona de pressões relativamente baixas, de forma mais ou menos circular, cujo diâmetro pode atingir mais de 2 000 km; essa zona é submetida a ventos cujas velocidade aumentam para o centro e soprando nessa direção, com componentes no sentido do movimento dos ponteiros de um relógio, em nosso hemisfério. A origem, o desenvolvimento e a dissipação dos cicloes estão ligados a uma frente que separa duas massas de ar, uma quente e úmida e outra mais fria e mais seca. Durante o domínio dos ciclones é que ocorrem as importantes chuvas de longa duração.

2.5.4 As massas de ar

Em 1918, os meteorologistas noruegueses Bjerknes e Bergeron introduziram o fecundo conceito das *massas de ar* que permite:

a) identificar na atmosfera grandes massas de ar cujas caracerísticas físicas (temperatura, umidade, e assim por diante) estão distribuídas de modo mais ou menos uniforme em um plano horizontal e que evoluem na atmosfera como entidades distintas;

b) estudar, de modo muito especial, o comportamento das frentes que separam duas massas de ar diferentes, sob a ação do campo das pressões.

Tais massas de ar somente podem se formar quando uma grande extensão da atmosfera se encontra em repouso ou se desloca lentamente acima de uma região com características de temperatura e de umidade mais ou menos uniformes. As regiões acima das quais as massas de ar adquirem seu fácies típico sao denominadas *regiões-fontes*.

2.5.5 As frentes

Chama-se *superfície frontal* ou *superfície de descontinuidade* a zona de transição (quase sempre bastante delgada) entre duas massas de ar diferentes. Designa-se *frente* a linha de interseção da superfície frontal dessas massas com o solo.

A *frente quente* é aquela cujo deslocamento se efetua da massa de ar mais quente para a mais fria, de modo que em um ponto determinado o ar quente tende a substituir o ar mais frio. Nas proximidades do solo, a declividade da superfície frontal costuma estar compreendida entre 1/100 a 1/1 000 e a espessura da camada de transição pode atingir vários quilômetros.

A *frente fria* corresponde a uma cunha de ar relativamente frio que age sob uma massa de ar quente que é assim levantada. A declividade da superfície frontal da mas-

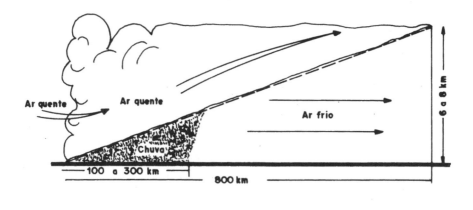

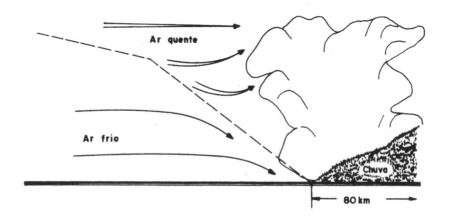

Figura 2.3 a) Corte vertical de uma frente quente; b) corte vertical de uma frente fria

sa de ar em relação ao solo costuma ser da ordem de 1/10 (cerca de 10 a 100 vezes maior do que as das frentes quentes); a espessura da camada de transição é muito variável e, às vezes, não passa de algumas centenas de metros.

Às vezes, uma frente oscila lentamente em torno de uma posição média; é a *frente quase-estacionária*, que pode ir se desfazendo gradativamente pelo aquecimento do ar frio.

2.5.6 Gênese das perturbações e as frentes e chuvas a elas associadas

Os meteorologistas nórdicos imaginaram um engenhoso modelo para explicar simultaneamente a criação de famílias de perturbações (ciclones e anticiclones) e também a formação de sistemas de nuvens e de chuva sob o domínio dos ciclones.

FUNDAMENTOS GEOFÍSICOS DA HIDROLOGIA

Bjerknes interpreta as flutuações da situação meteorológica como causadas pelo incessante conflito (no seio das correntes gerais de ventos) entre as invasões de ar frio pelo que vem das regiões polares e se dirigem para os trópicos e as irrupções de ar tropical que vêm da cintura das altas pressões subtropicais em demanda das regiões polares. É a interação dessas massas de ar quente e frio que dá nascimento aos imensos vórtices bastante achatados que constituem as perturbações.

Em um esquema hoje tornado clássico, Bjerknes mostrou o nascimento de um ciclone itinerante, a partir de uma intumescência que se forma sobre a superfície frontal que separa uma corrente quente de uma fria.

A fig. 2.4 mostra as seis fases da vida de um ciclone extratropical.

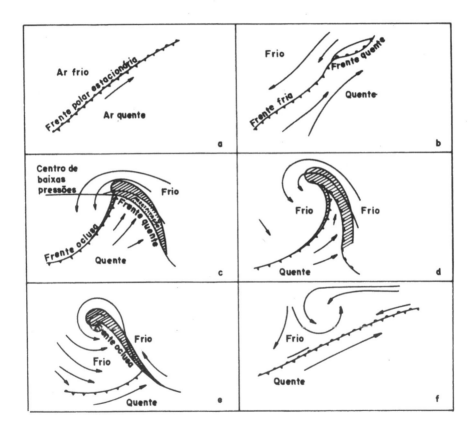

Figura 2.4 Vida de um ciclone extratropical (depressão)

Na situação *a*, as duas correntes, quente e fria, paralelas e de sentidos opostos, estão separdas por uma *frente estacionária*. Qualquer aumento do esforço tangencial na superfície frontal ou qualquer instabilidade térmica momentânea pode fazer com que uma das pequenas irregularidades se amplie e comece a se formar uma espécie de onda interfacial, cuja base ultrapassa às vezes 1 000 km e que se propaga com celeridade da ordem de 60 a 70 km/h, como se fosse uma intumescência num canal.

Na situação *b*, essa onda interfacial já está bem caracterizada e começa a se formar uma *frente quente*, sendo o vértice da ondulação o setor mais quente.

Na situação *c*, observa-se o progresso do setor quente e a formação de um verdadeiro centro de baixa pressão. Aí se nota também a ação da frente fria empurrando o ar da região posterior e introduzindo-se em bisel ao nível do solo.

Na situação *d*, caracteriza-se o progresso mais rápido da *frente fria*, estrangulando o vértice da região quente e impelindo o ar quente para cima. O ciclone está em pleno desenvolvimento.

Na situação *e*, o processo de oclusão desenvolveu-se intensamente, formando ao nível do solo uma *frente oclusa*.

Na situação *f*, a frente oclusa se dissolve deixando no ar um fraco turbilhão que vai se desvanecendo aos poucos.

2.5.7 Gênese das precipitações devido a frentes

Nada melhor que um outro modelo para explicar a gênese das precipitações devido a frentes, como mostra a Fig. 2.5. No corte A-B, vê-se que a formação das nu-

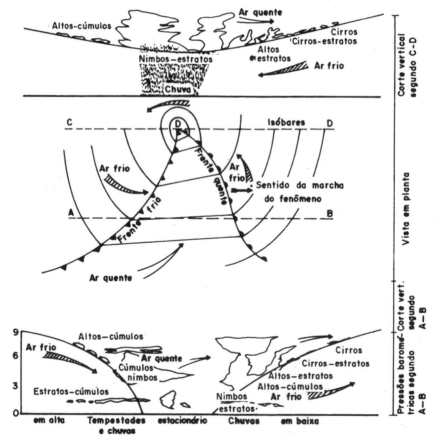

Figura 2.5 Modelo de uma perturbação ciclônica

FUNDAMENTOS GEOFÍSICOS DA HIDROLOGIA

vens e das precipitações é provocada pela ascensão do ar úmido do setor quente nas encostas das duas superfícies frontais; na região da frente quente, o ar quente e úmido se eleva sobre a massa de ar frio e por expansão adiabática se resfria até atingir seu ponto de saturação; uma parte do vapor de água se condensa então sobre os *núcleos de condensação* existentes no ar (partículas sólidas higroscópicas de diâmetros compreendidos entre 0,1 e 1,0 mícron, cristais de NaCl provenientes do mar ou poluentes locais, resíduos de combustão). Formam-se, então, gotículas finas (diâmetros de 5 a 20 mícrons) que constituem as nuvens. Freqüentemente esse processo prossegue ativamente, dando lugar a possantes sistemas de nuvens características (nimbos e altos-extratos) que dão origem a chuvas uniformes, de grande duração, atingindo grandes extensões da frente quente. Na região da frente fria, a sobrelevação do ar quente provocada pelo avanço da mesma frente produz fenômenos aos citados anteriormente, porém menos extensos; observam-se faixas de nuvens mais delgadas que ocasionam os temporais e as chuvas de grande intensidade e pequena duração.

2.5.8 As tempestades

As tempestades são perturbações locais relativamente bruscas, de fraca duração, independentes de frentes; são caracterizadas por fenômenos elétricos (raios e trovões), fortes precipitações, às vezes acompanhadas por rajadas de ventos.

A principal condição para a formação de tempestades é a existência de uma instabilidade atmosférica suficiente para produzir uma forte corrente ascendente de ar quente e úmido capaz de atingir elevadas altitudes. A causa mais comum é a convecção térmica que dá origem a cúmulos, semelhantes a gigantescas bigornas.

2.6 NOTAS SOBRE METEOROLOGIA TROPICAL

Considerando a posição geográfica do Brasil, são apresentadas, sucintamente, a seguir, algumas considerações sobre Meteorologia Tropical.

a) Nos trópicos, as estações do ano apresentam oscilações somente de temperatura, à medida em que o Sol avança ou retrocede no seu ciclo. No entanto, a umidade ocupa um lugar de destaque nesse ciclo, uma vez que o conceito de estação seca ou chuvosa em latitudes tropicais substitui o conceito de estação quente ou fria em latidudes médias.

b) A zona de convergência intertropical separa as massas de ar dos dois hemisférios e constitui a região para onde convergem os ventos alísios (de E a NE no hemisfério norte) de frente aos ventos E a SE no hemisfério sul. Essa região é de baixa pressão e separa os cinturões anticlônicos dos dois hemisférios. E o movimento desses sistemas anticiclônicos depende das estações do ano, uma vez que ele está diretamente relacionado com o movimento do Sol.

c) No que se refere à Hidrologia, é muito importante situar a região que está sendo estudada com relação á circulação atmosférica e às oscilações da frente intertropical. Em regiões setentrionais da América Latina, as precipitações de extraordinária magnitude estão sujeitas à convergência intertropical e a convergências secundárias

d) Nos trópicos existe uma grande variedade de modelos relativos às áreas de perturbações metereológicas, podendo ser, de modo geral, assim classificados:

• *onda*: ondas tropicais do E e ondas equatoriais;

• *vórtices*: centros ciclônicos com suas nuvens e conseqüentes chuvas do tipo tormenta tropical (inclusive furacão), tornados ou trombas de água;

• *linhas de perturbação*, estreitas e compridas, associadas a frentes frias que penetram na região.

e) A eficiência das chuvas é particularmente importante nos trópicos, pois nessas regiões, diferentemente das latitudes médias, há necessidade de uma maior quantidade de água para manter os solos úmidos, em razão da elevada evaporação. Os ventos alísios, contínuos e persistentes, representam um fator de elevada evaporação, atuando como moderadores de temperatura.

f) Nas regiões tropicais são muito freqüentes as nuvens de desenvolvimento vertical, os potentes Cb convectivos, onde o ar úmido, ao se elevar, se resfria adiabaticamente, condensando o vapor contido no ar úmido, turvando a atmosfera e fazendo surgir a nuvem. Algumas vezes, pode ocorrer supersaturação, resultando enormes gotas de água que são descarregadas quando as correntes verticais ascendentes se debilitam.

g) O estudo das nuvens e das precipitações nos trópicos teve um grande impulso com a introdução de modernas técnicas espaciais, incluindo:

• Localização de núcleos de nuvens por meio de radar meteorológico.

• Fotografia de estruturas de nuvens realizadas por meio de satélites meteorológicos equipados com sensores apropriados e associados a câmaras de observação.

• Armazenamento e processamento de informações meteorológicas de aviões de carreira que voam extensas regiões a elevadas alturas.

• Lançamento de balões de sondagens meteorológicas.

REFERÊNCIAS BIBLIOGRÁFICAS

LINSLEY, K. e PAULHUS. *Applied Hydrology*. Nova Iorque, McGraw-Hill, 1958.

MEYER, A.F. *The elements of Hydrology*. Nova Iorque, John Wiley and Sons, 2. ed., 6. imp., 1948.

RÉMÉNIÉRAS, G. *L'hidrologie de l'ingenieur*. Paris, Eyrolles, 1965. (Coleção do Laboratoire National d'Hydraulique.)

———. *Elements d'Hydrologie Appliqué*. Paris, A. Colin, 1960.

ROUSE, H. *Engineering hydraulics*. Nova Iorque, John Wiley and Sons, 1950.

3
Coleta de Dados de Interesse para a Hidrologia

3.1 INTRODUÇÃO

O processo de desenvolvimento de uma região ou país depende basicamente das informações disponíveis sobre seus recursos naturais, incluindo-se os recursos hídricos, como elementos vitais.

Classicamente, a coleta e a transmissão de dados hidrometeorológicos são feitos através da implantação de uma *rede de coleta* (estações meteorológicas) operada por pessoas encarregadas de registrar e transmitir esses dados aos centros de recepção e informação, numa periodicidade e velocidade compatíveis com as necessidades locais ou regionais, em função dos objetivos visados (Fig. 3.1). Assim, dados pluviométricos e fluviométricos a montante de uma barragem, por exemplo, deverão ser transmitidos numa periodicidade curta e no máximo de velocidade. (Normalmente essas barragens são equipadas com transreceptores de rádios, para orientar a operação das comportas dos seus órgãos de extravazão, em função da ocorrência de ondas de enchentes.

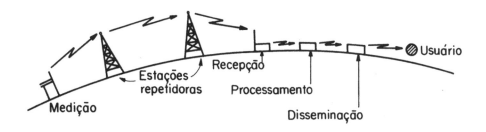

Figura 3.1 Coleta e transmissão de dados pelo sistema convencional

Dados e informações meteorológicas, fluviométricas ou sobre o processo de ocupação de uma determinada área podem ser fornecidos através de satélites equipados com aparelhos de observação e de telemedidas e associados a estações de coleta de dados (plataformas). Esses satélites coletam os dados e informações de ocorrência das plataformas e os transmitem, através de sinais, de forma rápida, contínua e plenamente confiável, permitindo, inclusive, a monitoragem constante da área (Fig. 3.2).

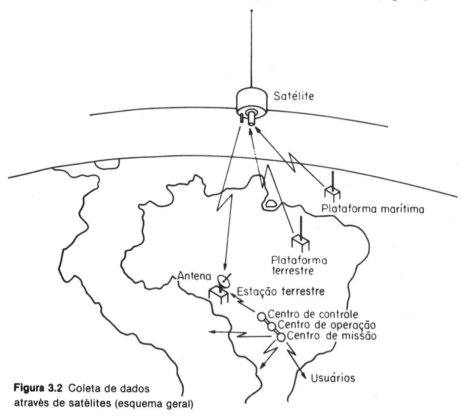

Figura 3.2 Coleta de dados através de satélites (esquema geral)

Tais informações e dados, após decodificação e tratamento adequado são então encaminhadas aos usuários constituindo-se elementos de grande valor para entidades públicas, autárquicas ou privadas, no sentido de nortear a previsão de fenômenos meteorológicos, servir de embasamento para a definição de planos e programas de desenvolvimento, balizar uma pesquisa detalhada numa região específica, bem como de registrar e acompanhar as variações do tempo na área em estudo.

A utilização de satélites poderá fornecer dados de interesse para a Meteorologia, a Hidrologia, a Ecologia, a Geologia, o levantamento de recursos naturais, o uso do solo, o reconhecimento de áreas, a Sedimentologia, as Telecomunicações, a Geodésia e a Navegação.

Neste capítulo procura-se dar as informações básicas sobre sistemas clássicos, sistemas especiais e sistemas de satélites para se obterem dados de interesse para a Hidrologia.

3.2 SISTEMAS CLÁSSICOS

3.2.1 Estações meteorológicas

A maioria dos países e entidades estatais e autárquicas que necessitam de medidas atmosféricas possui serviços meteorológicos próprios, estabelecendo e operando redes de estações meteorológicas onde são feitas medições periódicas em horas fixas e seguindo padrões e processos internacionalmente regulamentados pela Organização Meteorológica Mundial (OMM), filiada à ONU. Dessa forma, os dados coletados numa estação podem ser aferidos e comparados com os de outra, verificando-se a consistência dos fatores medidos e permitindo-se fazer previsões meteorológicas.

Os dados colhidos numa estação meteorológica podem ser utilizados para uma simples previsão do tempo ou com finalidades específicas de acordo com os interesses do usuário. Assim, por exemplo, uma empresa encarregada da geração de energia hidrelétrica deverá acompanhar sistematicamente a evolução de fenômenos meteorológicos, particularmente as precipitações, para orientar a operação das unidades geradoras e de descarga.

De modo geral, numa estação meteorológica são obtidos dados de temperaturas mínima e máxima (do ar, do solo), pressão atmosférica, umidade relativa do ar, direção e velocidade dos ventos, evaporação e pluviometria (ver Fig. 3.3).

Figura 3.3 Estação meteorológica junto a uma usina hidrelétrica (cortesia da Companhia Energética de São Paulo - CESP)

32   *HIDROLOGIA*

3.2.1.1 Medida de temperatura

A temperatura do ar e do solo é medida por meio de *termômetros* nas escalas Celsius (°C) e Farenheit (°F). Para fins estritamente meteorológicos, a medida de temperatura importante é a do ar, que é feita mediante termômetros de precisão colocados dentro de abrigos de madeira provido de ranhuras laterais, ficando assim protegidos contra a exposição ao sol e permitindo a livre passagem do vento. A ventilação adequada do bulbo do termômetro é importante, para se evitar a formação de bolsas de ar quente ou frio em sua volta que afeta medição correta da temperatura.

Existem termômetros especiais para a medição das temperaturas máxima e mínima do ar durante um determinado período, geralmente pelo período de um dia. E existem também aparelhos que fornecem um registro contínuo da temperatura em tiras de papel, aparelhos esses denominados *termógrafos.*

3.2.1.2 Medida da pressão atmosférica

Geralmente mede-se a pressão atmosférica utilizando-se um *barômetro de mercúrio* ou um *barômetro aneróide*, onde as unidades são expressas em milímetros de mercúrio (mm Hg), embora na prática meteorológica adota-se uma unidade de pressão denominada milibar (mb), que é igual a 1 000 dinas (1,02 g de peso) por cm². Ao nível do mar, a pressão atmosférica é de cerca de 1 000 mb.

3.2.1.3 Medida da umidade relativa do ar

Em geral, numa estação meteorológica, onde a umidade relativa do ar é medida várias vezes por dia, a determinação da mesma se faz utilizando-se o *termômetro de bulbo úmido*, que consiste num termômetro comum que tem seu bulbo coberto com tecido de musselina acoplado a um material absorvente que é imerso em água pura. A água contida no material absorvente alcança a musselina e, ao se evaporar, faz com que a temperatura no termômetro de bulbo úmido seja mais baixa que no termômetro de bulbo seco (que mede a temperatura do ar). Com o auxílio de tabelas práticas, a diferença de temperatura entre os dois termômetros, pode ser traduzida em umidade relativa, em conteúdo de vapor de água ou em ponto de orvalho.

Existem aparelhos — denominados *psicrômetros* — que medem a umidade relativa do ar utilizando o princípio da diferença de temperatura entre os dois termômetros fornecendo diretamente os valores de umidade em unidades de peso/volume (g/m³). Cabe frisar a importância desse conhecimento da quantidade de vapor de água na atmosfera e a correta compreensão e interpretação desse fenômeno no estudo dos problemas meteorológicos.

3.2.1.4 Direção e velocidade dos ventos

Os ventos são definidos com base em dois parâmetros: *direção* e *velocidade*.

A direção é indicada através de cata-vento como sendo a da ponta da bússola para a qual o vento sopra, podendo ser indicada em graus tomando o Norte como referência.

A velocidade é indicada em m/h, km/h, e assim por diante, e os instrumentos de medida dessa velocidade são os *anemômetros*. A forma mais simples desses instrumentos é o anemômetro de bacias, que consiste num conjunto de três a quatro cata-ventos côncavos montados sobre braços que giram sobre um eixo vertical. A correlação entre a velocidade de rotação do anemômetro e as tabelas do próprio instrumento nos fornece a velocidade de rotação do anemômetro, e as tabelas do próprio instrumento nos fornece a velocidade do vento.

Figura 3.4 Estação de medição de ventos (cortesia da Companhia Energética de São Paulo - CESP)

Um outro tipo de anemômetro é o de *tubo de pressão*, que consiste num cata-vento em forma de um tubo oco, com a extremidade aberta sempre voltada para o vento, sendo que as mudanças de pressão no cata-vento são traduzidas em variação de velocidade do vento.

Tanto o anemômetro de bacia quanto o de tubo de pressão podem ser adaptados para fornecer registros contínuos de direção e velocidade do vento em fitas especiais de papel acopladas a mecanismos de relógios ou elétricos.

Figura 3.5 Registros feitos por um anemógrafo

COLETA DE DADOS DE INTERESSE PARA A HIDROLOGIA 35

3.2.1.5 Medida de evaporação

A medida de capacidade de evaporação da atmosfera é feita por meio de aparelhos denominados *evaporímetros*, que serão descritos detalhadamente no Cap. 6, item 6.4.

3.2.1.6 Medida das Precipitações

A medida das precipitações é feita avaliando-se a altura da água precipitada numa determinada área de influência do aparelho medidor.

Os parâmetros a serem avaliados numa medida de precipitação são os seguintes:

a) altura pluviométrica (h), expressa em mm;

b) duração da precipitação (t), medida em min;

c) intensidade da precipitação t, expressa pela relação h/t (em mm/min);

d) freqüência da chuva, representada pelo número de ocorrências de uma dada precipitação num intervalo de tempo fixado (mês ano, 10 anos, 100 anos etc.).

Os aparelhos utilizados para a medição das precipitações são de dois tipos fundamentais (ver Fig. 5.1):

a) *pluviômetro* — constituído de um recipiente que coleta diretamente a água precipitada e impede a evaporação dessa água acumulada, fornecendo a altura de precipitação h num determinado ponto;

b) *pluviógrafo* — aparelho que, além da altura de precipitação, fornece o registro contínuo da água de chuva recolhida no pluviômetro.

Esses aparelhos são descritos detalhadamente no Cap. 5, item 5.4.

3.2.2 Sistemas especiais

O conhecimento dos fatores físicos da atmosfera em níveis elevados da superfície terrestre são importantes na interpretação e avaliação dos fenômenos meteorológicos. Para tal, se dispõe modernamente de dispositivos capazes de fornecer uma avaliação correta e precisa desses fatores, citados a seguir.

a) *Radarvento*. É um equipamento quqe possibilita calcular a direção e a velocidade dos ventos em altitude, mediante o rastreamento de um alvo refletor que ascende por meio de balão-piloto inflado com um gás mais leve que o ar (hidrogênio ou hélio). O rastreamento feito com radar determina constantemente a rota do balão, e, assim, os ventos em todos os níveis, até o limite de cerca de 30 km de altitude.

b) *Radiossondagem*. Consiste na avaliação de elementos meteorológicos, tais como direção e velocidade dos ventos, temperatura, pressão atmosférica e umidade relativa do ar, desde o ponto de lançamento até o ponto em que o balão que carrega o equipamento radiotransmissor se rompe. Esse balão, inflado com hidrogênio ou hélio, carrega o equipamento que transmite continuamente os dados (pressão, temperatura e umidade) captados pelos sensores e seu deslocamento acompanhado e plotado, determinando-se assim a direção e a velocidade do movimento do ar.

c) *Radar meteorológico*. Consiste na observação de fenômenos meteorológicos por meio de radar, registrada em formulários especiais que permitem, em função dos ecos verificados, avaliar as condições meteorológicas numa determinada área.

3.3 SISTEMAS DE SATÉLITES

3.3.1 Generalidades

No Brasil, o órgão diretamente ligado à utilização de dados obtidos por meio de satélites espaciais aplicados a serviço de atividades humanas é o Instituto de Pesquisas Espaciais (INPE), que é vinculado ao Conselho Nacional de Desenvolvimento Científico e Tecnológico (CNPq); procurou-se então, neste capítulo, adotar a mesma terminologia do INPE.

Dentre as atividades do INPE, a área de Aplicações Espaciais engloba a utilização de engenhos espaciais, principalmente satélites, com o objetivo de coletar e transmitir dados, bem como o desenvolvimento de tecnologia dos equipamentos e sistemas de bordo e de terra para o cabal cumprimento de sua finalidade.

A utilização de técnicas espaciais conta hoje, no Brasil, com pessoal especializado e treinado adequadamente para formular e acompanhar programas de aplicação múltipla e específica. Cabe salientar que, em todos os casos, o emprego de técnicas espaciais tem demonstrado sensíveis vantagens de aplicação sob os aspectos econômico e estratégico, comparando-se à obtenção dos dados por processos convencionais. Isso, sem contar os casos em que as técnicas espaciais são insubstituíveis, na medida em que apresentem resultados inalcançáveis por outras técnicas, convencionais ou não.

Um sistema de coleta de dados por meio de satélites compreende o *subsistema espacial* (satélites) e o *subsistema terrestre* (estações), e pode ser representado esquematicamente como mostra a Fig. 3.6.

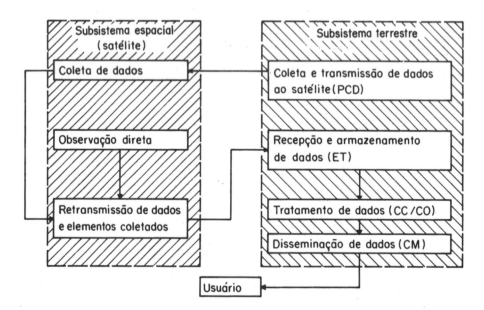

Figura 3.6 Esquema de um sistema de coleta de dados (PCD, plataforma de coleta de dados; ET, estação terrestre; centro de controle; CO, centro de operação; CM, centro de missão)

COLETA DE DADOS DE INTERESSE PARA A HIDROLOGIA

O uso de um sistema desse tipo em *aplicações de interesse da Hidrologia* permite obter, num mínimo de tempo, dados ambientais, medidos em grande número de pontos sobre uma extensa área, utilizando-se as plataformas de coleta de dados, que transmitem informações, por meio de um satélite, a um centro terrestre de recepção, processamento e disseminação desses dados.

Uma outra aplicação é a de *sensoriamento remoto*, pois um satélite transportando uma câmara de observação do solo pode prover informações contínuas sobre recursos minerais, agrícolas e florestais. Em razão de esses satélites recolherem informações periódicas sobre uma região, uma missão específica de sensoriamento remoto poderia ser utilizada não somente para levantamento dos recursos naturais, mas também para monitoragem de variações relativas à região em estudo: Numa missão dessa natureza, a câmara de observação do solo detecta, ao longo do traço da órbita, o espectro solar refletido pela Terra em várias bandas de freqüência e o retransmite, através de modulação eletrônica adequada, para a estação de recepção (ver Fig. 3.5).

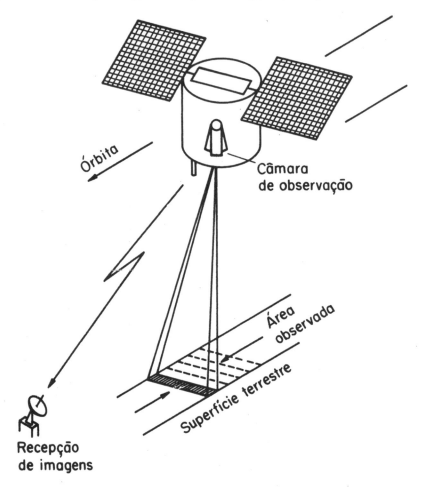

Figura 3.7 Representação esquemática de uma missão de sensoriamento remoto

A utilização de técnicas espaciais em Hidrologia visa fundamentalmente o seguinte:

- aumentar o conhecimento da atmosfera e seus processos, através da obervação do movimento e da evolução de fenômenos atmosféricos;
- aumentar a capacidde de previsão de fenômenos atmosféricos;
- fornecer, em tempo real, estimativas de distúrbios atmosféricos (posição, intensidade, etc.);
- melhorar e aumentar, qualitativa e quantitativamente, os parâmetros ambientais medidos;
- contribuir para o desenvolvimento de redes internacionais e domésticas de observação.

3.3.2 Sistemas existentes

Tanto os engenhos espaciais (satélites) como as estações terrestres de coleta, transmissão, recepção, armazenamento e disseminação de dados têm evoluído consideravelmente, no sentido de proporcionar o máximo de informação global no mínimo de tempo, em função, é claro, das necessidades específicas de cada caso.

Os sistemas de coleta de dados existentes são classificados, num plano geral e de acordo com a órbita desenvolvida pelo satélite, em: de *baixa altitude* e *geossíncronos*.

Com a possibilidade ou não de localização das plataformas e segundo o modo de estabelecer a comunicação plataforma-satélite, os sistemas podem ser assim subdivididos:

a) De *acesso aleatório* — Quando as mensagens transmitidas pela PCD se apresentam na entrada do receptor de forma aleatória, isto é, não se conhecem a quantidade nem as características das mensagens que serão tratadas em determinado instante. Apresentam o inconveniente da possibilidade de perda de transmissão por interferência mútua.

b) *Interrogáveis* — Quando a PCD está equipada de um receptor, um transmissor, um decodificador e um controle que permitem que ela posssa ser interrogada pelo satélite e comandada para enviar os dados armazenados.

c) *Autotemporizado* — Quando a PCD é equipada de um transmissor, um controle e um relógio de precisão que iniciam a transmissão dos dados coletados exatamente nos tempos predeterminados.

No que se refere especificamente à Metereologia, estabeleceu-se um sistema mundial de obervação por satélites que visa o funcionamento de cinco satélites geoestacionários. Esse sistema dispõe basicamente dos seguintes serviços:

- imageamento da Terra, nos canais infravermelho e visível;
- coleta de dados, através das plataformas (PCDs) terrestres e marítimas;
- monitoramento do meio ambiente;
- disseminação das imagens, em tempo real, para os centros de recepção dos usuários.

COLETA DE DADOS DE INTERESSE PARA A HIDROLOGIA   **39**

Das imagens transmitidas pelos satélites, cujo par estereoscópico de fotografias é fornecido em escala 1:100 000, várias características de uma bacia hidrográfica podem ser obtidas diretamente, tais como uso do solo; geologia superficial e geomorfologia. A maior vantagem em utilizar essas imagens consiste no fato de que elas podem ser obtidas periodicamente, o que permite apreciar a evolução das características levantadas no tempo.

Por meio de satélites, diversos dados meteorológicos podem ser coletados sistematicamente, tais como: perfil vertical de temperaturas, cobertura e altitude das nuvens, horas de insolação, precipitação, conteúdo de vapor de água em níveis diferentes da atmosfera, pressão barométrica, velocidade e direção dos ventos.

Outras características podem ser levantadas associando-se aos satélites equipamentos de telemetria, para coleta e transmissão de dados fluviométricos e pluviométricos. A aplicação da telemetria para levantamento de dados hidrológicos tem grande valia nos casos de áreas extensas e de difícil acesso de pontos de controle, onde os custos de operação de estações convencionais seriam muito elevados. Podem ser assim coletados: forma do leito de um rio, níveis da água, temperatura da água, pH, condutividade elétrica, oxigênio dissolvido, e outros.

A forma do leito de um rio e a da própria bacia contribuinte são de importância fundamental nos estudos hidrológicos, particularmente em áreas não-cobertas por mapeamento detalhado. Esses dados podem ser levantados pela aerofotografia, mas, além do custo elevado, existe a possibilidade de ocorrência de nuvens, inviabilizando a rápida obtenção desses dados.

3.3.2.1 Plataforma de coleta de dados

Uma *plataforma de coleta de dados* (PCD) — estrutura que pode ser construída no continente ou no mar — é encarregada de medir diretamente as variáveis por meio de sensores colocados em seu conjunto, transformar essas medidas em sinais (modulados) e transmiti-los ao satélite para posterior tratamento e disseminação.

Uma PCD é coposta basicamente dos seguintes elementos:

- *sensores* de precipitação, de níveis, de temperatura, de ventos etc. (cada sensor de uma plataforma é tratado independentemente para fins de coleta de dados);
- *unidade de controle* — encarregada de transformar os sinais dos sensores em pulsações de freqüência audível, que são injetadas no radiotransreceptor;
- *radiotransreceptor* — que recebe os sinais modulados da unidade de controle e os transmite para o satélite;
- *fonte de alimentação elétrica do sistema* — constituída geralmente de baterias que poderão ser carregadas por energia solar;
- *comutador-horário* — que regula o início das transmissões nos horários preestabelecidos (Esse equipamento é dispensável quando a PCD transmite seus dados de forma contínua).

Considerando que quanto maior o número de dados e elementos disponíveis, maior será a capacidade de compreensão e interpretação dos fenômenos ambientais, pode-se concluir a necessidade de um adequado estudo para localização de uma rede de PCD.

3.3.2.2 Subsistema espacial (satélite)

Devido à grande evolução da engenharia espacial, fica difícil estabelecer com precisão as características básicas de um satélite cuja função precípua seja a de coletar e transmitir dados ambientais, considerando que uma missão dessa natureza geralmente é aproveitada para múltiplos fins.

Para missão específica de coleta e transmissão de dados ambientais e imagens de interesse à Hidrologia, o satélite deverá contar basicamente dos seguintes elementos:

- *suprimento de energia*, composto de gerador solar (painéis de células sobre o corpo do satélite), da bateria e de um conversor;
- *suprimento de bordo*, constando de uma unidade de processamento e comunicação que recebe dados de telecomando provenientes da Terra e envia informações sobre o estado dos diversos subsistemas de bordo;
- *rastreio, telemetria* e *telecomando*, responsáveis pelas telecomunicações de bordo;
- *câmara de observação*, responsável por obter as imagens, que poderão ser em infravermelho e visível;
- *controle de atitude do satélite*, que mede os três componentes do campo magnético local;
- *carga útil*, em geral representada pelo *transponder*, que consiste num dispositivo eletrônico que transmite um sinal em resposta a outro sinal recebido.

3.3.2.3 Subsistemas terrestres

Cada passagem de um satélite pela estação receptora terrestre corresponde ao envio de uma série completa de dados. Após o recebimento e a decodificação, os dados são checados, tratados e armazenados para encaminhamento aos usuários.

O subsistema terrestre ou de solo permite controlar o satélite em órbita e obter os dados de sua carga útil. Ele é composto basicamente dos seguintes elementos (ver Fig. 3.8):

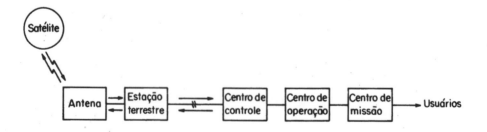

Figura 3.8 Esquema geral do subsistema terrestre

- *antena*, utilizada para recepção e telemetria de serviços (TMS), telemetria de carga útil (TMCU), telecomando (TC) e rastreio (R);
- *estação terrestre*, encarregada de um pré-processamento dos sinais de TMS recebidos pela antena e encaminhados à estação terrestre (esses sinais são multiplexados aos dados tecnológicos da própria estação terrena e da antena e enviados ao centro de controle);
- *centro de controle*, encarregado do tratamento dos dados tecnológicos dos satélites, processando sua manutenção em órbita e gerando e transmitindo ordens de telecomando (essas ordens são enviadas à estação terrestre, onde são codificadas e enviadas ao satélite);
- *centro de operações*, destinado a processar os dados de telemetria da carga útil do satélite;
- *centro de missão*, encarregado de disseminar dados processados e tratados aos usuários.

É importante frisar que a vida útil de um subsistema terrestre (mais de 10 anos) é bem superior à do satélite (vida média de 2 anos). Isso permite que o subsistema terrestre seja facilmente adaptável não a um único satélite, mas a vários, em alguns casos com missões diferentes; a arquitetura do subsistema terrestre deverá, então, permitir sempre essa flexibilidade, pois a cada satélite com missão diferente deve corresponder um centro de operação e um centro de missão diferentes, permanecendo apenas a antena, a estação terrestre e o centro de controle, com pouca ou nenhuma modificação.

A localização geográfica de um subsistema terrestre deve atender a diversos fatores. Por exemplo, a antena e a estação terrena devem ser localizadas de forma a permitir a máxima visibilidade do satélite sobre a área ou território a ser pesquisado (Fig. 3.9). Além disso, tanto a estação terrena quanto os demais centros devem ser dotados de infra-estrutura de energia elétrica, telefonia, telex e/ou fac-símile para rápida e eficiente transmissão de dados.

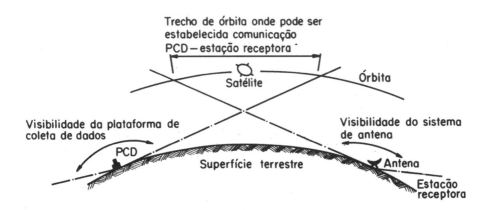

Figura 3.9 Geometria de visibilidade do sistema

Após o processamento, os dados estão prontos para serem disseminados aos usuários, sendo que cada usuário pode escolher o meio de transferência mais adequado a suas necessidades e de acordo com seus interesses. E, dependendo da urgência, os dados poderão ser transmitidos por via postal (diária, semanal etc.), telex, radioteletipo, telefone, fac-símile entre oŭtros meios.

No caso de via postal, vários formatos poderão ser adotados na transmissão: listagem de computador, fita de papel perfurada, fita magnética, cartão perfurado.

No caso de máxima urgência, o centro de missão poderá ser equipado com computadores, de modo a possibilitar o fornecimento do *link* através de telex ou telefonia.

Em razão dos limites do seu orçamento, o usuário poderá optar por uma ou mais faixas de dados do sensor, obtendo apenas a informação desejada. Existe casos em que o usuário possui a sua própria estação receptora, recebendo dados em tempo real, suprimindo-se assim algumas das etapas; mas, em qualquer caso, os dados deverão ser decodificados.

REFERÊNCIAS BIBLIOGRÁFICAS

Publicações do INPE - Instituto Nacional de Pesquisas Espaciais - São José dos Campos - SP.

4
Características
das Bacias Hidrográficas

4.1 GENERALIDADES

A maioria dos problemas práticos de Hidrologia tem como referência a bacia hidrográfica de um curso de água em uma seção determinada deste (quase sempre um ponto medidor de vazão). As características topográficas, geológicas, geomorfológicas, pedológicas e térmicas, bem como o tipo de cobertura da bacia, desempenham papel essencial no seu comportamento hidrológico, sendo importante medir numericamente algumas dessas influências. O objetivo deste capítulo é fixar a terminologia e expor os diversos métodos empregados para individualizar as principais características de uma bacia.

É necessário frisar o importante papel desempenhado pelo tipo de cobertura e uso da bacia hidrográfica em estudo e sua referência na avaliação do comportamento hidrológico desta. A tendência cada vez mais acentuada de ocupação de todas as partes do globo pelo homem, para aproveitar os materiais disponíveis, faz com que o tipo de cobertura do terreno de uma bacia se modifique, em alguns casos substancialmente, alterando as características da bacia no tempo.

4.2 CARACTERÍSTICAS TOPOGRÁFICAS

4.2.1 Definições

a) *Bacia hidrográfica*: conjunto das áreas com declividade no sentido de determinada seção transversal de um curso de água, medidas as áreas em projeção horizontal. Sinônimos: bacia de captação, bacia imbrífera, bacia coletora, bacia de drenagem superficial, bacia hidrológica, bacia de contribuição.

Também pode-se conceituar *bacia hidrográfica* como sendo uma área definida e fechada topograficamente num ponto do curso de água, de forma que toda a vazão afluente possa ser medida ou descarregada através desse ponto.

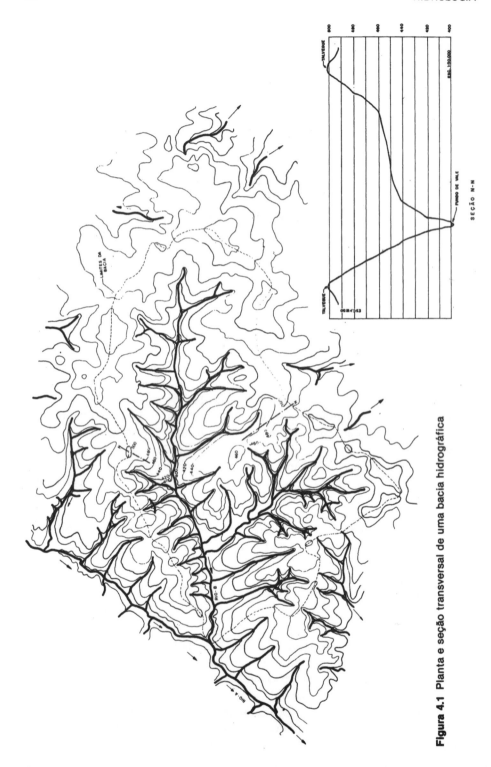

Figura 4.1 Planta e seção transversal de uma bacia hidrográfica

CARACTERÍSTICAS DAS BACIAS HIDROGRÁFICAS

b) *Bacia hidrogeológica*: conjunto de áreas cujo escoamento, superficial ou subterrâneo, alimenta o deflúvio em determinada seção transversal do curso de água, medidas as áreas em projeção horizontal. A bacia hidrogeológica pode identificar-se eventualmente com a hidrográfica.

4.2.2 Individualização da bacia hidrográfica

Sobre uma planta da região, com altimetria adequada, procura-se traçar a linha de divisores de água que separa a bacia considerada das contíguas. Excepcionalmente, a bacia poderá conter sub-bacias secundárias fechadas, nas quais as águas superficiais vão ter a sumidouros ou a lagos que não estão ligados à rede hidrográfica do curso de água principal (se bem que os lençóis freáticos correspondentes estejam às vezes em comunicação); inversamente a bacia topográfica delimitada na carta pode ser menos extensa que a bacia hidrogeológica, se o curso de água for alimentado por escoamentos subterrâneos provenientes de bacias vizinhas, o que pode ocorrer, por exemplo, em regiões muito planas, de depósitos sedimentários permeáveis e de grande espessura. Nesses casos, que aliás são raros e que exigem um estudo geológico mais cuidadoso, a bacia aparente difere da bacia real. Na Fig. 4.1 são apresentados a planta e o corte transversal de uma bacia hidrográfica, exemplificando o que se acabou de descrever.

Delimitadas a bacia e as principais sub-bacias, as áreas são obtidas na planta topográfica por planímetro ou por qualquer outro método de medição

4.2.3 Curvas características da topografia de uma bacia

A maioria dos fatores meteorológicos e hidrológicos (precipitações, temperaturas, descargas unitárias, etc.) é função da altitude. Daí o interesse de calcular a distribuição da bacia hidrográfica por degraus de altitude, sendo o cálculo feito por planimetria das plantas topográficas com curvas de nível, em km^2 e em % da superfície total.

4.2.3.1 Curva hipsométrica

É a curva representativa das áreas de uma bacia hidrográfica situadas acima (ou abaixo) das diversas curvas de nível. Apresenta em ordenadas as superfícies da bacia que se acham acima das diversas altitudes, estas marcadas em abcissas (ver Fig. 4.2).

4.2.3.2 Curva das freqüências altimétricas

A curva das freqüências altimétricas é obtida por meio de um histograma (diagrama em degraus) apresentando as superfícies (em km^2 e em %) compreendidas entre altitudes escalonadas (por exemplo), de 100 em 100 m).

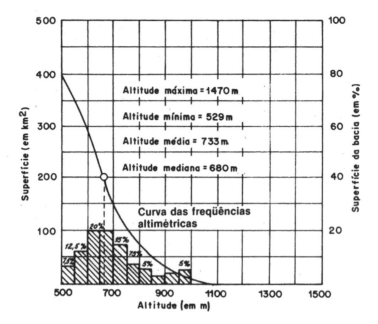

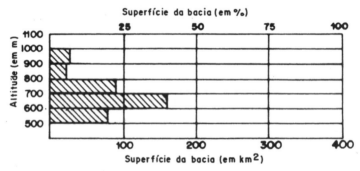

Figura 4.2 Curva hipsométrica da bacia do rio Una

Tabela 4.1 Curvas das freqüências altimétricas

Altitude	km²	Área (%)
> 950	20	5%
900	35	9%
850	50	12,5%
800	70	17,5%
750	100	25%
700	160	40%
650	240	60%
600	320	80%
550	370	92,5%
500	400	100%

4.2.3.3 Altitudes características

As curvas hipsométricas e as das freqüências altimétricas permitem determinar as seguintes altitudes características:

a) *altitude mediana*, que é a ordenada média da curva hipsométrica;

b) *altitude mais freqüente*, que é a máxima da curva de freqüências altimétricas.

4.2.3.4 Curva de distribuição das declividades de uma bacia

Às vezes há interesse em se terem curvas que dêem a distribuição das declividades de uma bacia; essas curvas apresentam em abcissas (em % ou em km^2) as superfícies dos terrenos cuja declividade excede os valores marcados em ordenadas. Essas curvas são importantes para os estudos de erosão.

Tabela 4.2 Distribuição de declividade dos terrenos (*bacia*: rio Una, tributário do rio Paraíba, São Paulo; *área de drenagem*: 403 km^2; *mapa*: restituição aerofotogramétrica; *escala*: 1:25 000; *quadrícula*: 1 km de lado)

Declividade (em m/m)	Número de ocorrências	Porcentagem do total	Porcentagem acumulada	Declividade média de intervalo	Col. 2 x Col. 5
De 0 a 0,049	21	4,7	100	0,0245	0,5145
De 0,05 a 0,099	9	2,0	95,3	0,0745	0,6965
De 0,10 a 0,149	22	4,9	93,3	0,1243	2,7390
De 0,15 a 0,199	37	8,3	88,4	0,1745	6,4565
De 0,20 a 0,249	69	15,4	80,1	0,2245	15,4905
De 0,25 a 0,299	59	13,2	64,7	0,2745	16,1955
De 0,30 a 0,349	80	17,9	52,5	0,3245	25,9600
De 0,35 a 0,399	53	11,9	33,6	0,3745	19,8485
De 0,40 a 0,449	50	11,2	21,7	0,4245	21,2250
De 0,45 a 0,499	24	5,4	10,5	0,4745	11,3880
De 0,50 a 0,549	12	10,7	5,1	0,5245	6,2940
De 0,55 a 0,599	5	1,1	2,4	0,5745	2,8725
De 0,60 a 0,649	3	0,7	1,3	0,6243	1,8735
De 0,65 a 0,699	1	0,2	0,6	0,6745	0,6745
De 0,70 a 0,749	0	0,0	0,4	0,7245	0
De 0,75 a 0,799	1	0,2	0,4	0,7745	0,7745
De 0,80 a 0,849	0	0,0	0,2	0,8245	0
De 0,85 a 0,899	1	0,2	0,2	0,8745	0,8745
De 0,90 a 1	0	0	0		
Total	447	100			133,8775

$$\text{Declividade média: } \frac{133,8775}{447} = 0,30 \text{ m/m}$$

4.3 PERFIL LONGITUDINAL DE UM CURSO DE ÁGUA

Esse perfil é representado marcando-se os comprimentos desenvolvidos do leito em abcissas e a altitude do fundo (ou a cota de água) em ordenadas. O perfil longitudinal de curso de água constitui também uma preciosa documentação para os hidrologistas.

As Figs. 4.3 e 4.4 mostram para a bacia do rio Una, de 400 km² aproximadamente, a curva de distribuição das declividades dos terrenos e o perfil longitudinal do curso de água.

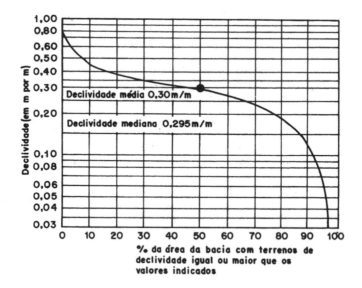

Figura 4.3 Curva de distribuição de declividades dos terrenos da bacia do rio Una (área de drenagem: 400 km²)

Num perfil longitudinal de um curso de água há que se distinguir a:

- *linha d_1* — que representa a *declividade média* entre dois pontos, obtida dividindo-se a diferença total de elevação do leito pela extensão horizontal do curso de água entre os dois pontos.
- Linha d_2 — que determina uma área entre esta e o eixo das abcissas igual a área compreendida entre a curva do perfil e o mesmo eixo. É um valor mais representativo e racional da declividade do perfil longitudinal.
- Linha d_3 — que representa a *linha de declividade equivalente constante do álveo*. É um índice idealizado para representar o tempo de translação da água ao longo da extensão do perfil longitudinal; se o curso de água tivesse uma declividade fictícia constante igual a essa declividade equivalente, o tempo de translação seria o mesmo que o correspondente às declividades efetivas do perfil longitudinal.

CARACTERÍSTICAS DAS BACIAS HIDROGRÁFICAS

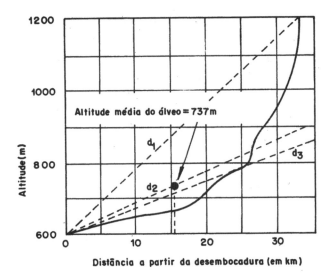

Figura 4.4 Perfil longitudinal do rio Una

Admitindo-se que o tempo de translação varie com o inverso da raiz quadrada da declividade, então a declividade equivalente coincide com a média dos valores do recíproco da raiz quadrada das declividades obtidas, dividindo-se o perfil longitudinal em um grande número de partes iguais: No caso particular do rio Una, cujo curso tem um desenvolvimento aproximado de 33 km e a altitude média do álveo de 737 m, foram determinadas as três declividades: d_1 = 0,01818 m/m, d_2 = 0,00830 e d_3 = 0,00786.

Substituindo-se o perfil longitudinal do álveo, geralmente em curva, por uma linha quebrada que se lhe ajuste bem, a raiz quadrada da declividade equivalente constante será a média harmônica ponderada da raiz quadrada das declividades dos diversos trechos retilíneos, tomando-se para peso a extensão de cada trecho.

4.4 CARACTERÍSTICAS FLUVIOMORFOLÓGICAS

4.4.1 Índice de conformação

A relação entre a área de uma bacia hidrográfica e o quadrado de seu comprimento axial, medido ao longo do curso de água, da desembocadura ou seção de referência à cabeceira mais distante, no divisor de águas, constitui o *índice de conformação*.

4.4.2 Índice de compacidade

A relação do perímetro de uma bacia hidrográfica e a circunferência de círculo de área igual à da bacia constitui o *índice de compacidade*.

50   HIDROLOGIA

Dessa definição resulta que, para uma bacia circular ideal, o índice de compacidade $K_c = 1$. Para uma bacia qualquer, chamando de P o seu perímetro e C a circunferência de círculo de área A igual à da bacia, teríamos:

$$K_c = \frac{P}{C}$$

e, chamando de D o diâmetro do círculo de área A:

$$D = \frac{C}{\pi} = \sqrt{\frac{4A}{\pi}}$$

vem finalmente:

$$K_c = \frac{P}{2\sqrt{\pi}\sqrt{A}} \cong 0,28 \frac{P}{\sqrt{A}}$$

Exemplo: Na bacia do Tamanduateí, de $A = 384\ km^2$ e $K_c = 1,35$, K^c é uma medida do *grau de irregularidade* da bacia. Esses índices são importantes no estudo comparativo das bacias e permitem, em alguns casos, tirar algumas conclusões sobre as vazões.

Desde que outros fatores não interfiram, valores menores do índice de compacidade indicam maior potencialidade de produção de picos de enchentes elevados. Quanto ao índice de conformação, quanto maior o seu valor, maior a potencialidade de ocorrência de picos de enchentes elevados.

Essas observações são interessantes na comparação de dados hidrológicos de pequenas bacias hidrográficas.

4.4.3. Densidade de drenagem

A relação entre o comprimento total dos cursos de água efêmeros, intermitentes e perenes de uma bacia hidrográfica e a área total da mesma bacia é denominada *densidade de drenagem*.

Se existir um número bastante grande de cursos de água numa bacia (relativamente a sua área), o deflúvio atinge rapidamente os rios. E haverá provavelmente picos de enchente altos e deflúvios de estiagem baixos. Para a bacia do Una, por exemplo, a densidade de drenagem é de $1,73\ km/km^2$.

4.5 CARACTERÍSTICAS GEOLÓGICAS

O estudo geológico dos terrenos das bacias tem por objetivo principal classificá-los quanto à maior ou menor *permeabilidade*, característica esta que intervém fundamentalmente na rapidez e no volume das enchentes e na parcela levada às vazões de estiagens pelos lençóis subterrâneos; em certos terrenos, entretanto, o estudo deve ser aprofundado por um geólogo ou hidrólogo, para investigar a localização de lençóis aqüíferos, o escoamento subterrâneo e a origem das fontes.

4.6 COBERTURA VEGETAL

A cobertura vegetal, especialmente as florestas e os campos cultivados, soma sua influência à dos fatores geológicos para condicionar a rapidez do escoamento superficial, as taxas de evaporação e a capacidade de retenção. Para cada bacia deve ser, então determinada a porcentagem da área da bacia coberta de florestas e de campos cultivados.

A ação das florestas sobre o escoamento tem dado lugar a muitas controvérsias. Tudo indica que as florestas regularizam as vazões dos cursos de água, mas não aumentam o valor médio das vazões (em climas secos elas podem, ao contrário, diminuí-lo, em razão do aumento da evaporação). As matas amortecem as pequenas enchentes, mas pouco contribuem no caso de enchentes catastróficas; são, por outro lado, eficazes no combate à erosão dos solos.

4.7 CARACTERÍSTICAS TÉRMICAS

O estudo hidrológico completo de uma bacia hidrográfica deveria compreender também a análise de seu *balanço térmico*, no qual interviriam não apenas o calor recebido pela radiação solar, mas também as trocas de calor entre o solo, a atmosfera, os lençóis de água e outros fatores.

Na realidade, porém, os dados disponíveis raramente permitem avaliar, mesmo com aproximação grosseira, o balanço térmico, pois geralmente se dispõe somente de medidas efetuadas sob um abrigo e em proximidade do solo, ou então em postos meteorológicos eventualmente existentes na área da bacia.

4.8 MEDIDA DA TEMPERATURA DO AR NO SOLO

A maioria dos postos meteorológicos dispõe apenas de um termômetro de máxima e um de mínima, e raramente, de um termógrafo. Esses aparelhos costumam ser colocados a 1,50 ou 2 m acima do solo, sob um abrigo de madeira provido de persianas que permitem a livre circulação do ar mas impedem a radiação solar direta e a reverberação do solo e dos objetos circunvizinhos.

4.8.1 Definição das temperaturas fornecidas pelos boletins meteorológicos

A temperatura média diária é uma média convencional: média aritmética de duas ou três temperaturas observadas em horas determinadas de um dia. A *tempratura média verdadeira* é definida pela ordenada média dos diagramas dos termógrafos, mas raramente é apresentada nos boletins meteorológicos. Entre as médias convencional e verdadeira há um pequeno afastamento. Algumas estações meteorológicas fazem três observações diárias: às 6, 13 e 21 h. Tem-se verificado que a média desses três valores se afasta muito pouco da temperatura média verdadeira, e seu valor é geralmente apresentado como *temperatura média diária*.

As temperaturas médias *mensais* ou *anuais* são as médias aritméticas das temperaturas médias diárias no período de um mês ou de um ano.

As estações meteorológicas publicam tábuas numéricas e gráficos cronológicos das temperaturas médias diárias, mensais e anuais; mais raramente são indicadas as temperaturas máxima e mínima e a amplitude do afastamento das médias convencionais das verdadeiras. Para uma análise mais rigorosa são empregados os métodos estatísticos. Às vezes são apresentadas cartas das isotermas máxima, mínima ou média.

4.8.2 Distribuição geográfica das temperaturas

4.8.2.1 Variação da temperatura com a latitude

A temperatura média anual decresce do equador para os pólos como resultado da atenuação do fluxo solar, quando o ângulo de incidência dos raios luminosos diminui. As isotermas estabelecidas a partir das temperaturas reduzidas ao nível do mar são, para o conjunto do globo, aproximadamente paralelas e orientadas de oeste a leste. A amplitude anual das variações de temperatura está em estreita relação com a latitude: é mínima no equador e máxima nos pólos. O gráfico da Fig. 4.6 dá idéia dos afastamentos entre as temperaturas médias mensais de julho e de janeiro em diversas latitudes.

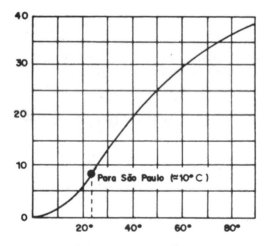

Figura 4.6 Afastamento entre as temperaturas médias mensais de julho e de janeiro em função da latitude

4.8.2.2 Influência dos continentes e dos oceanos

O solo se esquenta e se esfria mais rapidamente que as massas de água sob a ação das radiações diurna e noturna; por isso os maiores afastamentos de temperatura (à paridade com todos os outros fatores) se encontram nas zonas continentais áridas, e a influência reguladora dos oceanos, particularmente das grandes correntes marítimas quentes, modifica substancialmente a influência da latitude.

4.8.2.3 Variações da temperatura com a altitude

a) *Gradiente térmico vertical.*

Ver item O campo vertical de temperatura na atmosfera, no Cap. 2: Fundamentos geofísicos da Hidrologia.

b) *Temperatura reduzida ao nível do mar.*

A patir do gradiente vertical de temperatura pode-se calcular a temperatura reduzida ao nível do mar (média anual ou mensal). A importância disso para os estudos hidrológicos está na possibilidade de se calcularem aproximadamente as temperaturas médias em um ponto qualquer da bacia, em função das temperaturas determinadas em alguns postos meteorológicos convenientemente situados. Em bacias montanhosas das regiões temperadas e frias, a *isotérmica* 0 °C, de grande importância na fixação das geleiras e no regime glacial, é determinada por esse método.

4.8.2.4 Influência da vegetação

Devido à menor fração de energia solar que atinge o solo e do calor absorvido pela evapotranspiração, a temperatura média anual de uma região de mata pode ser inferior de 1 a 2 °C à de uma região desmatada comparável àquela. A diferença é máxima no verão e muito diminuta no inverno.

4.8.3 As variações da temperatura no tempo

4.8.3.1 Variações anuais

Essas variações seguem sensivelmente as da intensidade da radiação solar, consideradas a influência da temperatura do solo (no caso de coberturas de neve) e da nebulosidade. A amplitude da variação anual da temperatura depende da latitude, da altitude e da distância em relação ao mar.

4.8.3.2 Variações diárias

A temperatura começa a elevar-se lentamente depois da aurora, para atingir seu máximo 1 a 3 horas depois que o sol atinge sua altura máxima nas regiões continentais; sobre os oceanos, essa decalagem é de apenas meia hora. A temperatura mínima se verifica pouco depois do nascer do sol.

4.8.4 A temperatura da água

A temperatura da água das fontes e dos poços profundos não apresenta variação diurna, e a amplitude do afastamento anual é fraca ou mesmo nula; quase sempre a água está à temperatura média do lugar.

Nos lagos, a temperatura da água superficial acompanha a do ar no seu ciclo sazonal. Nos cursos de água, a variação diurna da temperatura é muito fraca, mesmo na superfície; a oscilação anual é inferior à do ar.

4.9 DADOS BÁSICOS PARA O PLANEJAMENTO DE BACIAS HIDROGRÁFICAS

As bacias hidrográficas poderão ter seus limites não coincidentes com as linhas de divisão política de um Estado ou de um país.

Para o máximo aproveitamento dos recursos hídricos de uma bacia é recomendável que o estudo abranja a bacia hidrográfica como um todo, evitando-se eventuais conflitos decorrentes dos diversos usos da água pelo homem. É fundamental também que as decisões finais sobre as providências, diretrizes e obras estejam fundamentadas em fatos e números concretos. Os fatos e números referentes à disponibilidade, à quantidade, à qualidade, aos usos e ao controle e à conservação dos recursos hídricos constituem os *dados básicos* para o planejamento integrado de uma bacia hidrográfica.

O conhecimento dos recursos hídricos disponíveis e a definição da localização e cronologia da implantação de obras para otimizar o uso desses recursos são os objetivos do *planejamento integrado de bacias hidrográficas*. O processo de planejamento integrado é eminentemente iterativo, onde as informações preliminares permitem a identificação e a avaliação das possibilidades de desenvolvimento de recursos, que, por sua vez, geram a necessidade de estudos e investigações adicionais de forma mais detalhada.

Os dados básicos para o planejamento integrado de bacias hidrográficas podem ser assim relacionados:

a) *dados sobre a quantidade de água*: dados fluviométricos e limnimétricos, ocorrência e níveis de água subterrânea, conformação topográfica, cobertura vegetal da bacia, infiltração de água no solo, clima, temperaturas, umidade, evaporação, quantidade e distribuição de chuva, uso da água na configuração atual.

b) *dados sobre a qualidade da água*: avaliação qualitativa e quantitativa do estágio de poluição e contaminação dos cursos de água na bacia (poluição física, química, bacteriológica e radioativa).

c) *dados cartográficos da bacia*: mapas, cartas, levantamentos existentes, fotografias aéreas, e assim por diante.

d) *dados morfológicos e geológicos da região*.

e) *dados sócio-econômicos da região onde se localiza a bacia em estudo*.

Nos países em desenvolvimento é bastante questionável a qualidade, a suficiência e a adequabilidade desses dados, principalmente com relação aos dados hidrológicos, obrigando o planejador a propor, como medida preliminar, a instalação de uma rede de pluviômetros e fluviômetros, para estudar a ocorrência de chuvas intensas e a quantidade de água na bacia.

No caso de alguma urgência para solução do problema de planejamento e a eventual inexistência ou não-disponibilidade imediata de dados hidrológicos, os dados básicos para o planejamento poderão ser gerados utilizando-se métodos simplificados e a correlação com dados de outras bacias vizinhas de características ou comportamento hidrológico semelhantes.

REFERÊNCIAS BIBLIOGRÁFICAS

Diversos autores. "Simpósio sobre desenvolvimento integral de bacias hidrográficas" São Paulo, Universidade de São Paulo/SSOP-SP/OPS/CMS, 1967.

GARCEZ, L.N. Hidrologia. São Paulo, Departamento de Livros e Publicações do Grêmio Politécnico, 1961.

MAKSOUD. H. "Características funcionais e físicas das bacias fluviais". In *Revista do Clube de Engenharia*. junho, 1957.

RÉMÉNIÉRAS, G. *L'hydrologie de l'ingenieur*. Paris, Eyrolles, 1960. (Coleção do Laboratoire National d'Hydraulique.)

UEHARA, K. "Contribuição para o estudo de vazões mínimas, médias e máximas de pequenas bacias hidrográficas". Tese de concurso de livre-docência da Escola Politécnica da Universidade de São Paulo, 1964.

5
Precipitações Atmosféricas

5.1 GENERALIDADES

5.1.1 Definição

Entende-se por *precipitações atmosféricas* como o conjunto de águas originadas do vapor de água atmosférico que cai, em estado líquido ou sólido, sobre a superfície da terra. O conceito engloba, portanto, não somente a chuva, mas também a neve, o granizo, o nevoeiro, o sereno e a geada.

Na prática são as chuvas que apresentam maior interesse, sobretudo em nossa latitude, e a elas é que se fará referências normalmente. As demais formas de precipitação, que em determinados casos podem representar uma porcentagem significativa do total das precipitações, somente têm importância, isoladamente, para estudos particulares, como em alguns casos ligados à agricultura.

5.1.2 Importância do estudo das precipitações atmosféricas

As precipitações atmosféricas representam, no ciclo hidrológico, o importante papel de elo de ligação entre os fenômenos meteorológicos propriamente ditos e os do escoamento superficial, de interesse maior aos engenheiros. Deriva daí, sobretudo, a importância do estudo das precipitações atmosféricas.

Há uma relativa facilidade para medir as precipitações. Dispõe-se, muitas vezes, de longas séries de observações (mais de 200 anos em algumas estações da Europa, e com freqüência mais de cinqüenta anos em certos postos brasileiros) que permitem uma análise estatística de grande utilidade para os engenheiros.

5.2 MECANISMO DE FORMAÇÃO DAS PRECIPITAÇÕES ATMOSFÉRICAS

O ar quente e úmido, elevando-se por expansão adiabática, se resfria até atingir seu ponto de saturação. Uma parte do vapor de água se condensa sobre os núcleos de condensação, formando então as nuvens.

5.2.1 Estrutura das nuvens

As nuvens são formadas de aerossóis constituídos de gotículas de água (em estado líquido ou sólido) com diâmetros da ordem de 1 a 3 centésimos de milímetro (0,01 a 0,03 mm), espaçadas de cerca de 1 mm entre si e mantidas em suspensão pelo efeito da turbulência ou de correntes de ar ascendentes. Essas gotículas 0,5 a 1 g de água por metro cúbico de ar.

O ar que envolve as gotículas das nuvens encontram-se num estado próximo ao de saturação, o que corresponde a uma umidade de 1 a 6 g por metro cúbico, nas temperaturas correspondentes às altitudes em que são formadas as nuvens. A quantidade total de água existente nas nuvens, nos estados sólido e de vapor, não ultrapassa normalmente 2 a 3g por metro cúbico, segundo verificações feitas.

Tabela 5.1 Diâmetros e características de diferentes atmosféricas (segundo Réménierás)

Tipo de precipitação	Intensidade (mm/h)	Diâmetro médio das gotas (mm)	Velocidade de queda para os diâmetros médios (m/s)
Nevoeiro	0,25	0,2	—
Chuva leve	1 a 5	0,45	2,0
Chuva forte	15 a 20	1,5	5,5
Tempestade	100	3,0	8,0

5.2.2 Dimensões das gotas de chuva

Para as gotas de água caírem é necessário que tenham um peso superior às forças que mantêm as gotículas das nuvens em suspensão, ou seja, que tenham uma velocidade de queda superior às componentes verticais do movimento do ar. Conforme determinações experimentais, as gotas de chuva têm diâmetros entre 0,5 a 2 mm, com um máximo de 5,5 mm, acima do que elas se rompem devido à resistência do ar, formando gotas menores, antes de elas atingirem o limite de velocidade de queda (ver Tabs. 5.1 e 5.2).

Os volumes das gotas de chuva são, portanto, 10^5 e 10^6 vezes maiores que os volumes das gotículas que constituem as nuvens.

Tabela **5.2** Características das gotas de chuva para diferentes intensidades (Segundo Réméniéras)

GOTAS		Número de gotas por m² e por segundo								
		A		B	C	D	E	F	G	H
Diâmetro	Volume (mm³)	1	2	3	4	5	6	7	8	9
0,5	0,065	1 000	1 600	129	60	0	100	514	679	7
1,0	0,524	200	120	100	280	50	1 300	423	524	233
1,5	1,77	140	60	73	160	50	500	359	347	113
2,0	4,19	140	200	100	20	150	200	138	295	46
2,5	8,18	0	0	29	20	0	0	156	205	7
3,0	14,10	0	0	57	0	200	0	138	81	0
3,5	22,4	0	0	0	0	0	0	0	28	32
4	33,5	0	0	0	0	50	0	0	20	32
4,5	47,7	0	0	0	0	0	200	101	0	39
5	65,4	0	0	0	0	0	0	0	0	0
Total		1 480	1 980	488	540	500	2 300	1 829	2 179	502
Intensidade										
em mm por minuto		0,06	0,07	0,10	0,04	0,31	0,72	0,57	0,38	0,25
em mm por hora		3,6	4,2	6,00	2,40	18,6	43,2	34,2	22,8	15,00

A — Chuvas com aparência ordinária.
B — Chuvas com interrupções durante as quais o sol brilha.
C — Começo de uma precipitação intensa, curta.
D — Chuva repentina proveniente de pequena nuvem.

E — Chuva violenta com um pouco de granizo.
F — Período mais intenso de uma chuva forte.
G — Período menos intenso de uma chuva forte.
H — Período final de uma chuva contínua.

5.2.3 Processos de desencadeamento das chuvas

A gênese das precipitações está intimamente ligada ao aumento do volume das gotículas de água das nuvens. Esse aumento, cujo mecanismo ainda não é totalmente conhecido, pode ser explicado por duas causas:

a) *Absorção de uma gotícula por outra* devido a um *choque entre elas* (coalescência direta). Conforme inúmeras teorias que explicam o movimento relativo entre as gotículas (como atração eletrostática, indução eletromagnética, atração hidrodinâmica, microturbulência, e outras) e seus conseqüentes choques sucessivos, esse mecanismo não parece justificar satisfatoriamente o crescimento inicial das gotículas, que se dá muito rapidamente (desencadeando, propriamente dito); justifica, porém, perfeitamente o crescimento posterior das gotas (com mais de 0,5 mm de diâmetro), pois, em todas as teorias que explicam os movimentos, o número de choques prováveis aumenta com as dimensões das gotículas. Em particular este processo age de forma apreciável sobre as partículas que já começaram a tombar (aquelas com alguns décimos de milímetro de diâmetro) e que se chocam com aquelas ainda em suspensão.

b) *Crescimento por condensação de vapor de água sobre as gotículas.* O vapor de água proveniente do ar saturado que envolve as gotículas ou de outras gotículas vizinhas em curso de evaporação, condensando-se sobre determinadas gotículas, aumenta evidentemente seus volumes. O vapor existente no ar saturado somente poderia aumentar o volume em cerca de 10 vezes, pois a quantidade total deste é de cerca de 1 a 5 g por metro cúbico de ar, enquanto que a das gotículas é de 0,5 a 3 g. Para que esse mecanismos possa se desenrolar é necessário que certas gotículas da nuvem tenham tensão de vapor inferior ao do vapor do ar, ou que este esteja supersaturado. Isso pode ocorrer em 3 casos: quando há cristais de gelo e gotas de água sobrefundidas (teoria de Tor Bergeron); quando há diferenças sensíveis de temperatura entre gotículas (provocadas, por exemplo, por fortes turbulências); ou quando certas gotículas são formadas por soluções salinas (cloreto de sódio, em geral).

Ao que tudo indica, a segunda causa (condensação) é responsável pelo desencadeamento das chuvas, por ação isolada ou concomitante dos três fatores apontados, e a primeira causa (coalescência direta) é responsável pelo aceleramento do fenômeno.

5.2.4 Alimentação das precipitações atmosféricas

Constata-se que dificilmente existe nas nuvens mais de 2 a 3 g de água por metro cúbico (em estado sólido, líquido ou vapor). Assim, uma camada de nuvens com 4 000 m de espessura (caso excepcional) daria uma chuva de no máximo 12 000 g/m^2, ou seja, uma altura de precipitação de 12 mm. Para explicar-se, então, a ocorrência de chuvas que resultam em 1 a 2 mm por hora durante várias dezenas de horas (50-60 h) é necessário admitir-se uma constante alimentação de vapor de água vinda de fora da nuvem. Essa alimentação pode ser explicada por correntes ascendentes que conduzem ar quente e úmido e refazem constantemente a nuvem. Assim, uma corrente de ar transportando ar saturado a 20 °C do nível do mar a uma altitude de 4 000 m transporta vapor de água suficiente para que chova 72 mm por hora em toda a área da corrente, enquanto persistir o fenômeno.

5.2.5 Provocação artificial de chuvas

Apesar de ser assunto especializado, cabe referir que normalmente o desencadeamento artificial de chuvas é feito a partir de nuvens favoráveis, com base nas teorias de condensação de vapor de água sobre as gotículas. Vários processos são utilizados. Nas nuvens frias (temperaturas abaixo de zero), costuma-se disseminar partículas muito frias (anidrido carbônico sólido) ou cristais de mesma estrutura cristalina do gelo (iodeto de prata), visando facilitar a formação dos cristais de gelo, necessários ao desencadeamento, conforme a teoria de Tor Bergeron. Nas nuvens quentes, costuma-se disseminar cloreto de sódio (em solução) para obterem-se gotículas com solução salina (e, portanto, com menor tensão de vapor de água que as demais).

Também tem sido tentada a provocação de chuvas pela formação de intensas correntes de convecção térmica obtidas pelo aquecimento do ar a elevadas temperaturas em uma área relativamente extensa (através de queimadores de óleo dispostos em grande número no solo).

5.3 TIPOS DE CHUVAS

O resfriamento do ar atmosférico até o ponto de saturação com a conseqüente condensação do vapor de água em forma de nuvens e posterior formação das precipitações ocorre pela interferência, isolada ou conjunta, de três fatores básicos distintos, os quais dão origem aos três tipos principais de chuva:

a) *Frontal*. Chuva que ocorre devido à ascensão do ar úmido no setor quente das encostas de duas superfícies frontais, na forma exposta no item 2.5. ''Evolução da situação atmosférica''.

b) *Orográfica*. Chuva causada por barreiras de montanhas abruptas que provocam o desvio para a vertical (ascendente) das correntes aéreas de ar quente e úmido (exemplo típico são as precipitações que ocorrem na serra do Mar).

c) *De convecção térmica*. Chuva causada por diferenças de locais de aquecimento nas camadas atmosféricas. Essas diferenças dão como resultado uma estratificação em camadas que se mantém em equilíbrio instável. Perturbado o equilíbrio em um dado ponto, forma-se uma brusca e violenta ascensão local do ar menos denso, capaz de atingir grandes altitudes (com formação de nuvens cúmulos). A chuva de convecção térmica é de grande intensidade e pequena duração, sendo restritas a pequenas áreas. É aquela que dá, por exemplo, as vazões críticas de dimensionamento das galerias de águas pluviais

As chuvas dos tipos frontal e orográfico atingem grandes áreas com notável duração e baixa intensidade, sendo importantes para o estudo das grandes bacias hidrográficas.

5.4 MEDIDA DAS CHUVAS

De modo geral a medida das precipitações atmosféricas é simples, sendo feita através da computação da quantidade de água recolhida em uma determinada área;

62 HIDROLOGIA

alguns cuidados, porém, devem ser tomados a fim de se evitarem erros sistemáticos que possam falsear os resultados.

5.4.1 Grandezas características e unidades de medida

a) *Altura pluviométrica* ou *altura de precipitação (h)*: quantidade de água precipitada por unidade de área horizontal. É dada pela altura que a água atingiria se ela se mantivesse no local da precipitação sem evaporar, escoar ou infiltrar. Geralmente é expressa em milímetros (em polegadas nos Estados Unidos e Inglaterra). A altura pluviométrica pode se referir a uma chuva determinada ou a todas as precipitações ocorridas em um certo intervalo de tempo (alturas pluviométricas diárias, mensais, anuais).

b) *Duração (t)*: intervalo de tempo decorrido entre o instante em que se iniciou a precipitação e seu término. É medida em geral em minutos (ou em horas).

c) *Intensidade (i)*: velocidade de precipitação $i = h/t$. É medida em geral em mm/min ou mm/h. Pode ser medida também em litros/segundo/hectare.

d) *Freqüência*: número de ocorrências de uma determinada precipitação (definida por uma altura pluviométrica e uma duração) no decorrer de um intervalo de tempo fixo. Para a aplicação em engenharia, a freqüência provável (teórica) é expressa preferivelmente em termos de tempo de recorrência ou de período de retorno, T, medido em anos, e com o significado de que, para a mesma duração t, a intensidade i correspondente será provavelmente igualada ou ultrapassada apenas uma vez em T anos.

5.4.2 Dificuldades de medição

As principais dificuldades para a medida das precipitações derivam dos seguintes fatos:

a) O aparelho de medida provoca sempre uma perturbação (turbilhonamento) nas correntes eólicas, afetando a quantidade de água recolhida. Em conseqüência, para que resultados sejam comparáveis entre si, é necessário que os aparelhos sejam rigidamente padronizados e que sejam adotadas normas fixas para sua instalação (Fig. 5.1).

b) Poucos são os locais abrigados (para reduzir o efeito hidrodinâmico anteriormente indicado) e ao mesmo tempo suficientemente livres para permitir a coleta de precipitações representativas, qualquer que seja a direção dos ventos.

c) A amostra colhida pelo aparelho de medição representa o fenômeno em uma área muitas vezes sempre menor que a área atingida pela precipitação. A amostra será tanto menos significativa quanto maior for a área que ela deverá representar e mais heterogênea for a precipitação que atinge a mesma.

d) A necessidade de se distribuir de forma racional o conjunto de aparelhos de medida em extensas áreas obriga, muitas vezes, a entregar a operação dos mesmos a operadores que nem sempre são suficientemente habilitados e indicados para este mister.

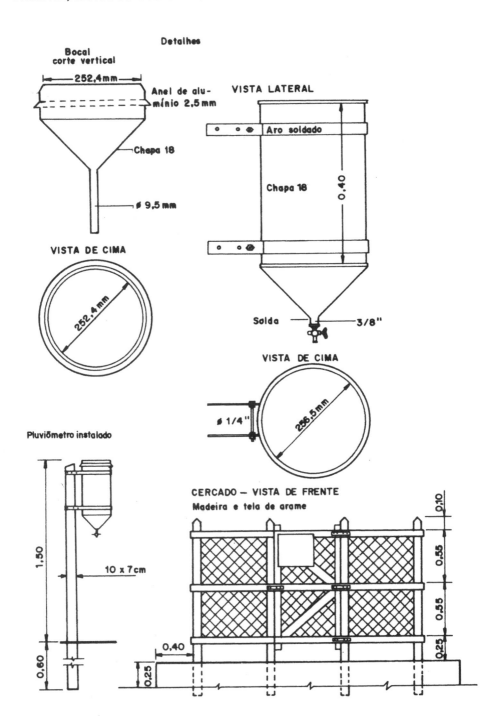

Figura 5.1 Pluviômetro, detalhes e instalação

5.4.3 Tipos de aparelhos

Dois são os tipos principais de aparelhos utilizados para a medida das precipitações: os simples receptores, que recolhem a água tombada e a armazenam convenientemente para posterior medição volumétrica (pluviômetros), e os aparelhos registradores, que registram continuamente a quantidade de chuva que recolhem (pluviógrafos).

5.4.3.1 Pluviômetros

Em princípio, qualquer recipiente poderia funcionar como pluviômetro, desde que de uma forma qualquer fosse impedida a evaporação da água acumulada. A necessidade de tornar os resultados comparáveis entre si exige, porém, como já foi assinalado, a normalização, em particular no que diz respeito a área do receptor.

O pluviômetro normalmente empregado em São Paulo compreende: 1) Um reservatório cilíndrico de 256,5 mm de diâmetro e 40 cm de comprimento, terminado por parte cônica munida de uma torneira para retirada da água. 2) Um receptador cilíndrico-cônico, em forma de funil, com borda perfeitamente circular, em aresta viva com 252,4 mm de diâmetro, sobrepondo-se ao reservatório e que determina a área de exposição do aparelho (no caso 500 cm^2); é a parte mais delicada do aparelho e deve ser construído e conservado cuidadosamente; ele impede também a evaporação da água acumulada no reservatório. 3) Uma proveta de vidro, devidamente graduada, para medir diretamente a chuva recolhida (em milímetros e em décimos de mm). Nessa proveta é vertida periodicamente a água recolhida.

Os pluviômetros são normalmente observados uma ou duas vezes por dia, todos os dias, em horas certas e determinadas (importante); não indicam, portanto, a intensidade das chuvas ocorridas, mas tão-somente a altura pluviométrica diária (ou a intensidade média em 12 h).

5.4.3.2 Pluviógrafo

Quando é necessário conhecer a intensidade da chuva, o que é fundamental, por exemplo, para o estudo de escoamento de águas pluviais e vazões de enchentes de pequenas bacias, há que se fazer o registro contínuo das precipitações, ou seja, da quantidade de água recolhida no aparelho. Para tanto utiliza-se o pluviógrafo, que é um aparelho registrador automático dotado de um mecanismo de relojoaria que imprime um movimento de rotação a um cilindro no qual é fixado um papel devidamente graduado e onde uma pena traça a curva que permite determinar h e t, e portanto, i. Esse aparelho é também dotado de um receptador cônico (funil), do mesmo tipo que o pluviômetro (os mais utilizados entre nós, de fabricação Fuess, têm área de recepção de 200 cm^2 e não de 500 cm^2).

Existem três tipos mais comuns de pluviógrafos:

1. *Pluviógrafo de flutuador*. A variação do nível de água é registrada em um recipiente apropriado por meio de um flutuador, ligado por uma haste diretamente à pena de inscrição no tambor. O recipiente de medida é ligado a um recipiente armazenador por um sifão conveniente (sistema Richard, ver Fig. 5.2) que o esvazia automaticamente quando é atingido um nível determinado (o que corresponde à queda do flutuador e ao traçado de uma reta no registro). O volume total recolhido pelo

PRECIPITAÇÕES ATMOSFÉRICAS

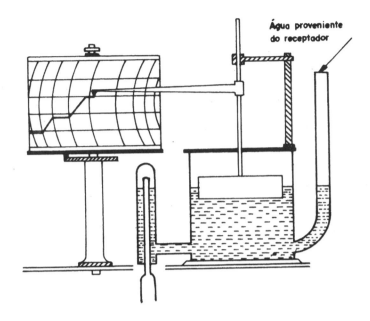

Figura 5.2 Esquema do princípio de funcionamento do pluviógrafo de flutuador (sistema Richard)

aparelho é assim armazenado para controle posterior dos pluviogramas (gráficos $h = f(t)$ obtidos pelo pluviógrafo).

2. *Pluviógrafo de balança.* O peso da água recolhida no recipiente é registrado automaticamente por meio de uma balança apropriada. Esse aparelho dispõe também de um sistema de sifão análogo ao existente no pluviógrafo de flutuador.

3. *Pluviógrafo basculante* (Fig. 5.4). Este aparelho dispõe de dois recipientes conjugados de tal forma que quando um é preenchido, bascula e se esvazia, o outro é colocado em posição para receber a água oriunda do receptador. O esvaziamento é feito em um reservatório que acumula o volume total de precipitação e permite o controle dos resultados. O registro é feito por um mecanismo especial que desloca a pena de um certo valor (correspondente ao volume de água recolhido, ou seja, à altura de precipitação) para cada basculamento do sistema.

De modo geral, os pluviógrafos do tipo de flutuador são os mais utilizados. Os aparelhos do tipo de balança são bastante utilizados nos Estados Unidos, e os basculantes, na França.

5.4.4 Cuidados especiais na instalação e operação dos aparelhos de medida

Como já foi assinalado, os aparelhos de medida de precipitação nunca medem exatamente a quantidade de água que cairia no local. Levando em conta que o valor

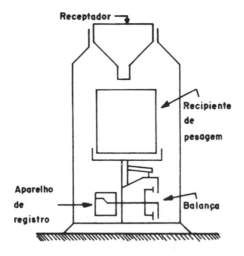

Figura 5.3 Principio de funcionamento do pluviógrafo

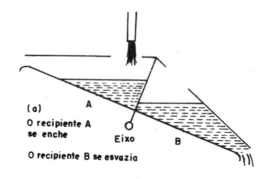

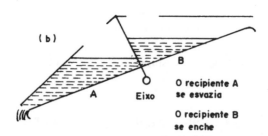

Figura 5.4 Principio de funcionamento do pluviógrafo basculante

PRECIPITAÇÕES ATMOSFÉRICAS

medido deverá ser extrapolado para uma área muitas vezes superior à área de medição, há evidentemente um interesse grande em diminuir o mais possível essa discrepância, bem como em obter uma medida representativa de toda a região. Por isso devem ser tomados cuidados especiais na escolha do aparelho e em sua instalação, manutenção e operação. Por outro lado, como também já foi idicado, é necessário uma estrita normalização para tornar os resultados comparáveis entre si.

Muitas experiências têm sido feitas para determinar a influência relativa dos diversos fatores que interferem na precisão das medidas, tendo sido verificado que a ação dos ventos é a que mais intensamente se faz sentir. Em geral, o aumento da velocidade do ar e a formação de turbilhões, que desviam as gotas de chuva, diminuem a quantidade de água que seria recolhida.

Como resultado dessas experiências e da prática da operação das redes pluviométricas, podem ser indicados os seguintes cuidados a serem tomados na instalação e operação dos aparelhos de medida (ver Fig. 5.5):

a) Os aparelhos devem ser instalados todos à mesma altura do solo (1,50 m é o valor geralmente adotado), pois as velocidades do vento variam muito com a altura. Nas áreas urbanas, nem sempre é possível obedecer a essa norma (sob risco de o aparelho ficar em local totalmente abrigado dos ventos); nesse caso é necessário fazer a instalação no alto de edifícios, onde as velocidades do vento são bem superiores às do solo, e devem ser previstas proteções especiais (muros ou paredes especialmente construídos).

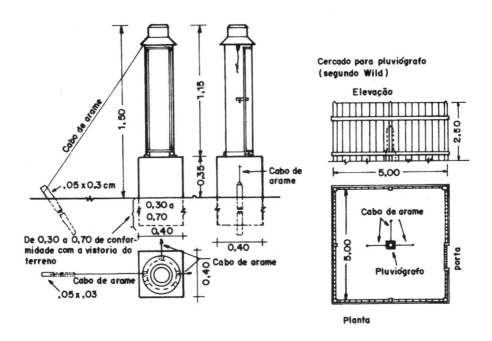

Figura 5.5 Esquema de instalação de pluviógrafos

b) Os aparelhos devem ser colocados de forma a poder receber a chuva, mesmo que esta caia obliquamente por qualquer um dos lados. Por esse motivo, deve ser evitada a proximidade de obstáculos que "protejam" o equipamento de medida. Normalmente especifica-se que nenhum obstáculo deva ter altura acima do aparelho, superior à metade de sua distância ao centro do aparelho.

c) A aresta do receptor tem que ser cuidadosamente nivelada (e assim mantida permanentemente), pois estima-se um erro de 1% para cada grau de inclinação sobre a horizontal (o erro é positivo se a inclinação é na direção do vento e negativo, caso·contrário).

d) Se não for possível instalar o aparelho em áreas cercadas por arbustos, bosques ou muros que contenham o vento (respeitadas as condições anteriores), o mesmo deverá ser protegido por um cercado de madeira (entre nós com 2,50 m de altura e 5 m de lado).

e) Como o diâmetro do receptor influi na altura de precipitação medida, todos os aparelhos devem ter a mesma área de coleta. E, ao que tudo indica, as medidas são tanto maiores quanto maiores são estas áreas, porém as experiências feitas nesse particular não são ainda conclusivas.

f) Para diminuir a ação do vento e, com isso, aumentar a fidelidade dos aparelhos de medida, certos autores recomendam o emprego de *écrans* protetores (alguns estudados em túneis aerodinâmicos para tornar os pluviômetros aerodinamicamente neutros). Essas proteções não são habitualmente usadas entre nós.

g) É importante que as medidas sejam feitas em horas determinadas e fixas, devendo, se possível, no caso de pluviômetros, ser anotadas as horas de início e de fim das precipitações; é importante também a execução de aferições periódicas nos aparelhos registradores, anotando-se as possíveis causas de erros sistemáticos (atrasos no sistema de relojoaria, por exemplo); devem ser assinaladas, ainda as alterações locais que possam modificar as condições de observação.

h) Quanto à precisão das leituras, em geral considera-se suficiente para os pluviômetros 1 mm (com interpolação de décimos) e para os pluviógrafos, uma escala de registro das alturas de 10:1 (7,8:1 no aparelho Hellmann Fuess, ver Fig. 5.6), o que permite a avaliação de 0,05 mm e um avanço da ordem de 1 mm por hora, possibilitando determinar, com precisão, um intervalo de tempo de 5 min (existem aparelhos que dão maiores precisões de leituras).

Na prática, verifica-se que as precisões obtidas com a adoção desses cuidados são suficientes, havendo uma compensação satisfatória dos erros acidentais. Os erros sistemáticos (desde que comuns a toda a rede de aparelhos) influem pouco nos cálculos de maior interesse para a engenharia, e são normalmente de correlações estatísticas entre fenômenos diversos (escoamento superficial e pluviometria, por exemplo).

5.4.5 Distribuição dos aparelhos

A quantidade ideal de postos pluviométricos a ser instalada em uma determinada área depende essencialmente da finalidade a que se destinam os dados colhidos e da homogeneidade da distribuição das precipitações.

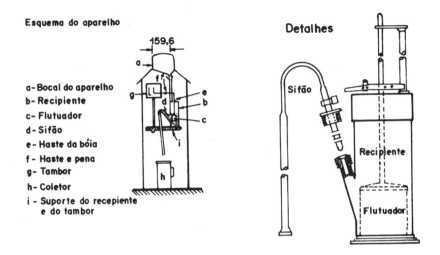

Figura 5.6 Pluviógrafo Hellman tipo 95

Nesse sentido devem ser distingüidos dois tipos de redes de postos: as *básicas*, destinadas a recolher permanentemente as informações necessárias para conhecer-se o regime pluviométrico de um país (ou Estado); e as *secundárias*, destinadas a recolher informações para estudos específicos de bacias hidrográficas.

As redes básicas são constituídas, em geral, de pluviômetros e um número restrito de pluviógrafos, localizados em locais de maior interesse (concentrações urbanas, por exemplo). No Brasil tem sido admitido a média de um posto por 500 ou 400 km^2 como suficiente (1 por 200 km^2 na França; 1 por 50 km^2, na Inglaterra; 1 por 310 km^2, nos Estados Unidos; 1 por 600 km^2, no Rio Grande do Sul). Essas redes básicas são mantidas por órgãos oficiais que publicam sistematicamente os resultados das observações.

As redes secundárias variam conforme sua finalidade, a extensão de área coberta, as características da bacia hidrográfica, etc. Para o estudo da relação precipitação-deflúvio, sobretudo no que diz respeito às ondas de enchente, problemas de erosão e cálculo de galerias pluviais, é necessário um bom conhecimento das intensidades pluviométricas. Torna-se, então, recomendável haver no mínimo um aparelho registrador para cada quatro postos, sendo útil, nesse caso, fazer-se um rodízio dos pluviógrafos, para serem obtidas informações mais detalhadas em cada um dos pontos.

É sempre aconselhável que cada estação de medição seja representativa de uma área de igual precipitação total, o que leva à instalação de maior número de aparelhos nas regiões de maior precipitação. É interessante, também, procurar associar a pluviometria às diferentes características físicas da bacia (altitude, vegetação etc.) instalando-se os postos de forma a permitir a determinação de correlações entre os mesmos. Cabe, ainda, assinalar a vantagem, em certos casos (construções de obras, por exemplo), de se dispor do conhecimento detalhado do regime local de chuvas, sendo útil, portanto, a instalação de aparelhos em pontos bem característicos.

70   HIDROLOGIA

Finalmente deve-se ressaltar que a distribuição dos postos, principalmente no Brasil, depende da possibilidade de se obterem observadores, capazes dos recursos financeiros disponíveis.

5.4.6 Redes pluviométricas no Brasil

No Brasil existem diversas redes básicas, e a mais importante delas é a mantida pela Divisão de Águas do Ministério das Minas e Energia, cujos dados devem ser consultados para a elaboração de qualquer estudo. A densidade dessas redes é muito variável, havendo imensas áreas do país que dispõem de poucos postos pluviométricos (Amazonas, Mato Grosso etc.); em contrapartida, porém dispõem-se de alguns postos-chave, com períodos longos de observação, que prestam excelentes serviços para a extrapolação de séries curtas de medidas.

Os Estados também mantêm redes básicas, em geral através dos Departamentos de Águas e Energia Elétrica estaduais. No Estado de São Paulo, o DAEE mantém mais de 1 000 postos permanentes, que têm tido suas observações publicadas.

5.5 ANÁLISE DOS DADOS RELATIVOS A UMA ESTAÇÃO PLUVIOMÉTRICA

5.5.1 Preparo preliminar dos dados

Os dados colhidos pelos aparelhos de medida devem ser submetidos inicialmente a uma depuração prévia e a um preparo que possibilite seu emprego posterior. Essa análise deve ser feita o mais prontamente possível, para que possam ser esclarecidas as dúvidas.

O *preparo inicial* consta de:

a) *tabulação e correção*. O primeiro trabalho a ser efetuado diz respeito ao expurgo e à correção dos erros grosseiros e sistemáticos (por exemplo, os devido ao mau funcionamento dos aparelhos de relojoaria etc.). As séries assim corrigidas devem ser tabuladas e dispostas em fichas padronizadas (ou em gráficos padrões).

b) *análise comparativa da validade dos dados médios*. Para garantir a correção das observações é sempre útil comparar as precipitações mensais, anuais (e mesmo semanais ou determinadas chuvas) e suas distribuições com as obtidas nos mesmos períodos (ou períodos equivalentes) em estações vizinhas. Essas comparações podem fornecer indicações sobre a validade dos dados.

Em seguida deverão ser feitas a análise e a interpretação da homogeneidade dos novos dados (média) com as séries das observações na mesma estação e nas estações vizinhas, o que é feito através do traçado de *curvas duplo-acumulativas*, obtidas colocando-se em ordenada a média das obervações mensais, mês por mês, de três ou quatro estações próximas que, se possível, circundem a estação que está sendo analisada, e em abcissas as respectivas observações da estação. Essas curvas podem ser traçadas usando-se as somatórias das observações a partir de um determinado momento. Se existirem inflexões nas curvas, é indicativo de erros sistemáticos ou mudanças nas condições de medida; as curvas duplo-acumulativas permitem, ainda, quando os pontos

PRECIPITAÇÕES ATMOSFÉRICAS 71

são bem-alinhados e a curva bem-definida, estimar com relativa precisão as precipitações para períodos em que haja falta de dados.

Essas análises comparativas somente têm valor apreciável quando há uma certa homogeneidade das precipitações e as estações são bastante próximas umas das outras.

Com os dados devidamente corrigidos e, se possível completados através de correlações, devem ser preparados os boletins definitivos, que conterão os valores médios diários mensais e anuais e outros valores característicos (máximas e mínimas, por exemplo). Com relação às meidas pluviográficas devem ser traçados os pluviogramas corrigidos em escalas convenientes.

Também é comum o traçado dos diagramas cronológicos das precipitações que indicam a distribuição das precipitações no decorrer do tempo. Esses diagramas geralmente são traçados para os totais de precipitações em um determinado intervalo de tempo (hora, dia, mês, etc.).

A leitura do pluviômetro normalmente é feita antes da meia-noite, o que resulta em observações das alturas pluviométricas diárias defasadas em relação à data de referência. Isso sempre deve ser levado em consideração, necessitando ficar bem claro e fixado o critério adotado para a anotação das observações.

5.5.2 Elementos característicos

Há interesse em se resumirem as extensas séries de dados disponíveis em um certo número de *elementos característicos* que definam sinteticamente as observações feitas. Para isso costuma-se utilizar, dentro dos conceitos estatísticos:

a) um *valor central* ou *dominante*, número único que representa aproximadamente toda a série.

Em geral, esse valor é definido pela média aritmética ($\overline{X}$), pela mediana da série (M), ou ainda pela moda, definida por $M_o = X_o - 3 (X - M)$.

b) a *dispersão* ou *flutuação em torno da média*, que pode ser expressa pelo intervalo de variação (que é a diferença dos valores extremos), ou pela distribuição das freqüências (em geral em porcentagem) calculada através da determinação do número de ocorrências observadas para cada intervalo fixado.

A dispersão pode ser medida ainda pelo afastamento absoluto médio definido por:

$$\frac{1}{n} \ \Sigma \ \left| x_i - x \right|$$

sendo x_i um elemento da série e X o valor central.

A dispersão ou flutuação em torno da média é, porém, mais habitualmente expressa pelo desvio padrão amostral, definido por:

$$S_n = \sqrt{\frac{\Sigma \ (x_i - \overline{X})^2}{n}}$$

HIDROLOGIA

e pelo respectivo coeficiente de variação amostral $C_v = S_n/X$.

No caso das observações em número reduzido utiliza-se o desvio médio provável, dado por:

$$S_{n-1} = \sqrt{\frac{\Sigma (x_i - X)^2}{n - 1}}$$

Nesse caso pode-se calcular o erro provável (e_p) *por* $e_p = 0,674\,\sigma$ (ou S_n).

c) Quando a série pode ser bem definida por um critério probabilístico teórico, utilizam-se os parâmetros de forma da série (por exemplo, os coeficientes de Pearson).

5.5.3 Altura pluviométrica anual

A quantidade total de precipitação num ano é uma das mais interessantes características de uma estação pluviométrica, pois fornece de imediato uma idéia sintética do fenômeno no local. O valor da altura pluviométrica anual varia de região para região, desde próximo a zero, nas regiões desérticas, até o máximo conhecido de 25 000 mm (Charrapunji, Índia, em 1836).

5.5.3.1 Média e valores extremos

Costuma-se usar como valor dominante de uma série de alturas pluviométricas anuais a média aritmética dos diversos valores — *altura pluviométrica anual* (média). Essa média depende da extensão do período considerado. Bennie fez interessante estudo dessa variação, considerando 153 estações distribuídas nos cinco continentes e chegou às conclusões expressas pela Tab. 5.3. Os valores constantes nessa tabela mostram que as médias correspondentes a períodos de observação de 20 ou 30 anos afastam-se muito pouco das médias calculadas para longos períodos e podem ser adotadas com suficiente precisão. A Organização Meteorológica Mundial, baseada nessa conclusão, determina que as médias normais de altura de precipitação anual sejam calculadas para períodos de 30 anos de preferência no período 1901-1930.

Tabela 5.3

N? de anos de observação	Afastamento em % da média considerada em relação à média de um longo período	
	+	—
1	51,00	40,00
2	35,00	31,00
3	27,00	25,00
5	15,00	15,00
10	8,22	8,22
20	3,24	3,24
30	2,26	2,26

PRECIPITAÇÕES ATMOSFÉRICAS 73

Para aplicação em Engenharia (cálculo de deflúvios anuais para análise de produtividade de usinas hidrelétricas, por exemplo) interessa conhecer a dispersão, seja pelos valores extremos da série, sendo usual determinar a relação entre os mesmos (variável em geral de 2 a 5), seja pelos índices de umidade extremos, definidos pela relação entre a altura pluviométrica anual e a altura pluviométrica anual média. Nos Estados Unidos, os índices de umidade variam entre 0,6 e 1,6 para climas úmidos e 0,4 e 2 para climas semi-áridos.

A Tab. 5.4 relaciona as alturas pluviométricas anuais da região da Capital de São Paulo no período de 1934 e 1959, podendo-se verificar que a média pluviométrica anual, em São Paulo, é de 1 292,2 mm. Os afastamentos máximos verificados nesse período foram de + 32% e -17% em relação à média. A relação entre o máximo e o mínimo observados é de 1,57 e o índice de umidade varia de 0,83 e 1,36.

5.5.3.2 Lei de repartição da freqüência

Uma análise mais detalhada das variações das precipitações anuais pode ser feita pelo estudo da repartição das freqüências durante longos períodos (30 ou mais anos). Há, então, interesse em se procurar ajustar a repartição das freqüências a uma lei probabilística teórica, para extrapolar no tempo as observações disponíveis.

Tem-se verificado que a lei normal de Gauss e a lei de Galton se adaptam bem a séries extensas de alturas pluviométricas anuais, desde que os elementos da série sejam considerados *sem ordem de sucessão.*

Segundo a lei de Gauss (a mais empregada), sendo m a média e σ o desvio padrão do universo, tem-se:

- 50% das observações compreendidas no intervalo $m - \dfrac{2\sigma}{3}$ e $m + \dfrac{2\sigma}{3}$

- 68% das observações compreendidas no intervalo $m - \sigma$ e $m + \sigma$

- 95% das observações compreendidas no intervalo $m - 2\sigma$ e $m + 2\sigma$

- 99,7% das observações compreendidas no intervalo $m - 3\sigma$ e $m + 3\sigma$

Sendo a curva de Gauss simétrica, tem-se, por exemplo, 2,5% de probabilidade do valor ser inferior a $m - 2\sigma$ e 2,5% de probabilidade de ser superior a $m + 2\sigma$ e assim por diante. No caso de uma amostra de n elementos, substituem-se os parâmetros m e σ pelos respectivos valores amostrais X e S_n.

O ajuste da série de valores segundo a curva normal de Gauss ou a de Galton é facilitado pelo uso de *papéis de probabilidade* nos quais são marcadas a freqüência e o valor do elemento. A reta mais provável ajustada aos pontos assim obtidos permite determinar a probabilidade de ocorrência ou o tempo de recorrência (geralmente indicado no próprio papel) de um determinado valor de precipitação.

5.5.3.3. Variações cíclicas

Procura-se ver nas variações das alturas pluviométricas anuais um certo caráter da periodicidade que definiria ciclos úmidos e chuvosos. Assim, fala-se em São Paulo de

Tabela 5.4 Alturas pluviométricas anuais em São Paulo, Água Funda (em mm) — Período de 1934 a 1959

Anos	Meses												Total anual
	J	F	M	A	M	J	J	A	S	O	N	D	
1934	251,6	189,3	69,4	66,6	70,4	41,4	13,3	47,5	72,0	72,5	129,2	270,1	1253,0
35	175,1	255,7	154,8	68,5	49,6	73,5	52,3	53,3	219,9	187,7	58,0	151,4	1499,8
36	148,2	163,2	219,6	23,3	57,0	4,1	33,3	130,6	116,3	97,9	96,3	202,5	1292,3
37	205,5	114,0	172,2	193,5	114,2	50,6	3,8	79,7	34,2	160,7	206,4	170,8	1591,6
38	160,7	111,7	118,2	215,8	82,2	37,2	38,8	68,1	113,4	179,0	109,3	170,9	1405,3
39	198,1	156,2	114,8	67,3	66,6	31,3	38,7	6,1	29,0	22,5	249,9	150,5	1131,0
1940	290,6	264,1	65,8	42,3	29,9	13,0	10,8	17,5	47,8	146,4	66,8	138,1	1133,1
41	94,3	141,3	119,9	25,4	71,3	38,0	57,1	35,7	192,9	82,1	168,2	189,8	1216,0
42	186,4	208,1	148,1	133,4	11,7	77,6	94,4	5,4	47,9	23,2	60,6	188,2	1185,0
43	230,8	119,7	148,1	27,9	5,4	30,6	7,0	38,0	82,4	224,4	95,9	92,2	1102,4
44	140,3	274,8	179,0	57,4	11,8	26,7	26,5	3,8	18,1	71,0	172,8	96,2	1074,4
45	283,7	178,9	95,2	59,2	34,7	195,2	46,3	9,7	38,1	106,5	106,7	210,3	1364,4
46	208,4	91,1	181,0	30,5	23,7	58,1	71,9	5,2	16,5	149,2	120,6	132,7	1088,9
47	306,7	222,1	129,2	42,5	82,1	45,9	70,8	81,8	119,1	156,2	138,1	267,4	1619,9
48	152,0	143,3	265,4	46,9	91,4	5,0	83,8	70,0	23,6	121,0	80,5	95,5	1178,4
49	202,7	226,5	182,9	76,7	34,0	56,7	18,8	19,1	34,2	55,9	107,9	267,0	1292,4
1950	221,4	261,7	178,5	137,9	5,5	26,1	19,4	1,5	45,6	180,6	153,0	140,4	1371,4
51	304,5	135,0	138,6	94,0	32,2	15,8	38,8	49,0	14,4	125,1	76,8	193,4	1177,6
52	255,2	256,3	211,1	13,1	28,3	118,1	3,0	14,4	74,6	114,5	78,7	116,4	1283,7
53	179,4	155,2	171,3	163,6	65,2	17,7	46,1	62,6	53,6	91,0	105,0	85,7	1192,2
54	195,2	189,9	145,0	43,9	107,6	42,9	14,8	3,0	36,1	133,8	28,0	139,5	1079,7
55	177,4	146,5	139,0	29,7	58,9	18,3	37,5	103,9	10,4	98,1	97,1	188,8	1105,6
56	117,0	283,1	191,9	123,1	127,9	90,6	66,2	64,5	121,8	135,0	18,0	121,3	1460,4
57	227,6	210,8	196,5	112,4	42,8	41,2	63,6	74,3	236,4	199,6	182,0	105,9	1693,1
58	242,0	105,2	146,7	113,7	165,2	74,3	25,6	25,4	114,0	168,9	89,2	297,5	1567,7
59	244,9	153,7	224,0	53,9	43,7	0,9	48,2	36,0	73,3	73,3	141,4	287,0	1319,1

ciclos de estiagem notáveis com duração de 30, 33 ou 35 anos; para o Nordeste admite-se serem as épocas de seca excepcional coincidentes com os anos de 2 algarismos iguais (1911, 1933 etc.), ou seja, ciclos de 11 anos, com mínimos de 33 em 33 anos etc.

Na verdade, até hoje não se pôde demonstrar categoricamente a existência desses ciclos com períodos regulares. A justificativa dos mesmos por causas que atingiriam todo o globo (atividade solar, por exemplo) geralmente não é aceito por não haver sincronismo (nem mesmo igualdade de período) nos ciclos apontados. Assim, os autores modernos são céticos quanto à periodicidade dos fenômenos pluviométricos anuais e quanto às possibilidades de serem estabelecidas previsões com base nesses critérios. A análise de longas séries de observações de alturas pluviométricas anuais permite, porém, a determinação das tendências seculares da precipitação local, bem como o estudo das variações acidentais ou casuais ocorridas.

5.5.3.4 Exemplo de análise de alturas pluviométricas anuais

Com dados referentes às alturas pluviométricas anuais de São Paulo (Água Funda) no período de 1934 a 1959 (Tab. 5.4):

a) determinar os valores extremos, a média, a mediana, a moda, o desvio médio, o desvio padrão, o erro provável e o coeficiente de variação para as alturas pluviométricas anuais de todo o período;

b) por meio do papel de probabilidade aritmético, ajustar as freqüências percentuais acumuladas à curva teórica de distribuição normal. Calcular os valores máximos e mínimos prováveis para tempos de recorrência de 10, 50, 100, 1 000 e 10 000 anos.

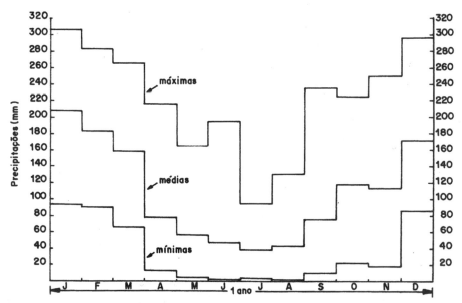

Figura 5.7 Pluviograma das alturas máximas, médias e mínimas mensais para o posto de Água Funda - São Paulo (período 1934-1959)

A) Ordenação das alturas pluviométrias em ordem crescente:

1 074,4				
1 079,7	1 133,1	1 253,0	1 364,4	1 501,6
1 088,9	1 177,6	1 283,7	1 371,4	1 567,7
1 102,4	1 178,4	1 291,4	1 405,3	1 519,6
1 105,6	1 185,0	1 292,3	1 460,4	1 619,9
1 131,0	1 216,0	1 319,1	1 499,8	1 693,1

B) Total das precipitações durante todo o período: 33 584,8 mm.
(Ver Tab. 5.5).

$$\Sigma F = 26 \qquad \Sigma FX = 33\ 600 \qquad \Sigma | Fx| = 3\ 861 \qquad \Sigma Fx^2 = 804\ 711,54$$

C) Determinação dos elementos do quesito a

- *Valores extremos*:

extremo superior — máximo — 1 693,1 mm (em 1957)

extremo inferior — mínimo — 1 074,4 mm (em 1944)

- *Média aritmética $(\overline{X})$:*

$$\overline{X} = \frac{\Sigma FX}{\Sigma F} = \frac{33\ 600}{26} = 1\ 292,3 \text{ mm}$$

Observação: A média calculada pela soma total dos valores observados resulta com uma diferença de 0,6 mm para o valor acima:

$$\overline{X} = \frac{33\ 584,8}{26} = 1\ 291,7 \text{ mm}$$

- *Mediana (M):*

$$M = \left(\frac{N}{2} \right)$$

$$\textbf{Obs.:} = \frac{26}{2} = 13 \text{ obs} = 1\ 253,0 \text{ mm}$$

- *Moda (M_o):*

$$M_o = \overline{X} - 3\,(\overline{X} - M) = 1\ 292,3 - 3(1\ 292,3 - 1\ 253,0)$$

$$M_o = 1\ 292,3 - 117,9 = 1\ 174,4 \text{ mm}$$

PRECIPITAÇÕES ATMOSFÉRICAS

Tabela 5.5

Classes b = 50 mm	Ponto médio X	Freqüência F	FX	$x = X - \bar{X}$	Fx	Fx^2	Freqüência acumulada até o ponto médio	
							Numérico	Percentual
1 050-1 100	1 075	3	3 225	-217,3	-691,9	141 657,87	1	3,84
1 100-1 150	1 125	4	4 500	-167,3	-669,2	111 957,16	5	19,23
1 150-1 120	1 175	4	4 700	-117,2	-469,2	55 037,16	7	26,92
1 200-1 250	1 225	1	1 225	- 67,3	- 67,3	4 529,29	12	46,15
1 250-1 300	1 275	4	5 100	- 17,3	- 69,2	1 197,16	13	50,00
1 300-1 350	1 325	1	1 325	32,7	32,7	1 069,29	17	65,38
1 350-1 400	1 375	2	2 750	82,7	165,4	110 689,29	19	73,07
1 400-1 450	1 425	1	1 425	132,7	132,7	13 678,58	20	76,92
1 450-1 500	1 475	2	2 950	182,7	365,4	17 609,29	21	80,76
1 500-1 550	1 525	1	1 525	232,7	232,7	66 758,58	23	88,46
1 550-1 600	1 575	1	1 575	282,7	282,7	54 149,29	24	92,30
1 600-1 650	1 625	1	1 625	332,7	332,7	79 919,29	25	96,15
1 650-1 700	1 675	1	1 675	382,7	382,7	146 459,29	25	96,15
Total	—	26	33 600	—	3 861	804 711,54	—	—

• *Desvio médio (d):*

$$d = \frac{\Sigma |Fx|}{\Sigma F} = \frac{3\ 861}{26} = 148,5 \text{ mm}$$

• *Desvio padrão (S_n):*

$$S_n = \pm \sqrt{\frac{\Sigma Fx^2}{\Sigma F}} = \pm \sqrt{\frac{804\ 711,54}{26}} = \pm \sqrt{30\ 950,4438} = \pm\ 175,92 \text{ mm}$$

• *Erro provável (e_p):*

$$e_p = 0,6745 \times s = 0,6745 \times 175,92 = 118,66 \text{ mm}$$

• *Coeficiente de variação (C_v):*

$$C_v = \frac{S_n\ \sigma}{X} = \frac{175,92}{1\ 291,3} = 0,1361\ (13,61\%)$$

D) Determinação das coordenadas para o traçado no papel de probabilidade aritmética da curva ("reta") de distribuição de freqüências.

• Na ordenada correspondente à freqüência percentual acumulada de 50% marca-se a altura pluviométrica $\overline{X}$ (média = 1 292,3 mm).

• Na ordenada correpondente à freqüência percentual acumulada de 84,13% marca-se a altura pluviométrica $X = \sigma$ (1 292,3 + 175,9 = 1 468,2).

• Na ordenada correspondente à freqüência percentual acumulada de 15,87% marca-se a altura pluviométrica $\overline{X} - \sigma$ (1 292,3 - 175,9 = 1 116,4).

• Portanto, no papel de probabilidade aritmética, a "reta" de distribuição de freqüências deve passar pelos pontos:

$$(1\ 292,3;\ 50\%) - (1\ 468,2;\ 84,13\%) - (1\ 116,4;\ 15,87\%)$$

E) Alturas pluviométricas anuais máximas e mínimas prováveis para os períodos de recorrência de 10, 50, 100, 1 000 e 10 000 anos

• *Porcentagem de probabilidade:*

uma vez cada 10 anos   —   10% para o mínimo e 90%   para o máximo

uma vez cada 50 anos   —   2% para o mínimo e 98%   para o máximo

uma vez cada 100 anos   —   1% para o mínimo e 99%   para o máximo

uma vez cada 1 000 anos   —   0,1% para o mínimo e 99,9%   para o máximo

uma vez cada 10 000 anos —   0,01% para o mínimo e 99,99% para o máximo

PRECIPITAÇÕES ATMOSFÉRICAS 79

- *Alturas pluviométricas prováveis:*

uma vez cada 10 anos   — 1 070 mm mínima e 1 515 mm máxima

uma vez cada 50 anos   — 940 mm mínima e 1 650 mm máxima

uma vez cada 100 anos   — 897 mm mínima e 1 705 mm máxima

uma vez cada 1 000 anos — 760 mm mínima e 1 835 mm máxima

uma vez cada 10 000 anos — 645 mm mínima e 1 940 mm máxima

(Exercício elaborado pelo engenheiro José Junqueira Junior.)

5.5.4 Alturas pluviométricas mensais

As grandes variações das alturas pluviométricas que ocorrem nas precipitações no decorrer do ano exigem uma análise mais detalhada do fenômeno com base em um período mais curto, que pode ser o das estações (3 meses consecutivos) ou mais habitualmente o mês.

A curva das variações médias mensais das alturas pluviométricas dá uma noção clara das modificações periódicas das precipitações, que são certamente cíclicas, como as variações meteorológicas que as provocam.

Para caracterizar as variações mensais das precipitações , alguns autores utilizam os *coeficientes pluviométricos mensais* (em porcentagem), que são obtidos a partir da média pluviométrica mensal, dada pelo quociente da altura pluviométrica anual por 12. Pode-se, também, utilizar *coeficientes pluviométricos acumulados*, que dão, para cada mês, a porcentagem da altura pluviométrica anual caída desde o início do ano até o mês considerado.

5.5.4.1 Distribuição anual das precipitações

A curva das médias mensais é em geral bastante regular, apresentando um valor máximo e um valor mínimo defasados de cerca de seis meses; em determinadas regiões, porém, essa curva é irregular, com dois valores máximos ou mínimos representando regimes de transição.

As variações anuais em torno da curva média podem ser consideráveis, dando, em alguns casos raros, regimes maldefinidos (regiões desérticas ou semi-áridas.

5.5.4.2 Estudo das alturas pluviométricas mensais

O estudo das alturas pluviométricas mensais pode ser feito nas mesmas bases indicadas para o estudo das alturas pluviométricas anuais, sendo habitual indicar (para um estudo completo) para cada mês, por meio de tabelas ou gráficos:

a) a média mensal; .

b) as máximas e mínimas mensais observadas durante o período considerado;

c) o desvio padrão e coeficiente de variação;

d) a distribuição das freqüências com base na qual se pode ajustar uma curva

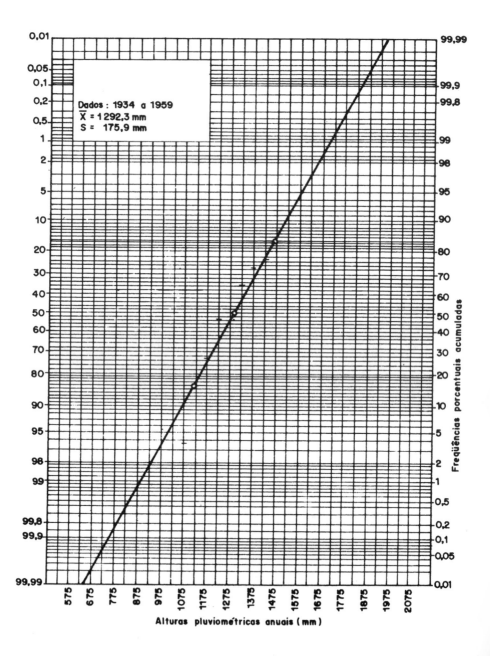

Figura 5.8 Previsão de alturas pluviométricas anuais na cidade de São Paulo, com base nos dados observados de 1934 a 1959

PRECIPITAÇÕES ATMOSFÉRICAS 81

teórica de probabilidades que permita a previsão de ocorrências excepcionais em função dos tempos de retorno ou de reeorrência.

5.5.4.3 Alturas pluviométricas diárias e dias de chuva

Um estudo mais detalhado das precipitações levaria a reduzir o intervalo de análise ao dia que corresponde a observação dos pluviômetros. Geralmente, esse estudo é feito dentro do chamado *estudo das precipitações intensas*, que será considerado à parte, devido a sua importância e aos métodos particulares de interpretação utilizados.

Para problemas, como elaboração de cronogramas para execução de obras, e problemas ligados à distribuição de água para a irrigação, é importante conhecer o número de dias em que ocorrem precipitações e sua distribuição ao longo do ano. Uma análise estatística desse aspecto particular pode ser elaborada com base nos mesmos conceitos anteriormente indicados.

5.6 DISTRIBUIÇÃO GEOGRÁFICA DAS PRECIPITAÇÕES

5.6.1 Regimes pluviométricos gerais

Sob esse aspecto costuma-se estudar as variações e a repartição das chuvas em áreas de extensão continental, assunto esse ligado sobretudo à climatologia.

De modo geral, as regiões que apresentam maior precipitação anual situam-se em áreas de baixa pressão ou coincidem com os relevos montanhosos acentuados. Assim, quase toda a zona equatorial recebe em média mais de 2 000 mm de chuva por ano, e a região da cordilheira do Himalaia é onde se verificam os maiores índices pluviométricos anuais. Fora dessas áreas, poucas regiões extensas recebem mais de 1 000 mm por ano (com exceção das regiões costeiras). Os mínimos de precipitação correspondem às regiões desérticas subtropicais (zonas de altas pressões) e às zonas circumpolares.

Considerando as classificações de tipos de clima habituais, pode-se distinguir os seguintes regimes pluviométricos principais:

a) Em climas quentes da zona intertropical: I) regime equatorial com chuvas durante todo o ano, sem estações secas definidas; II) regime subequatorial, com dois períodos de seca, no inverno e no verão; III) regime tropical, com um período nítido de chuvas no verão.

b) Em climas temperados da zona subtropical, dominados sobretudo pelas evoluções das massas de ar: regime de chuvas distribuídas geralmente por todo o ano.

c) Em clima das monções, reinante no oceano Índico e continentes adjacentes, dominado pelas correntes eólicas provenientes das diferenças de temperatura existentes entre os continentes e os mares: regime de chuvas dependente sobretudo do relevo.

As maiores alturas pluviométricas no Brasil ocorrem na região da serra do Mar, próximo à cidade de São Paulo, onde o valor médio anual das precipitações chega a atingir 4 500 mm (Itapanhaú), com o máximo registrado de 5 912 mm no alto da serra (1871-1872). Os mínimos ocorrem no Nordeste, da ordem de 350-400 mm por ano.

82 HIDROLOGIA

O Brasil situa-se, em grande parte, na zona de clima quente intertropical, com regime equatorial no Amazonas e Norte (chuvas de outono); na zona subequatorial em parte do Norte e Nordeste (chuvas de inverno), onde ocorrem perturbações notáveis devidas aos ventos alísios; e em zona de regime tropical no Centro-Sul (chuvas de verão). O sul do país encontra-se em zona de clima temperado, subtropical, com regime de chuvas regular, havendo certa tendência de máximos nos meses de inverno.

Dados detalhados do regime pluviométrico do Brasil são encontrados no *Atlas Pluviométrico do Brasil*, que engloba registros de 1914 a 1938 e foi publicado pela Divisão de Águas do Ministério das Minas e Energia, em 1948, e na publicação *Chuvas intensas no Brasil*, de autoria do engenheiro Otto Pfafstetter, editada pelo Departamento Nacional de Obras e Saneamento.

5.6.2 Cartas pluviométricas

Em razão da ocorrência e distribuição das chuvas indicados no item anterior, há um grande interesse em representar graficamente, por meio de *cartas pluviométricas*, o conjunto das precipitações que atinge uma determinada área em um certo intervalo de tempo. O processo mais utilizado para essa representação é o traçado das *isoietas*, que são curvas que unem os pontos de igual altura de precipitação para um período determinado. As isoietas representam, pois, as curvas de nível do relevo pluviométrico anual, sazonal, mensal, diário ou de uma precipitação isolada.

Além das isoietas, para representar a distribuição pluviométrica sobre uma certa região (cuja área pode variar dentro de largos limites) utilizam-se as curvas *isopletas*, de igual porcentagem de variação sobre a média anual (mensal), curvas de igual precipitação máxima ou mínima em três meses consecutivos, curvas de delimitação de áreas de similar variação anual (mensal) das chuvas, curvas de desvio anual, etc. Cartas desse gênero para todo o território brasileiro constam no já citado *Atlas Pluviométrico do Brasil*.

Para áreas restritas, em que há interesse no conhecimento mais detalhado da distribuição das precipitações, costuma-se utilizar o traçado de curvas representativas da intensidade e freqüência das chuvas e curvas de igual porcentagem de uma dada característica em relação à média da mesma para um longo período.

5.6.2.1 Critérios básicos para traçado das isoietas

Devido à baixa densidade das redes de medição pluviométrica, o traçado das isoietas é feito mediante grandes extrapolações, ficando sua conformação muitas vezes na dependência quase exclusiva do encarregado do traçado, que deve, portanto, ter um conhecimento bastante detalhado do fenômeno representado.

Adimite-se uma variação linear entre as alturas pluviométricas observadas em estações vizinhas, porém não se pode deixar de considerar no traçado das isoietas os diversos fatores físicos que influenciam as precipitações, sob o risco de as curvas não serem representativas do fenômeno real (é elucidativo recorrer ao exemplo citado no livro *Hidrologia*, de Wisler e Brater, pp. 83-84).

A planta geográfica básica para o traçado das isoietas deverá conter além da localização das estações, devidamente "cotadas" em relação à grandeza a ser representa-

PRECIPITAÇÕES ATMOSFÉRICAS 83

da, o maior número de informações referentes aos fatores que possam influir nas precipitações. A escala das plantas e a equidistância das isoietas devem ser adotadas criteriosamente em função do número de estações disponíveis e da homogeneidade da distribuição das precipitações.

O conhecimento do regime pluviométrico geral da região e dos fatores que podem influir na distribuição local das precipitações é imprescindível para um traçado razoável das curvas isoietas.

5.6.2.2 Influência dos fatores locais sobre a distribuição das precipitações médias

Geralmente não se justifica estabelecer leis matemáticas que liguem as variações das precipitações médias e fatores locais como altitude, latitude, distância do mar, etc., pois as chuvas englobadas nos valores médios resultam de fenômenos diversos do ponto de vista meteorológico, fenômenos esses que não obedecem às mesmas leis de variação em função dos fatores físicos locais. Além disso, as condições meteorológicas dependem das características geográficas de imensas extensões, tendo relativamente pouca importância os fatores locais propriamente ditos.

Contudo a experiência mostra que há certas influências locais sobre as precipitações médias e que estas devem ser consideradas não somente para completar a falta de observações diretas, como para orientar o traçado das curvas isoietas em extensas áreas.

Diversas leis empíricas foram estabelecidas com base em grande quantidade de observações e tendências gerais verificadas por comparações; essas leis, porém, representam fenômenos que não podem ser generalizados, sendo recomendável obtê-las diretamente para as regiões em estudo. Daí o interesse em distribuir a rede dos postos de observação para permitir uma verificação da influência dos diversos fatores sobre a distribuição das precipitações médias.

Entre os fatores que influem na distribuição das precipitações médias, podemos apontar como mais importantes:

a) *A latitude*. A influência da latitude sobre as precipitações resulta da distribuição desigual das pressões e temperaturas, ou seja, da circulação atmosférica ao longo dos meridianos. Essa influência somente se faz presente em grandes áreas, estando ligada, como se assinalou a questões climatéricas.

b) *A distância do mar e de outras fontes de umidade*. As nuvens formadas sobre os oceanos vão se consumindo à medida que avançam para o interior dos continentes, de forma que é de se esperar uma redução do total de precipitação com o aumento da distância à costa (ou a outra fonte permanente de umidade).

c) *A altitude*. É a influência mais facilmente constatada, sobretudo no caso de maciço relativamente isolado e abrupto. A pluviosidade aumenta com a altitude até uma altura determinada, passando então a decrescer. A altitude de máxima precipitação é da ordem de 2 500 m nos Alpes, onde a variação das alturas pluviométricas com a altitude oscila de 0,5 a 1,5 mm por metro.

d) *A orientação das encostas*. Uma vez que as precipitações são muito influenciadas pelas correntes eólicas, o fato de uma encosta ou vertente ser mais ou menos protegida contra ventos mais freqüentes influencia nas precipitações. Essa influência existe não somente em grandes extensões, mas também e principalmente em áreas restritas dos terrenos muito acidentados.

e) *A vegetação.* A influência da vegetação sobre as precipitações é discutível, não sendo dada hoje a importância que no passado se atribuiu a esse fator. Em todo caso, é certo que a cobertura vegetal agindo sobre a evaporação tende a aumentar as precipitações locais, dentro, porém, de limites que parecem não ser muito importantes.

5.6.3 Determinação da altura média precipitada sobre uma área

A interpretação dos dados pluviométricos requer normalmente o cálculo da quantidade total de água precipitada sobre uma determinada área (em geral, uma bacia hidrográfica) ou, equivalentemente, a determinação da lâmina média de chuva precipitada num certo intervalo de tempo.

A determinação da lâmina média é feita com base na hipótese de que a precipitação medida em uma estação seja representativa das precipitações tomadas em uma área mais ou menos extensa. O cálculo pode ser efetuado por diferentes métodos, sendo comuns os seguintes:

1. *Média aritmética simples.* A forma mais simples de determinar a lâmina média é admitir para toda a área considerada a média aritmética das alturas pluviométricas medidas nas diferentes estações nela compreendida ou em zonas vizinhas. A média assim determinada somente será representativa se a variação das precipitações entre as estações for muito reduzida e a distribuição das estações de medida for uniforme em toda a área (ver Fig. 5.9).

Admite-se que esse método seja aplicável somente quando:

$$\frac{h_{máx.} - h_{mín.}}{h_{médio}} < 0,50$$

(ou 0,25, segundo certos autores). A média aritmética simples não é muito utilizada para o cálculo da lâmina média, preferindo-se o cálculo baseado em médias ponderadas.

2. *Média ponderada com base nas variações de características físicas da bacia.* Quando é possível estabelecer uma lei segura ligando as precipitações médias à variação de uma dada característica física da bacia (altitudes, na maior parte dos casos), um valor bastante significativo da altura média precipitada em toda a área pode ser obtido dividindo-se a área em um certo número de zonas parciais homogêneas e aplicando-se a cada uma a respectiva altura pluviométrica indicada pela lei de variação (ver Fig. 5.9).

Esse método é empregado geralmente em áreas restritas e muito acidentadas, quando então utilizam-se curvas de nível para delimitar zonas parciais; para o emprego desse método é necessário, porém, que haja uma indicação segura de que a distribuição das chuvas seja influenciada preponderantemente pelo fator físico considerado.

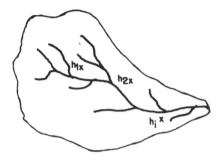

a) Média aritmética simples

$$h = \frac{\sum_{i=1}^{n} h_i}{n}$$

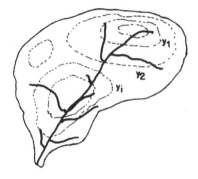

b) Média ponderada com base nas variações das características físicas da bacia.

c) Método baseado nas isoetas

$$h = \frac{\sum_{i=1}^{n} \frac{h_i + h_{i+1}}{2} A_i}{\sum_{i=1}^{n} A_i}$$

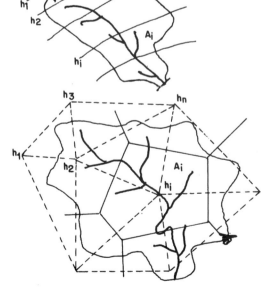

d) Métodos simplificado de Thiessen

$$h = \frac{\sum h_i A_i}{\sum A_i}$$

Figura 5.9 Métodos mais comuns para o cálculo da lâmina média de chuva precipitada

3. *Método baseado nas isoietas*. O método mais racional para se determinar a lâmina média sobre uma área é distribuir uniformemente, sobre a mesma, o volume do relevo pluviométrico indicado pelas curvas isoietas. O cálculo é feito determinando-se a superfície compreendida entre duas curvas sucessivas e admitindo-se para cada área parcial assim obtida a altura pluviométrica média das duas isoietas que a delimitam (ver Fig. 5.9). Na prática, para evitar acúmulo de erros, planimetram-se as áreas interiores a cada isoieta e determinam-se por diferença as superfícies elementares.

Esse método baseado nas isoietas, apesar das imprecisões derivadas das dificuldades do traçado das isoietas, tem a vantagem de poder englobar todos os fatores que possam influenciar na distribuição das precipitações; é, porém, trabalhoso, devendo os cálculos serem refeitos para cada precipitação.

4. *Método de Thiessen*. Nesse método aproximado, considera-se que as precipitações da área arbitrariamente determinada por um traçado gráfico sejam representadas pela estação nela compreendida. O traçado gráfico é feito da seguinte forma: ligam-se as estações adjacentes por retas (formando triângulos), e pelo meio dos segmentos assim obtidos traçam-se normais aos mesmos. As mediatrizes traçadas vão formar, então, um polígono em torno de cada estação. Admite-se que a altura pluviométrica seja constante em toda a área do polígono assim definido.

A aplicação desse método impõe às observações de cada estação um "peso" constante, obtido pela porcentagem da área total representada por essa estação. O cálculo de altura média de toda a área é feito pela média ponderal baseada nesses pesos, o que simplifica extraordinariamente os cálculos, evitando-se o traçado da rede de isoietas para cada precipitação. Os polígonos representativos das estações podem cobrir superfícies externas à área em estudo. Nesse caso, para o cálculo do peso deve ser levada em conta somente a área significativa dos polígonos. Também devem ser levadas em conta as estações externas à área em estudo, o que pode ser feito dentro das considerações anteriores.

A aplicação desses diferentes métodos em relação a uma mesma bacia leva a resultados bastante discrepantes devido às limitações e aproximações inerentes a cada um. Assim, uma comparação feita para uma bacia de cerca de 600 km², com 4 estações internas e 7 estações externas vizinhas, levou aos seguintes resultados para a lâmina pluviométrica média relativa a uma dada precipitação: média aritmética (4 estações): 70,6 mm; método de Thiessen, 75,4; método das isoietas: valores entre 78,2 e 67,0 (conforme o traçado das isoietas considerado). As discrepâncias entre esses valores demonstram o interesse da aplicação do método aproximado de Thiessen, pela simplicidade que representa para os cálculos.

5.7 PRECIPITAÇÕES INTENSAS

Sob a denominação de *precipitações intensas* costuma-se considerar o conjunto de chuvas originadas de uma mesma perturbação meteorológica cuja intensidade ultrapasse um certo valor (chuva mínima). A duração dessas precipitações vaira de alguns minutos até algumas dezenas de horas (30 horas) e a área atingida pelas precipitações pode variar de alguns poucos quilômetros (chuvas de convecção) até milhares de quilômetros quadrados (chuvas tipo frontal).

PRECIPITAÇÕES ATMOSFÉRICAS   87

Alguns autores e mesmo organismos como o U. S. Weather Bureau incluem nessa categoria somente as chuvas cuja intensidade ultrapasse um certo valor devinido por uma expressão que liga a intensidade (em mm/h) e a duração (em min.); essa definição, porém, na prática, não é muito significativa, pois uma precipitação pode ser considerada intensa para uma bacia e não o ser para outra.

Para problemas como os de dimensionamento de redes pluviais, de erosão pluvial, etc., entende-se como *chuva intensa* uma forte precipitação contínua com duração de poucas horas, no máximo (2 horas, em geral). Tem, então, interesse especial o estudo das intensidades máximas em intervalos curtos, de 5 minutos a 1 hora, por exemplo.

5.7.1 Importância prática do estudo das precipitações intensas

O dimensionamento racional de obras como galerias pluviais, sistemas de drenagem e vertedouros de barragens é feito tomando-se por base uma solução de compromisso entre os estragos causados pela falta de capacidade de escoamento e o custo das obras. Devido à existência comum de longas séries de medidas pluviométricas e à possibilidade de correlacionar as chuvas e as vazões, procura-se obter proteção contra uma precipitação que tenha certa probabilidade de ocorrer e não uma proteção total contra qualquer precipitação.

Por outro lado, como será visto posteriormente, no estudo do escoamento superficial para certa intensidade de chuva (constante) igualmente distribuída sobre uma bacia hidrográfica, a vazão máxima que passa numa determinada seção corresponde a uma duração de chuva igual ao tempo de concentração. Se a duração da chuva ultrapassar esse tempo, a vazão na seção mantém-se constante, após atingir o máximo.

Resulta daí que é necessário conhecer a relação entre a intensidade da chuva para cada duração e a freqüência de precipitação, para o dimensionamento correto de obras dos tipos referidos.

Costuma-se utilizar para esses cálculos a *intensidade máxima média*, definida pelo quociente entre a máxima altura pluviométrica ocorrida no intervalo de tempo considerado por esse intervalo de tempo (em mm/h). Vale lembrar que a intensidade média decresce com o aumento da duração e que para uma mesma duração, evidentemente, a intensidade aumenta com a diminuição da freqüência, ou seja, com o aumento do tempo de recorrência.

A relação entre a intensidade a duração e a freqüência das precipitações varia entre largos limites, de local para local, e somente pode ser determinada empiricamente por meio da análise estatística de uma longa série de observações.

Dessas considerações resulta o interesse que existe em estudar as precipitações intensas, sobretudo para bacias pequenas, de tempo de concentração restrito.

5.7.2 Diagramas representativos das chuvas intensas

As precipitações intensas em uma determinada estação costumam ser representadas por meio de dois diagramas deduzidos diretamente dos pluviogramas registrados no local.

1. *Hietograma* ou *pluviograma cronológico*. Esse diagrama indica a altura pluviométrica (em mm), ou a intensidade média (em mm/hora) observada em cada intervalo de tempo parcial, de 1 hora ou de 5 minutos (intervalo mínimo apreciável normalmente nos pluviógrafos), conforme a dimensão da bacia e o tempo total de duração da precipitação.

2. *Curva das alturas pluviométricas acumuladas*. Esse diagrama fornece para cada instante o valor de $\overline{h} = \int idt$, ou seja, a quantidade de água total precipitada a partir de um instante inicial. A inclinação da tangente a essa curva determina a intensidade em cada instante. Essa curva geralmente é graduada em porcentagens com relação ao total precipitado, pois verifica-se que a distribuição assim expressa mantém-se aproximadamente constante para uma dada precipitação intensa, mesmo estando os postos relativamente distantes. Numa primeira aproximação pode-se, portanto, admitir, para as observações de estações que só disponham de pluviômetros, a mesma distribuição porcentual das precipitações observadas em uma estação pluviométrica vizinha.

A curva das alturas pluviométricas acumuladas, traçada em coordenadas logarítmicas, $\log \overline{h} = f(\log t)$, é geralmente uma reta, com o trecho final em curva de concavidade voltada para o eixo dos tempos. Esse decréscimo final parece indicar a diminuição da quantidade de água na atmosfera no período final da precipitação.

5.7.3 Relação entre intensidade, duração e freqüência

Há um grande interesse em se conhecer a intensidade média máxima ($i_m = \Delta h / \Delta t$), corresponde a uma certa freqüência (tempo de recorrência) em função da duração Δt, ou seja, a equação:

$$i_m = f(F, t)$$

A necessidade de dimensionamento dos sistemas de drenagem de águas pluviais de grandes cidades tem levado a se restabelecerem relações desse tipo, que exigem, porém, considerável trabalho analítico.

Como já foi assinalado, essas relações de equações somente podem ser obtidas por meio da análise estatística de uma longa série de observações pluviográficas locais, não havendo possibilidade de estender os resultados obtidos em uma região para regiões diversas. Os resultados dessas análises estatísticas podem ser apresentados graficamente, por meio de curvas (uma para cada período de recorrência) que ligam as intensidades médias máximas às durações. Para facilitar os cálculos, procuram-se ajustar essas curvas a expressões matemáticas. Segundo um grande número de observações, as expressões que melhor se adaptam aos elementos experimentais são as do tipo:

$$i_m = \frac{a_1}{b_1 + t}$$

PRECIPITAÇÕES ATMOSFÉRICAS

ou

$$i_m = a_2 (t + b_2)^{-n}$$

onde b, b_2 e n são constantes e a_1 e a_2 que variam com a freqüência. Para os valores de a_1 e a_2 têm sido propostas expressões do tipo:

$$a_1 = \frac{\overline{a}_1 \times c_1}{(F + d_1)}$$

e para $a_2 = a_2 T^k$, com a_1, c_1, d_1, a_2 e k constantes empíricas determinadas estatisticamente.

Levando-se em conta as três variáveis, temos:

$$i_m = \frac{\overline{a}_1}{(b_1 + t)} \qquad \frac{c_1}{(F + d_1)} \qquad \text{ou } i_m = \overline{a}_2 T^k (t + b_2)^{-n}$$

sendo F a freqüência e T o tempo de recorrência em anos.

A análise estatística permite verificar, através dos testes de aderência a validade das hipóteses formuladas sobre as leis de variação adotadas. As principais etapas da análise estatística para determinar a relação intensidade-freqüência-duração são as seguintes, em resumo:

a) *Seleção das precipitações intensas mais características.* A análise dos pluviogramas de um longo período permite, segundo um critério preestabelecido de intensidades mínimas (chuva mínima), escolher as precipitações mais intensas ocorridas, entre as quais deverão encontrar-se as intensidades máximas referentes às diversas durações a serem analisadas.

b) *Análise das precipitações selecionadas, visando determinar para cada uma as intensidades médias máximas correspondentes a cada duração* (por exemplo, para 10, 20, 30, 45, 60, 90 e 120 min). Essa determinação é feita, em geral, a partir da intensidade máxima observada em um período de 5 min, adicionando-se sucessivamente intervalos anteriores ou posteriores, de forma a ser obtida a maior altura pluviométrica para o intervalo considerado.

c) *Estabelecimento das séries de intensidades médias máximas a serem analisadas.* Três critérios podem ser adotados: 1) *séries anuais*, em que as séries são constituídas dos máximos observados em cada ano, desprezando-se os demais mesmo que sejam superiores às dos outros anos; 2) *séries parciais*, em que as séries são constituídas dos n maiores valores observados para cada duração, sendo n o número de anos do período analisado; 3) *séries completas*, em que se adotam todos os valores selecionados para a formação das séries. O primeiro critério é o mais adotado.

d) *Ordenação "monótona" das séries selecionadas em ordem decrescente das intensidades.* A partir dessa ordenação pode-se determinar as freqüências correspondentes a cada relação intensidade-duração e as probabilidades de ocorrência (ou tempo de ocorrência) das mesmas, desde que o número de anos de observação seja suficiente.

e) *Ajuste das curvas de intensidade-duração para determinadas freqüências.* Através de anamorfoses, ou método dos mínimos quadrados, pode-se ajustar relações intensidade-freqüência às expressões do tipo indicado anteriormente.

Através de análises estatísticas foram determinadas as expressões que se seguem para cidades brasileiras, relacionando intensidade, duração e freqüência de precipitações, considerando i em mm/h, T em anos e t em minutos.

● **Para São Paulo**

a) Expressão obtida pelo engenheiro Paulo Sampaio Wilken, com base na análise de ocorrência de chuvas de um período de 25 anos (1935-1960), para duração inferior a 60 min:

$$i = \frac{27,96\,T^{0.112}}{(t + 15)^{0.86\,T^{-0.0144}}}$$

b) Expressão obtida pelos engenheiros Antonio Garcia Occhipinti e Paulo Marques dos Santos, analisando um período de 37 anos (1928-1967), para duração da precipitação superior a 60 min:

$$i = \frac{42,23\,T^{0.15}}{t^{0.822}}$$

● **Para o Rio de Janeiro**

Expressão obtida pelos engenheiros Ulisses M. A. de Alcântara e Aguinaldo Rocha Lima, que realizaram estudos hidrológicos do posto Jardim Botânico sobre dados colhidos nos períodos 1922-1945, 1949-1955 e 1950-1959:

$$i = \frac{99,154\,T^{0.217}}{(t + 26)^{1.15}}$$

● **Para Curitiba**

Expressão obtida pelo engenheiro Pedro Viriato Parigot de Souza, estudando um período de ocorrência de precipitações de 31 anos (1921-1951):

$$i = \frac{1239\,T^{0.15}}{(t + 20)^{0.74}}$$

PRECIPITAÇÕES ATMOSFÉRICAS 91

- Para Belo Horizonte

Analisando um período de 31 anos, entre 1938 e 1969, os engenheiros Adir José de Freitas e Ana Amélia Carvalho de Souza obtiveram a seguinte expressão:

$$i = \frac{1447,87\,T^{0.10}}{(t + 20)^{0.84}}$$

- Estudos do engenheiro Pfafstetter para várias cidades brasileiras

Otto Pfafstetter, em seu livro *Chuvas intensas no Brasil*, determinou gráficos que relacionam a intensidade, a duração e a freqüência das precipitações ocorridas em 98 postos distribuídos geograficamente pelo país. Os resultados apresentados servem para a avaliação de vazões de enchente de cursos de água.

Para a coleta de dados das chuvas intensas, Pfafstetter consultou os registros pluviográficos disponíveis no Arquivo do Serviço de Meteorologia do Ministério da Agricultura, obtendo dos gráficos o valor das precipitações nas partes mais intensas de cada chuva, registradas em intervalos de 5, 15 e 30 min e 1, 2, 4, 8, 14, 24 e 48 h. Esses intervalos de tempo definem a duração das precipitações correspondentes. A parte mais intensa de cada chuva foi definida pelas precipitações máximas observadas em diversos intervalos de tempo designados por *duração*

Na análise de freqüência, as precipitações de determiandas chuvas foram caracterizadas pelo seu tempo de recorrência, definida pela relação $T = n/m$, sendo $T =$ = tempo de recorrência em anos, n = número de anos de observação e m = número de ordem que a precipitação considerada ocupa numa série de precipitações dispostas em ordem de magnitude decrescente. As chuvas intensas em cada ponto analisado ficaram, assim, definidas pela relação entre precipitação, duração e tempo de recorrência.

Nos gráficos apresentados por Pfafstetter, para cada ponto aqui selecionado se fez a representação gráfica das precipitações para diversas durações em função dos seus tempos de recorrência. As durações das precipitações figuram como parâmetros constantes para cada curva, ficando assim representados todos os elementos das chuvas intensas das quais se fez a coleta de dados. Para dar maior ênfase ao valioso trabalho de Pfafstetter e possibilitar a utilização pelos técnicos dos dados comprovados por ele na solução de problemas de ordem prática, foram selecionadas algumas cidades cujos dados e gráficos são transcritos (Tab. 5.6 e Figs. 5.10 a 5.27). Os gráficos são úteis para indicar o valor das maiores precipitações observadas no Brasil para diversas durações.

Tabela 5.6

Cidade	Coordenadas geográficas		Período de observação (em anos)	
	L.S.	L..W.G.	Pluviógrafo	Pluviômetro
Aracaju (SE)	10°55'	37°04'	24	24
Belém (PA)	01°28'	48°27'	19	25
Cuiabá (MT)	15°35'	56°06'	12	25
Goiânia (GO)	16°40'	49°15'	17	13
Florianópolis (SC)	27°35'	48°33'	29	25
Fortaleza (CE)	03°43'	38°31'	21	26
João Pessoa (PB)	07°06'	34°52'	23	28
Maceió (AL)	09°40'	35°42'	29	25
Manaus (AM)	03°08'	60°01'	24	07
Natal (RN)	05°46'	35°12'	19	27
Olinda (PE)	08°01'	34°51'	20	26
Porto Alegre (RS)	30°02'	51°13'	21	34
Porto Velho (RO)	08°46'	63°55'	11	22
Rio Branco (AC)	09°58'	67°49'	02	05
Salvador (BA)	13°00'	38°31'	23	26
São Luís (MA)	02°32'	44°17'	21	26
Teresina (PI)	05°05'	42°49'	22	26
Vitória (ES)	20°19'	40°20'	25	26

PRECIPITAÇÕES ATMOSFÉRICAS

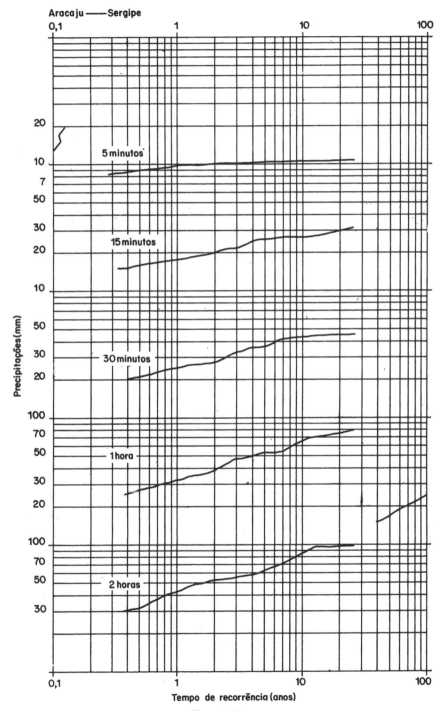

Figura 5.10a

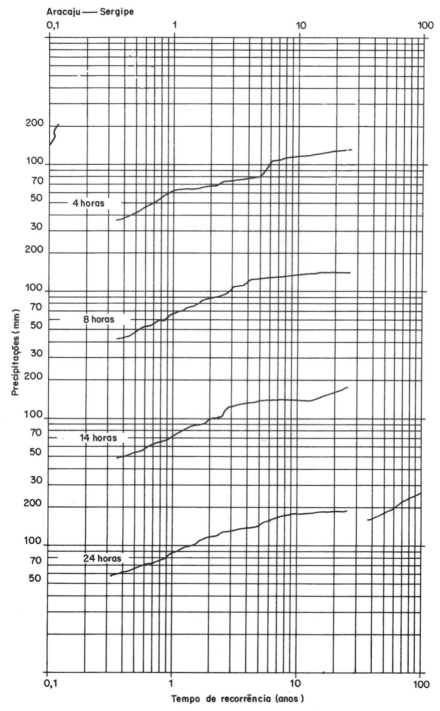

Figura 5.10b

PRECIPITAÇÕES ATMOSFÉRICAS

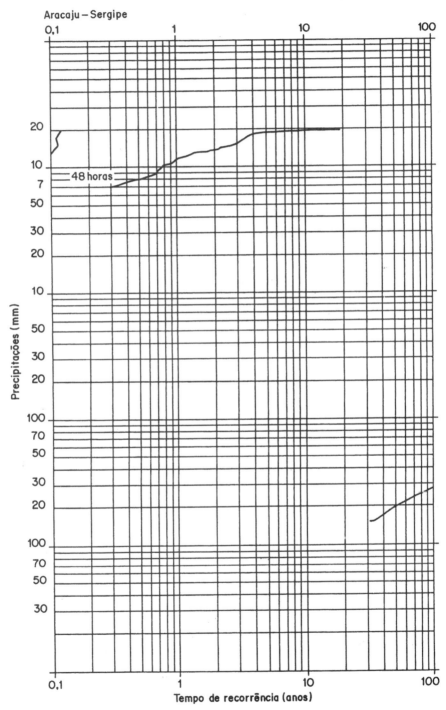

Figura 5.10c

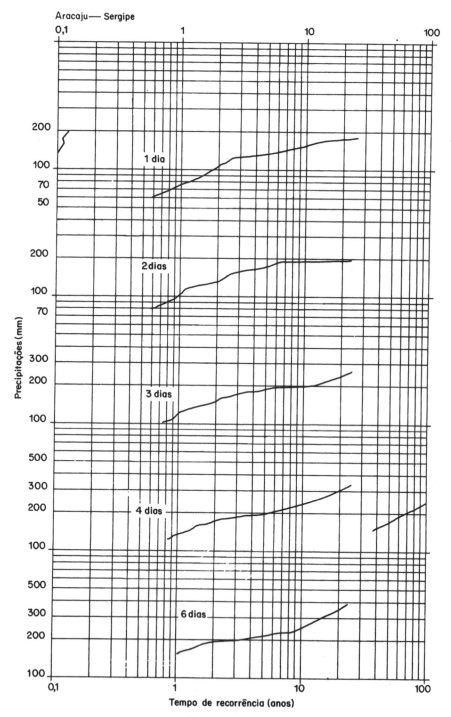

Figura 5.10d

PRECIPITAÇÕES ATMOSFÉRICAS

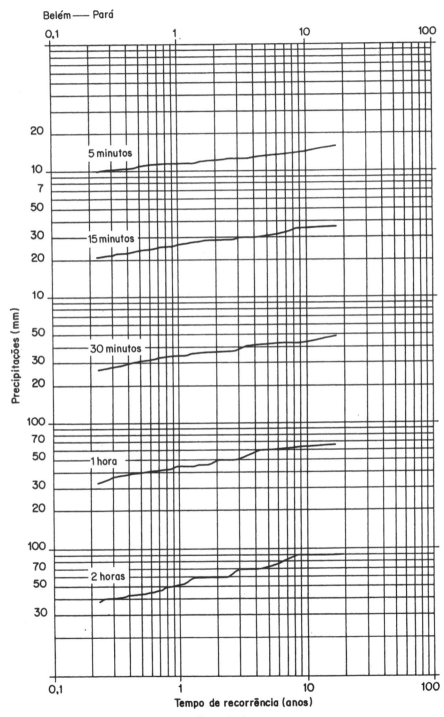

Figura 5.11a

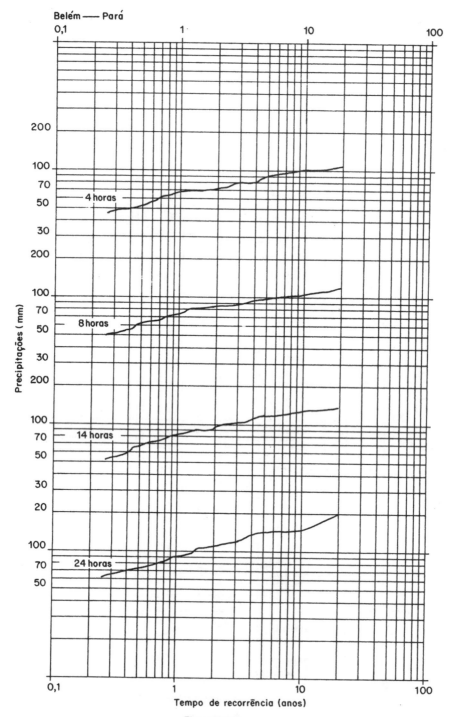

Figura 5.11b

PRECIPITAÇÕES ATMOSFÉRICAS

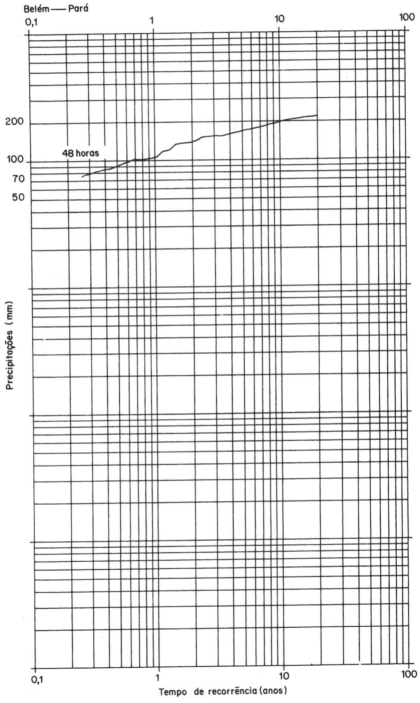

Figura 5.11c

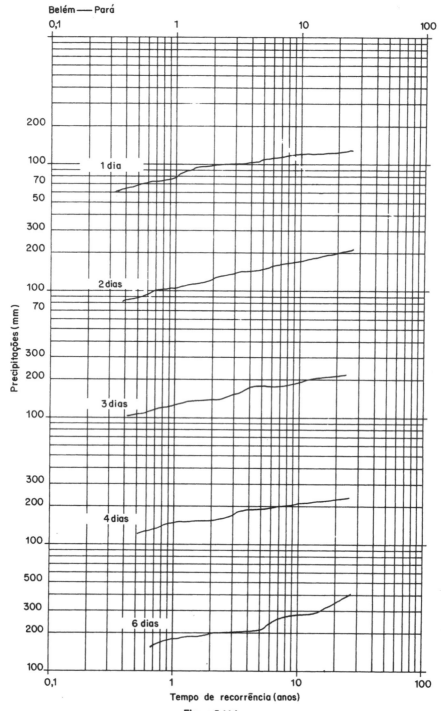

Figura 5.11d

PRECIPITAÇÕES ATMOSFÉRICAS

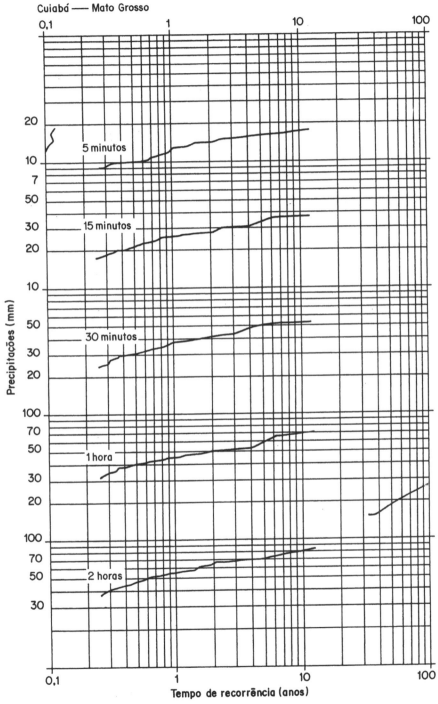

Figura 5.12a

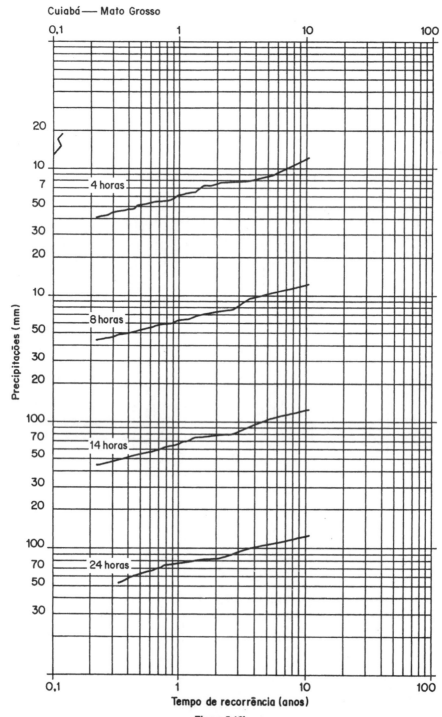

Figura 5.12b

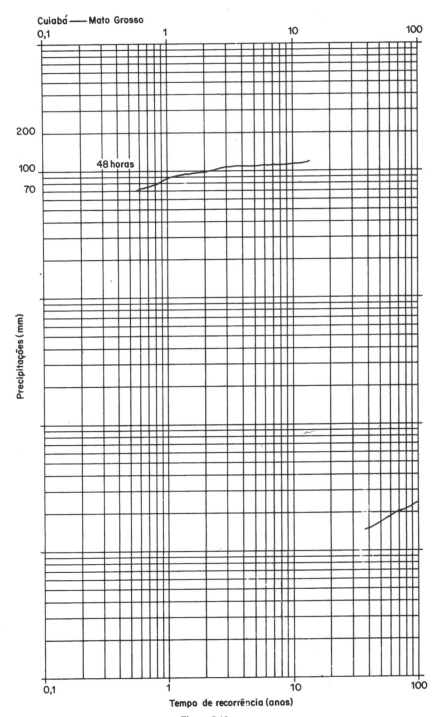

Figura 5.12c

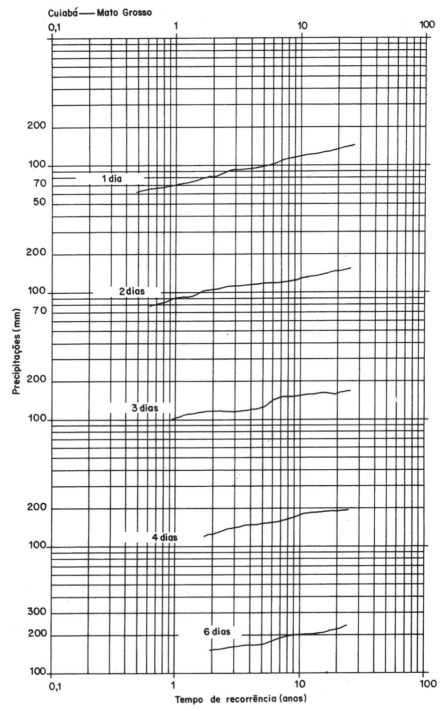

Figura 5.12d

PRECIPITAÇÕES ATMOSFÉRICAS

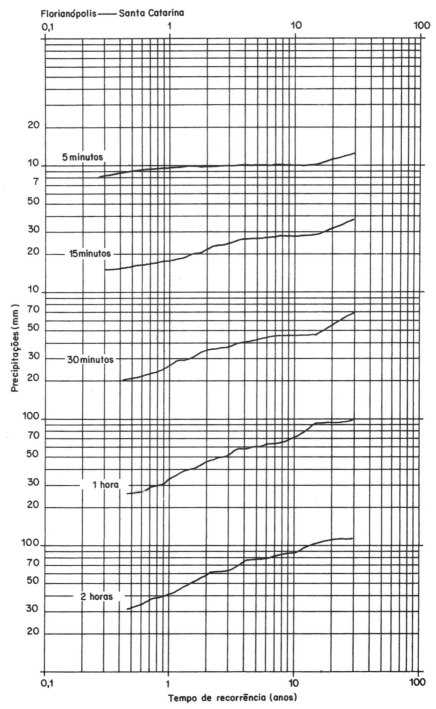

Figura 5.13a

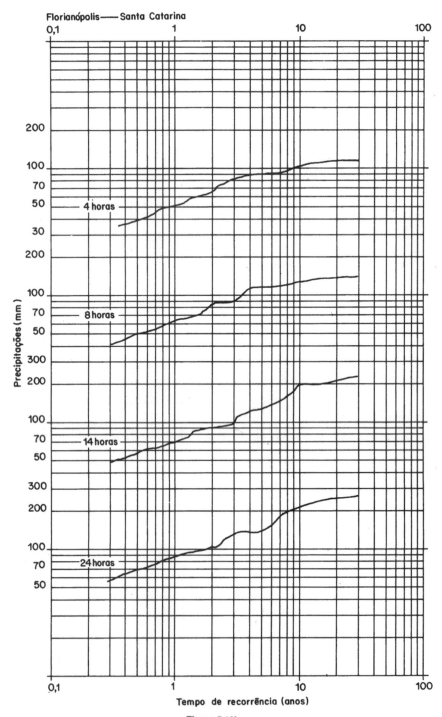

Figura 5.13b

PRECIPITAÇÕES ATMOSFÉRICAS

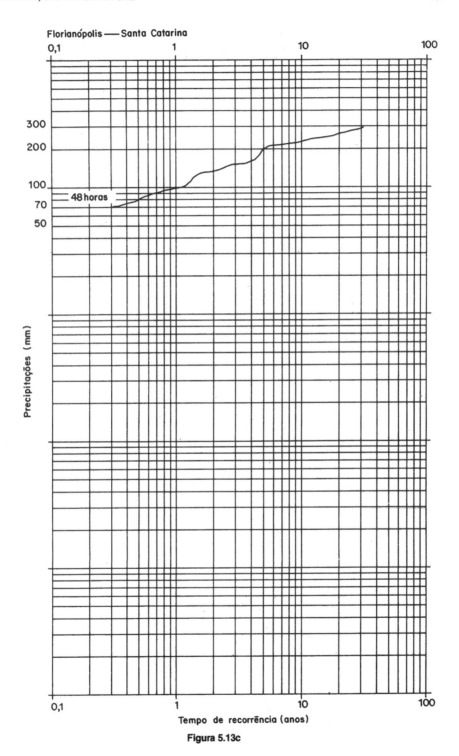

Figura 5.13c

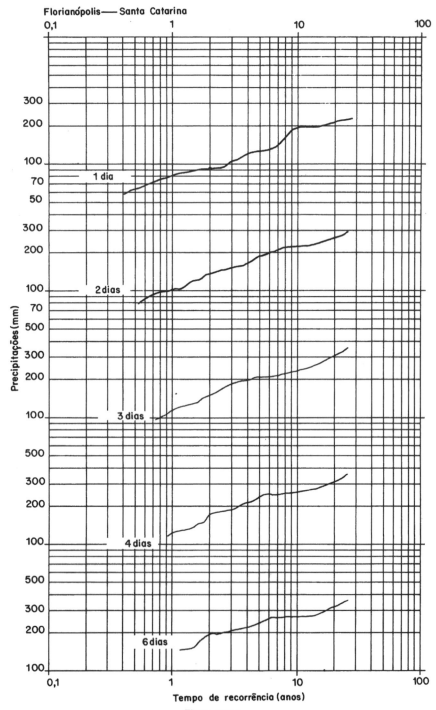

Figura 5.13d

PRECIPITAÇÕES ATMOSFÉRICAS

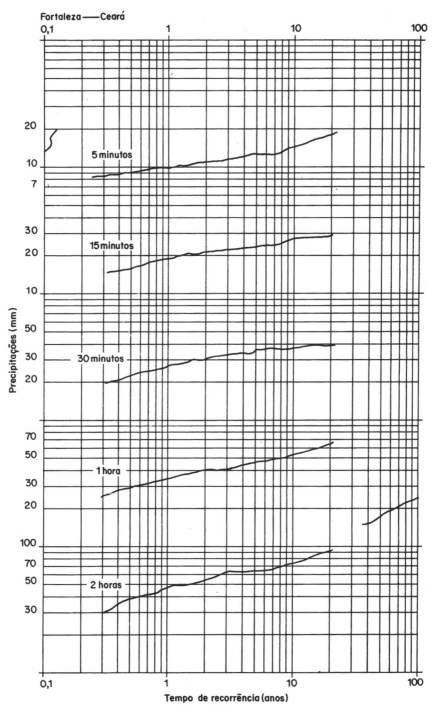

Figura 5.14a

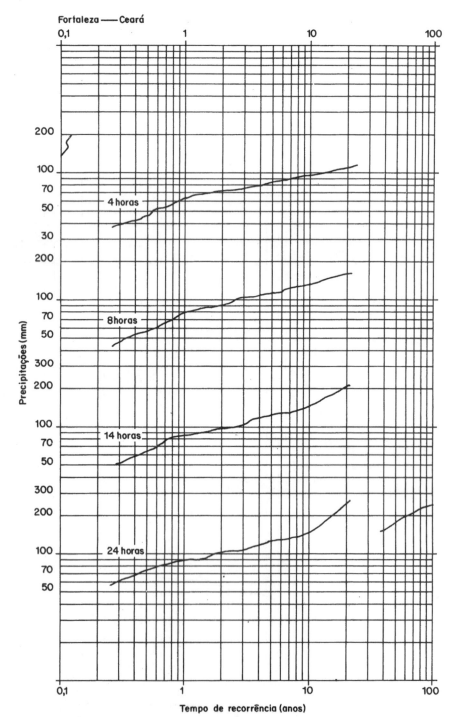

Figura 5.14b

PRECIPITAÇÕES ATMOSFÉRICAS

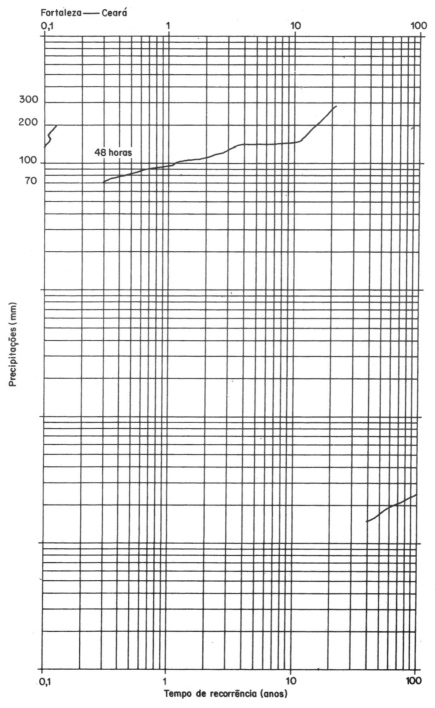

Figura 5.14c

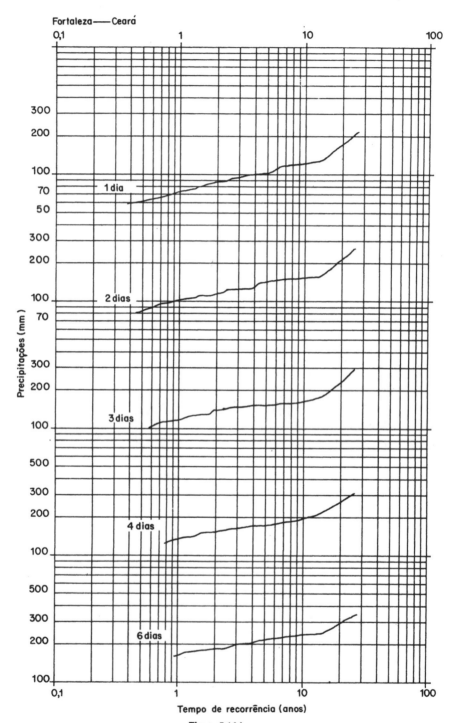

Figura 5.14d

PRECIPITAÇÕES ATMOSFÉRICAS

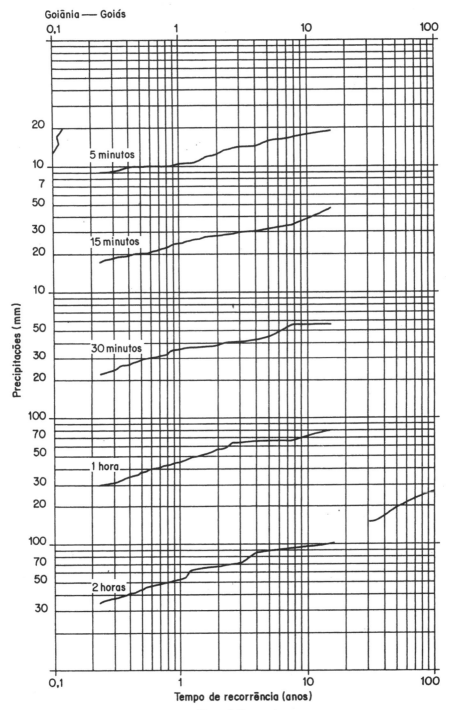

Figura 5.15a

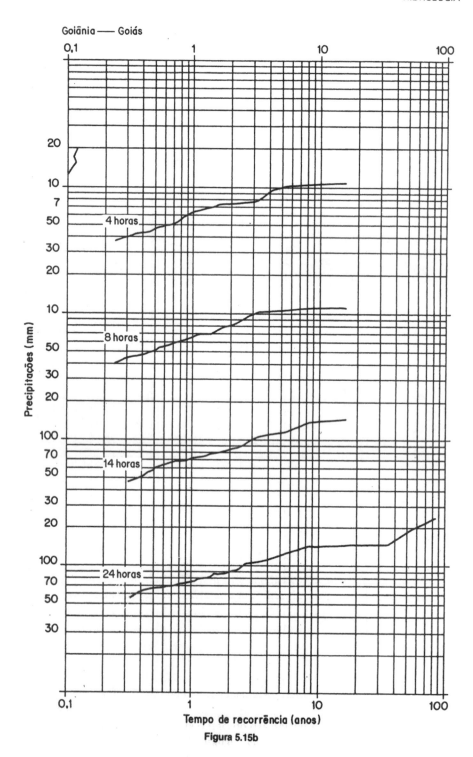

Figura 5.15b

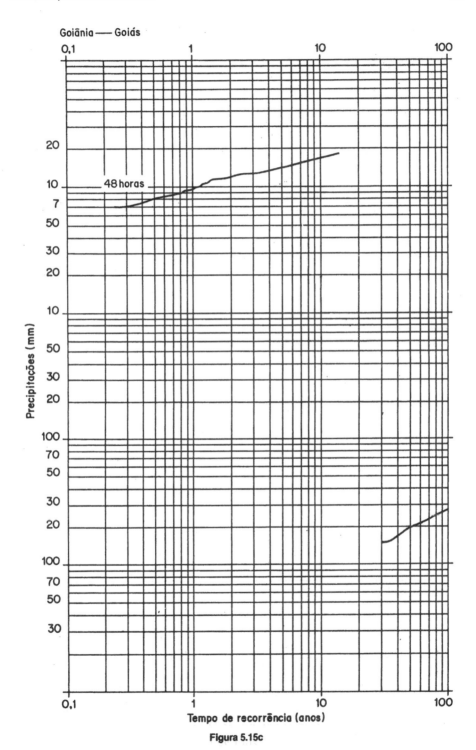

Figura 5.15c

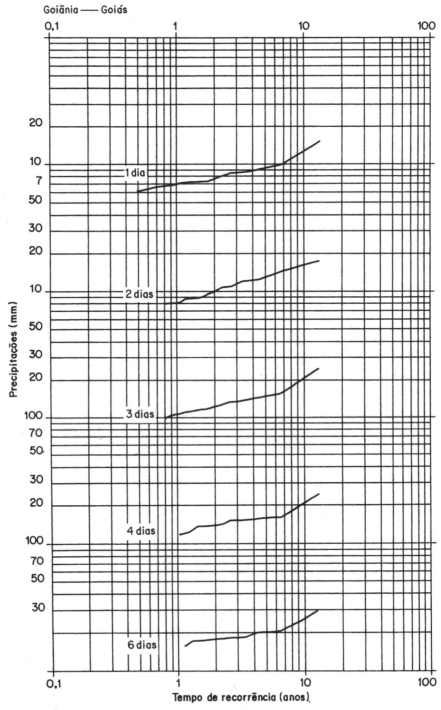

Figura 5.15d

PRECIPITAÇÕES ATMOSFÉRICAS

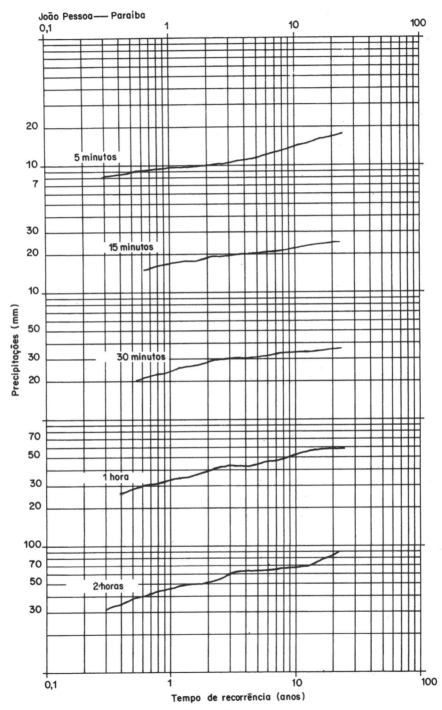

Figura 5.16a

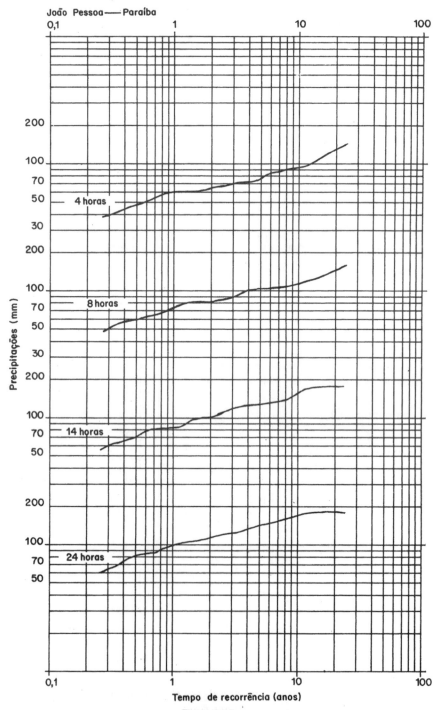

Figura 5.16b

PRECIPITAÇÕES ATMOSFÉRICAS

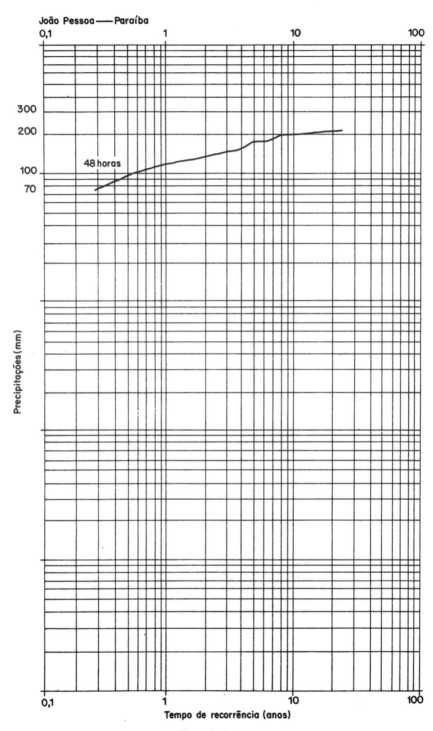

Figura 5.16c

120　　　　　　　　　　　　　　　　　　　　　　　　　　　　　　　　　　　HIDROLOGIA

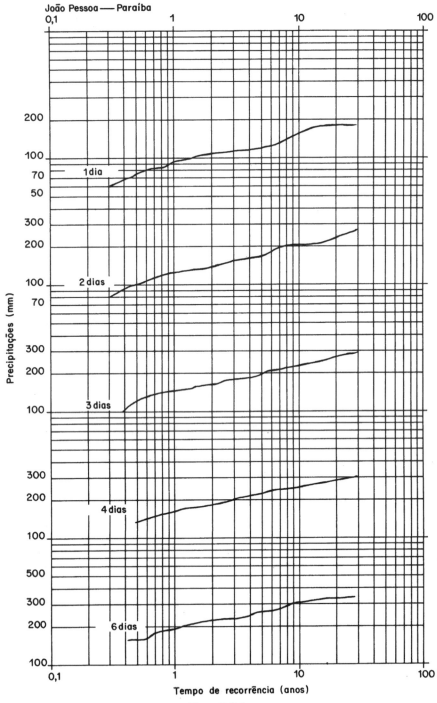

Figura 5.16d

PRECIPITAÇÕES ATMOSFÉRICAS 121

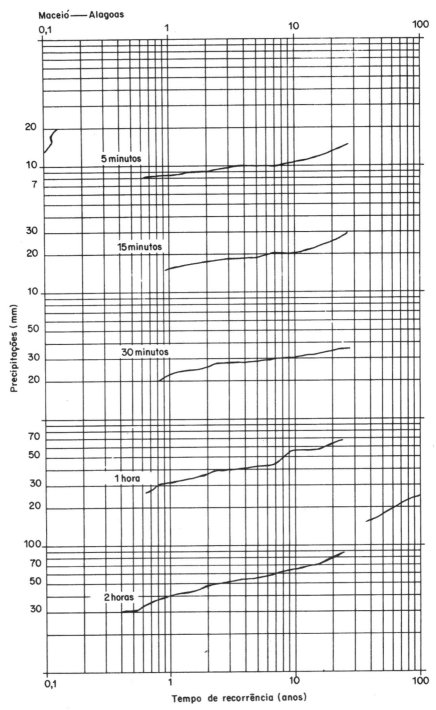

Figura 5.17a

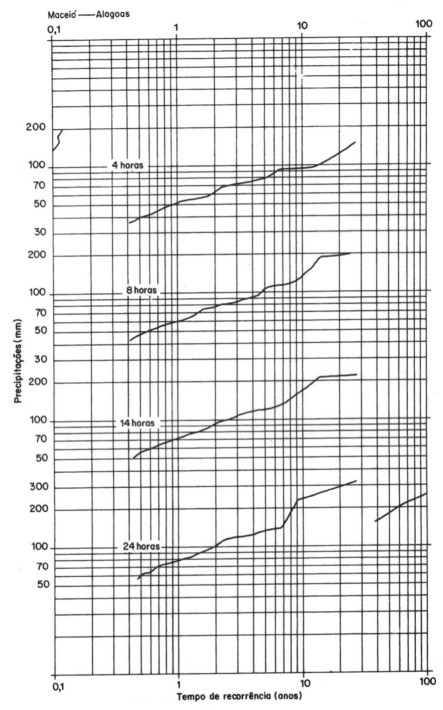

Figura 5.17b

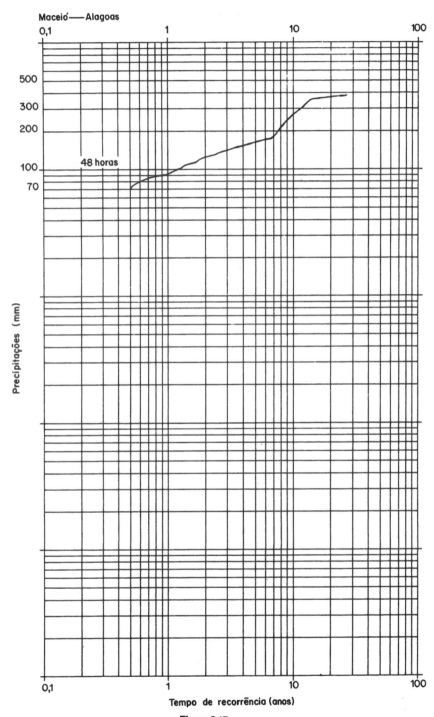

Figura 5.17c

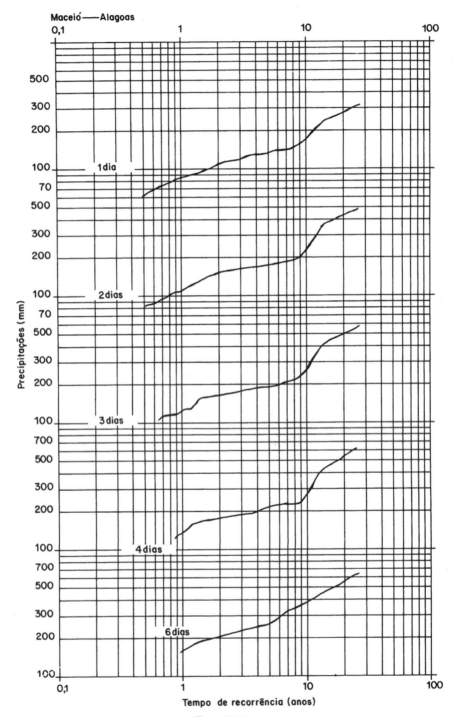

Figura 5.17d

PRECIPITAÇÕES ATMOSFÉRICAS 125

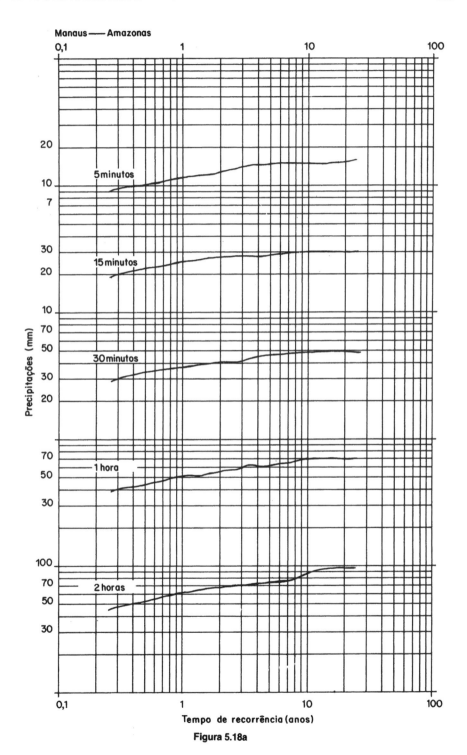

Figura 5.18a

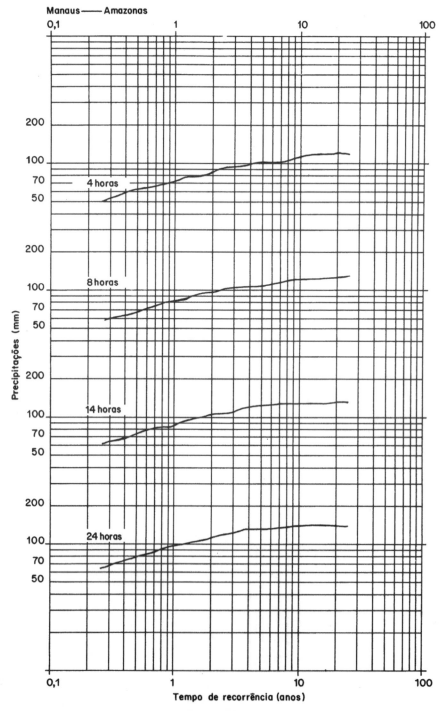

Figura 5.18b

PRECIPITAÇÕES ATMOSFÉRICAS

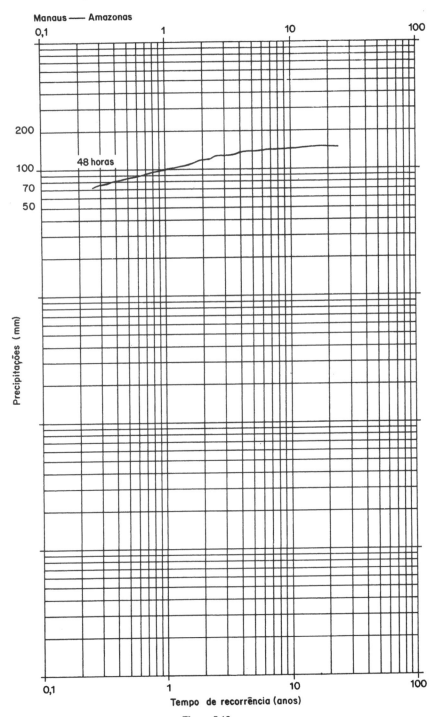

Figura 5.18c

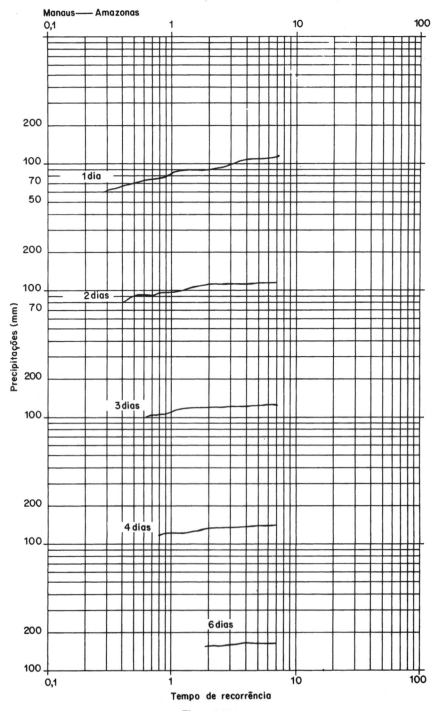

Figura 5.18d

PRECIPITAÇÕES ATMOSFÉRICAS

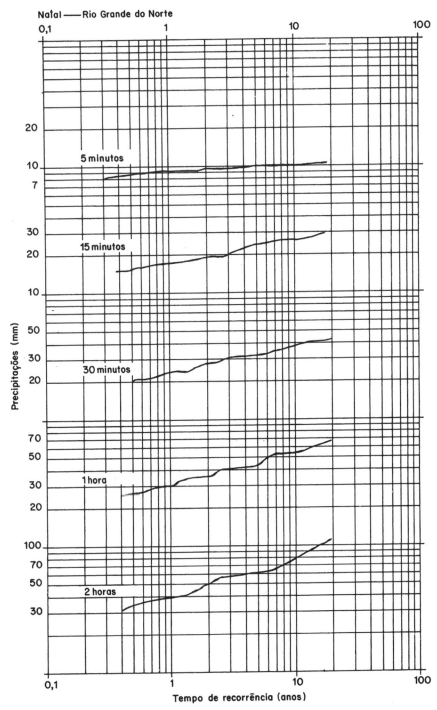

Figura 5.19a

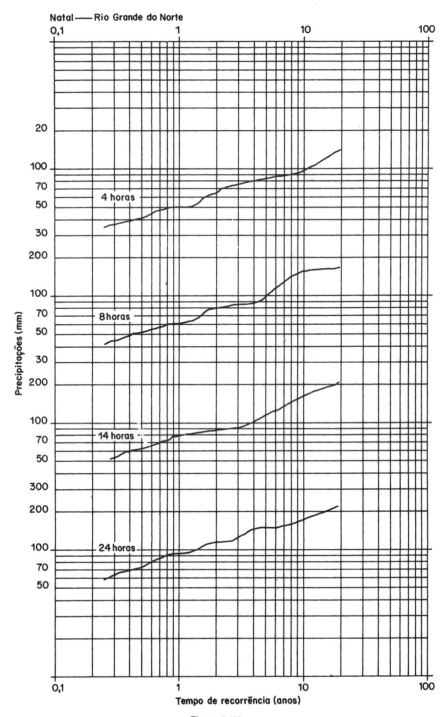

Figura 5.19b

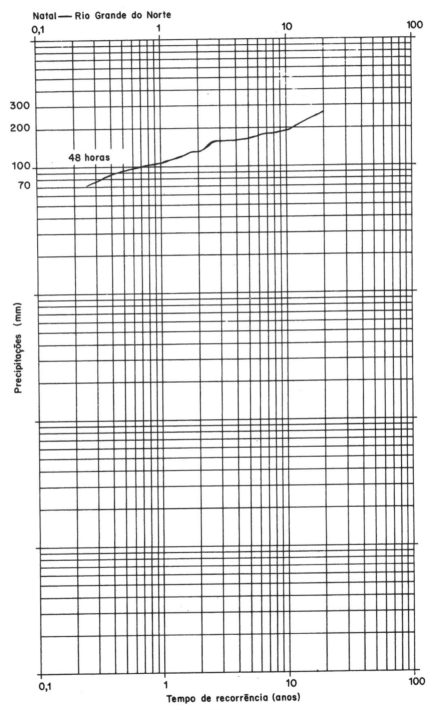

Figura 5.19c

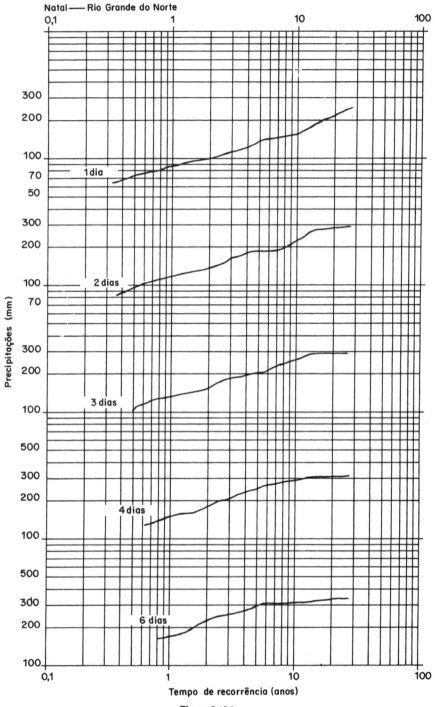

Figura 5.19d

PRECIPITAÇÕES ATMOSFÉRICAS

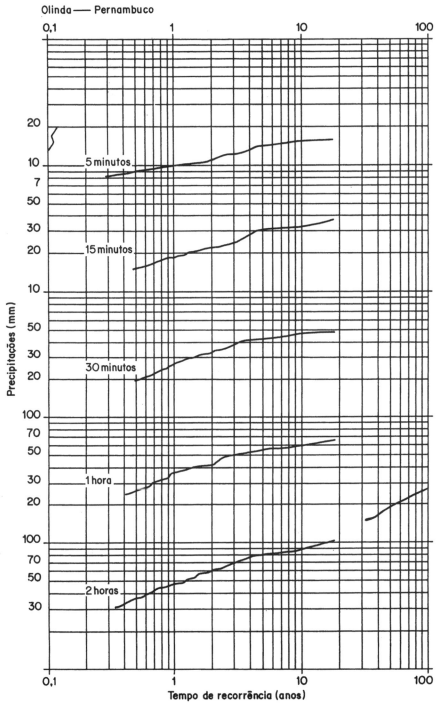

Figura 5.20a

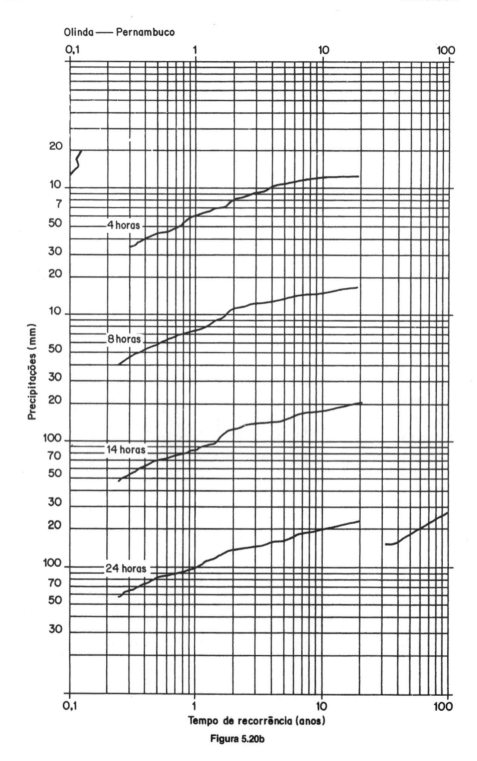

Figura 5.20b

PRECIPITAÇÕES ATMOSFÉRICAS

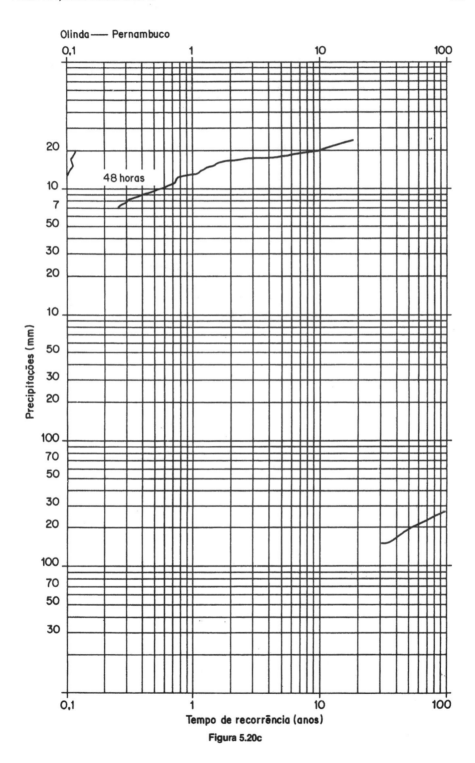

Figura 5.20c

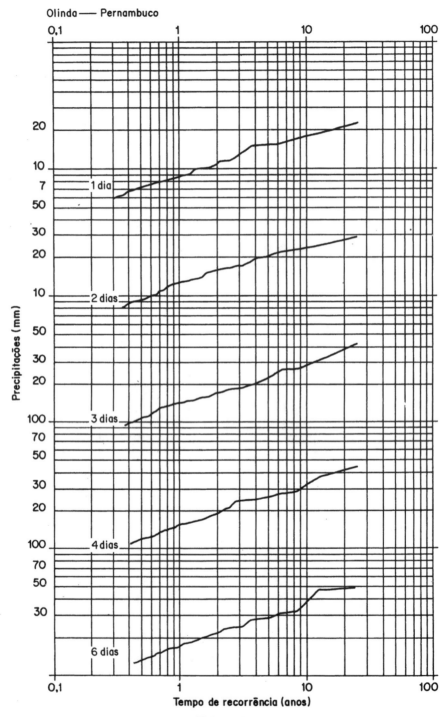

Figura 5.20d

PRECIPITAÇÕES ATMOSFÉRICAS

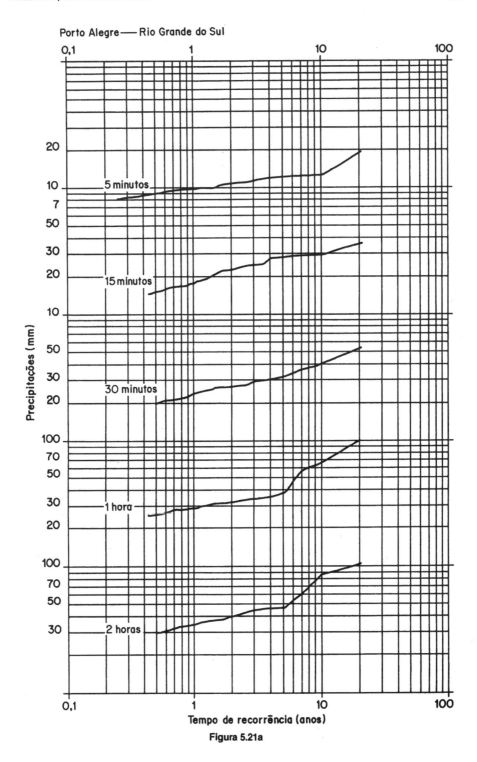

Figura 5.21a

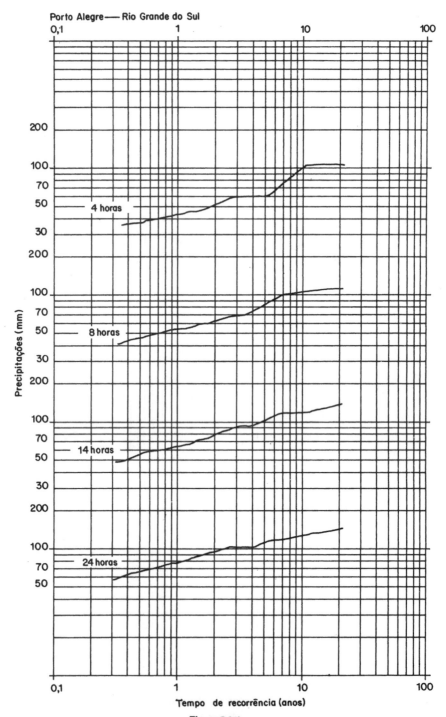

Figura 5.21b

PRECIPITAÇÕES ATMOSFÉRICAS 139

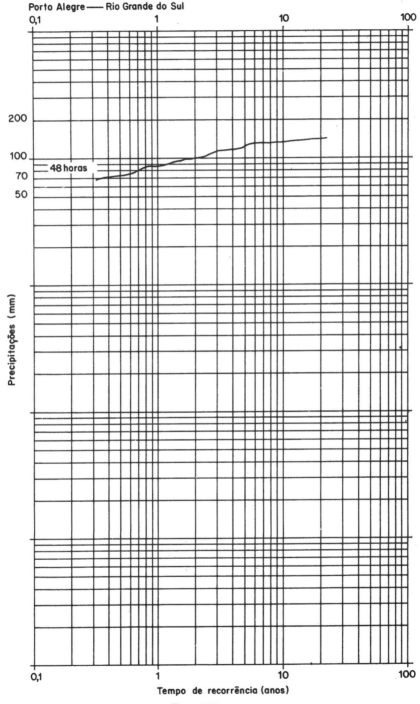

Figura 5.21c

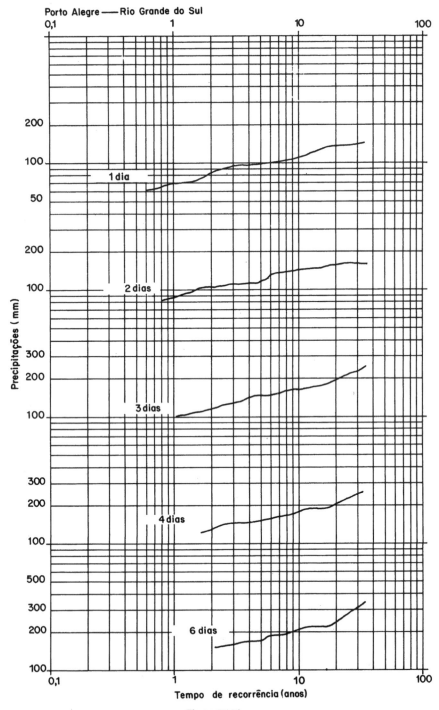

Figura 5.21d

PRECIPITAÇÕES ATMOSFÉRICAS

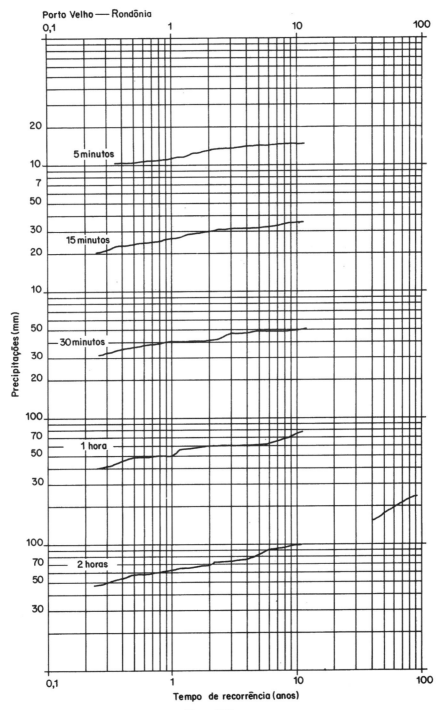

Figura 5.22a

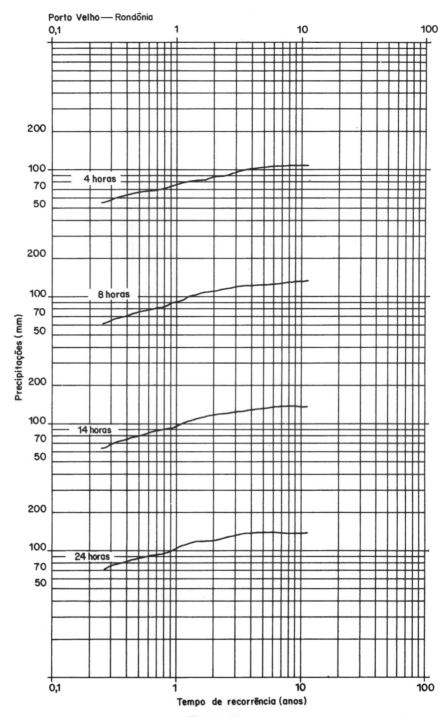

Figura 5.22b

PRECIPITAÇÕES ATMOSFÉRICAS

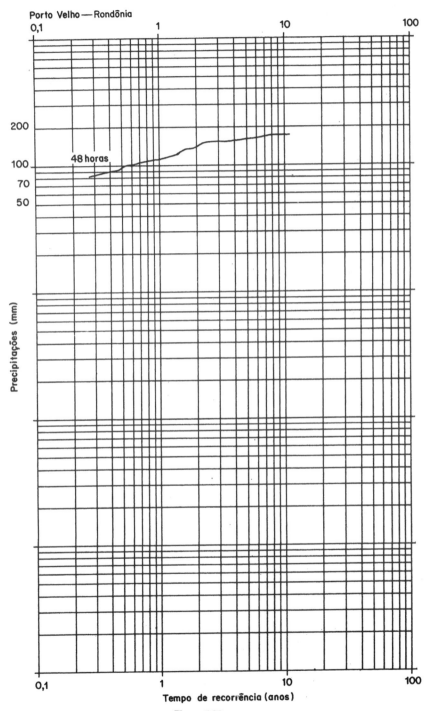

Figura 5.22c

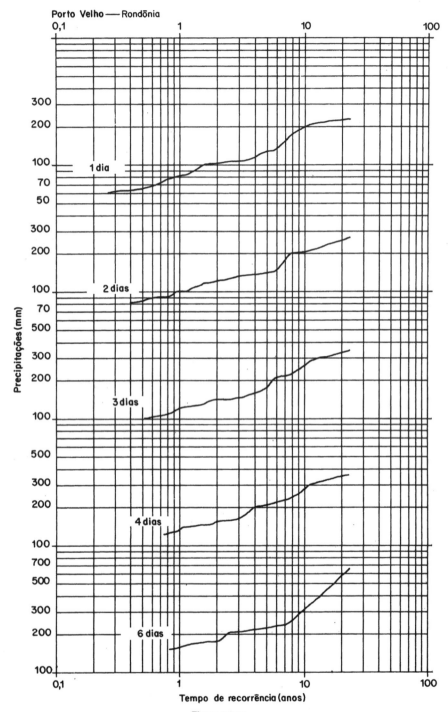

Figura 5.22d

PRECIPITAÇÕES ATMOSFÉRICAS

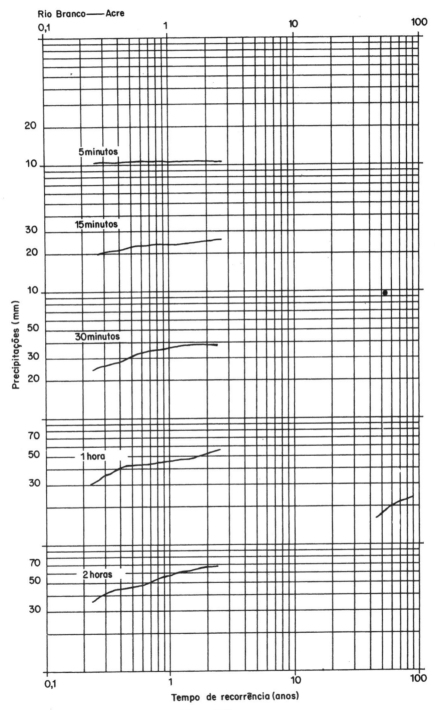

Figura 5.23a

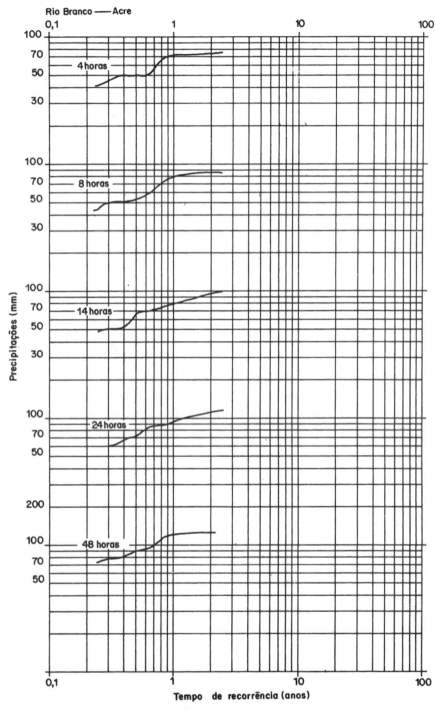

Figura 5.23b

PRECIPITAÇÕES ATMOSFÉRICAS 147

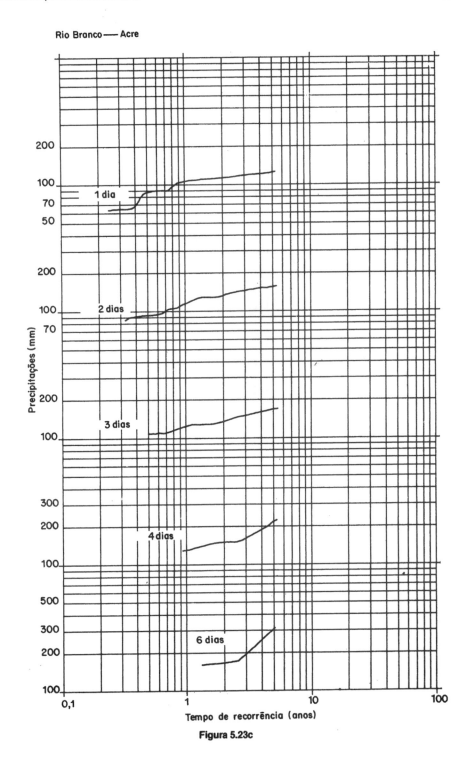

Figura 5.23c

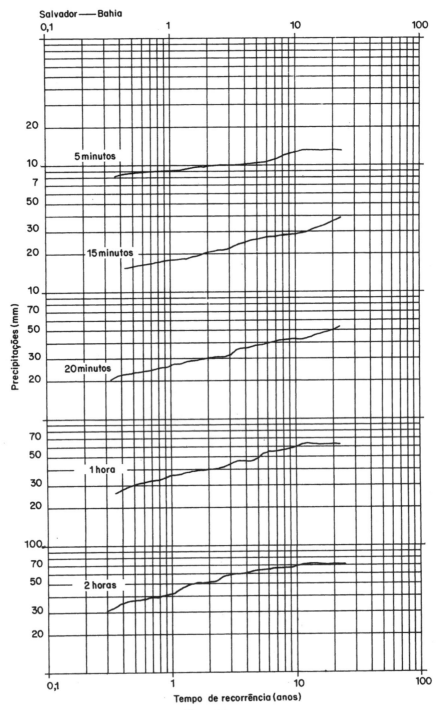

Figura 5.24a

PRECIPITAÇÕES ATMOSFÉRICAS

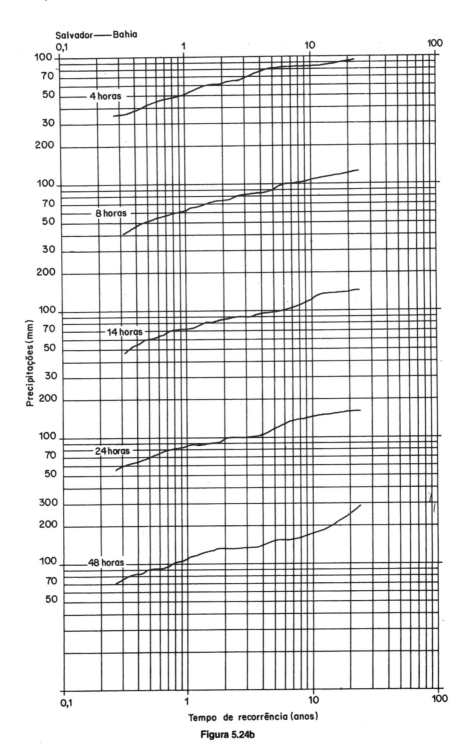

Figura 5.24b

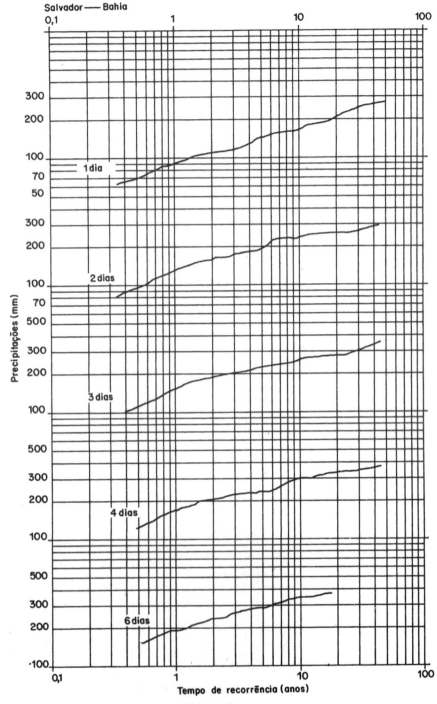

Figura 5.24c

PRECIPITAÇÕES ATMOSFÉRICAS

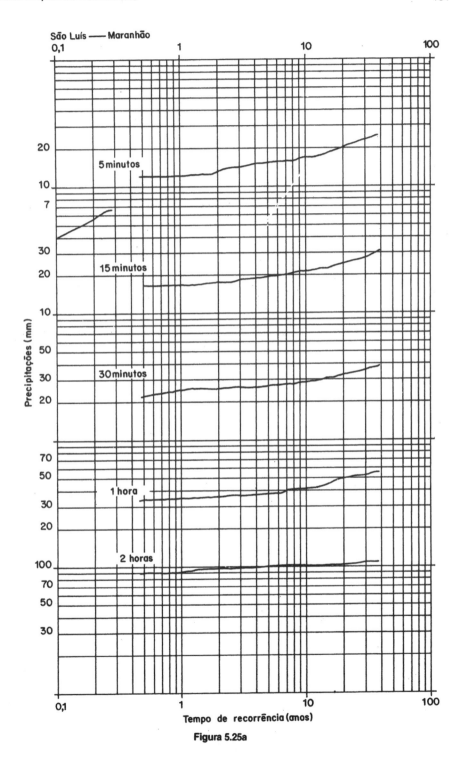

Figura 5.25a

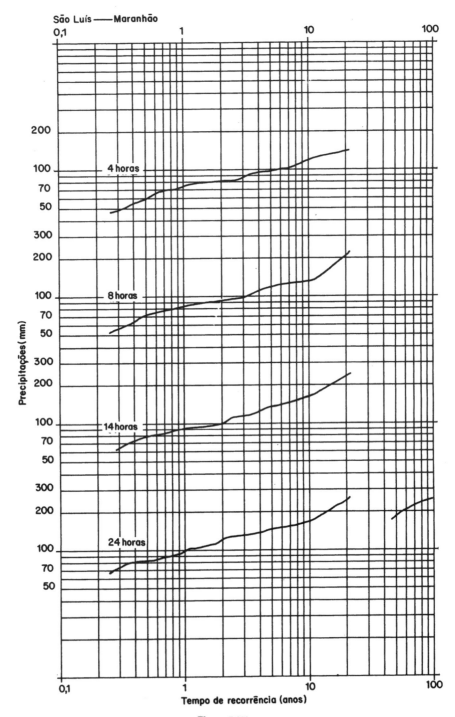

Figura 5.25b

PRECIPITAÇÕES ATMOSFÉRICAS

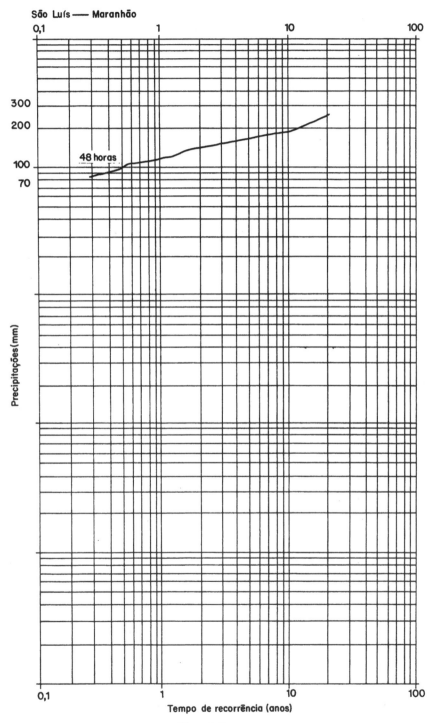

Figura 5.25c

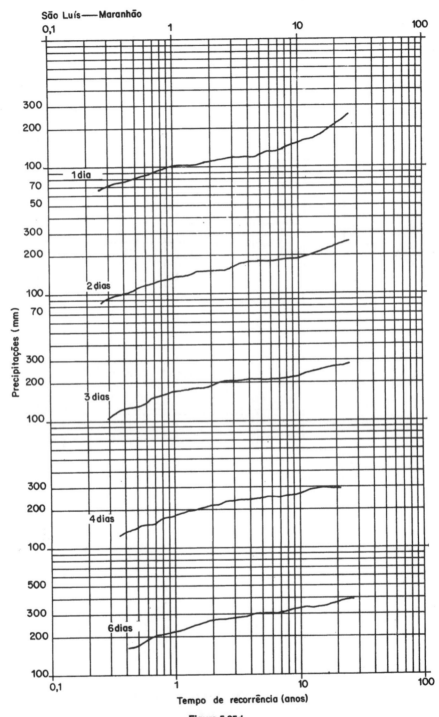

Figura 5.25d

PRECIPITAÇÕES ATMOSFÉRICAS

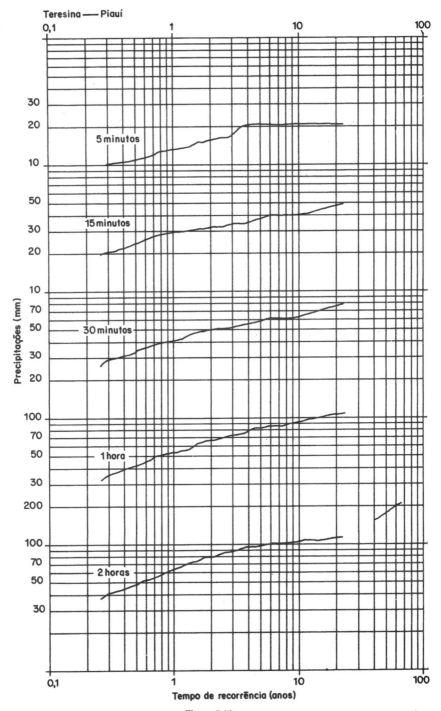

Figura 5.26a

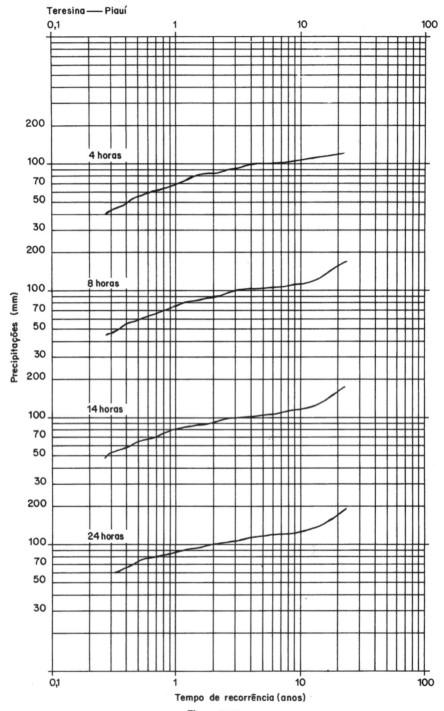

Figura 5.26b

PRECIPITAÇÕES ATMOSFÉRICAS

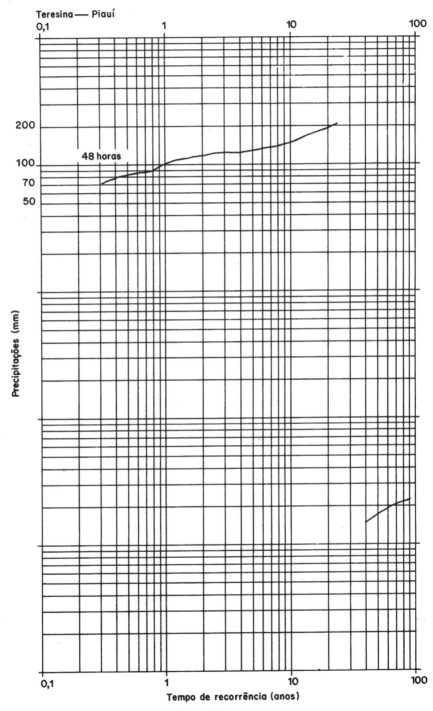

Figura 5.26c

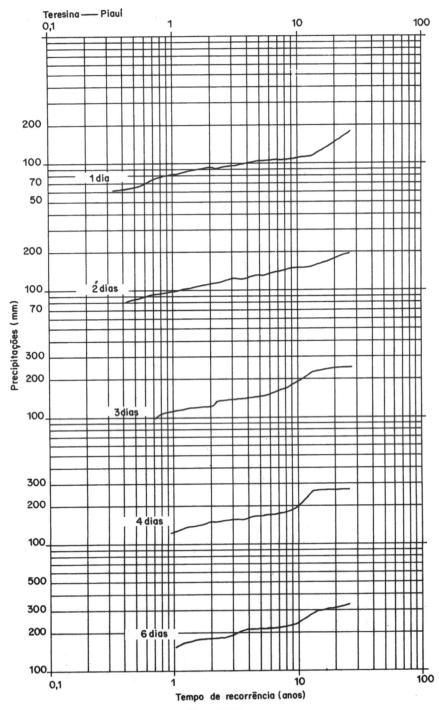

Figura 5.26d

PRECIPITAÇÕES ATMOSFÉRICAS

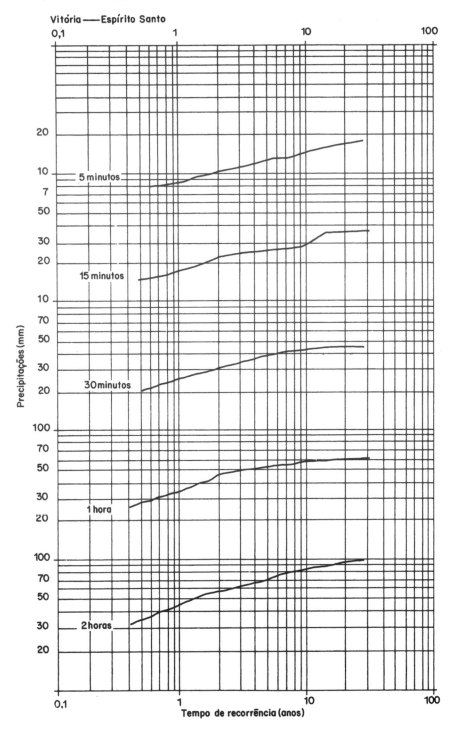

Figura 5.27a

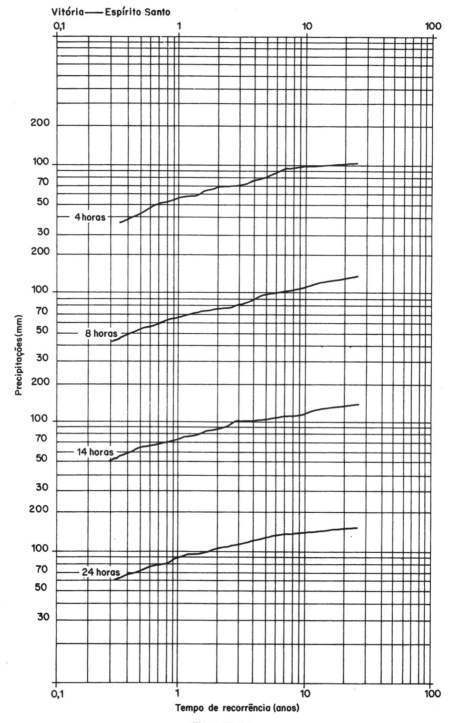

Figura 5.27b

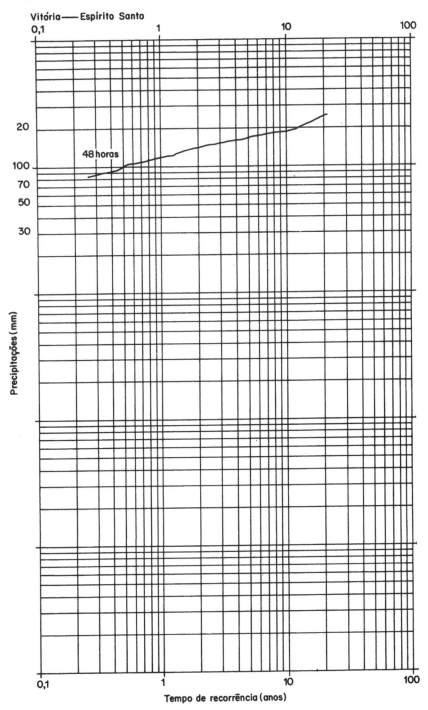

Figura 5.27c

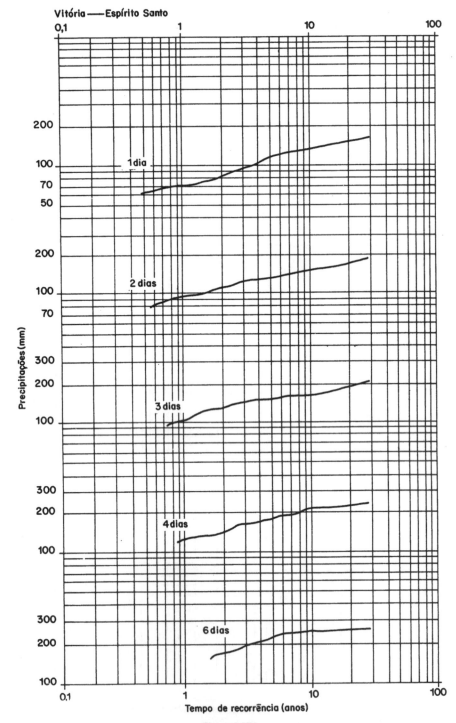

Figura 5.27d

PRECIPITAÇÕES ATMOSFÉRICAS 163

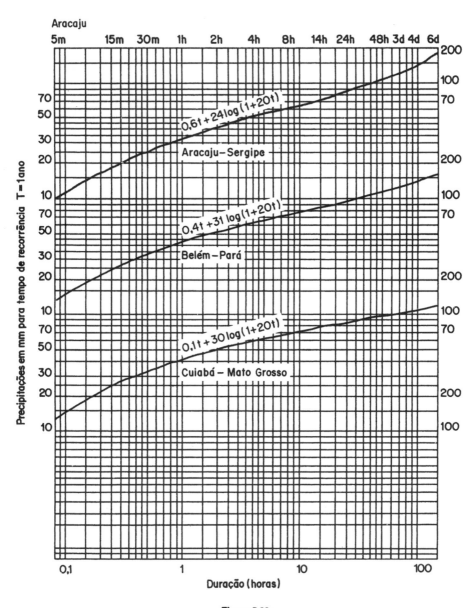

Figura 5.28a

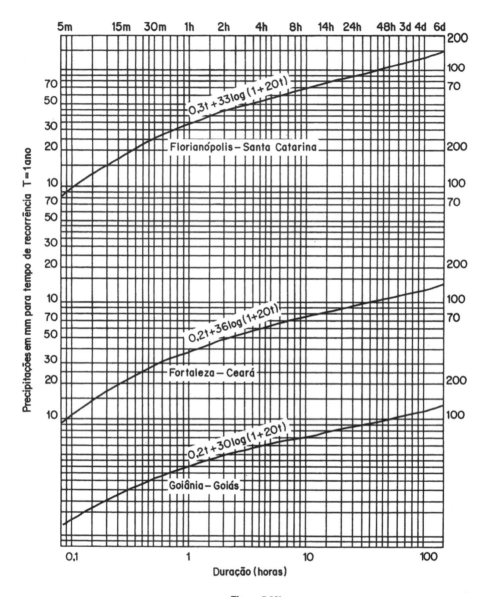

Figura 5.28b

PRECIPITAÇÕES ATMOSFÉRICAS

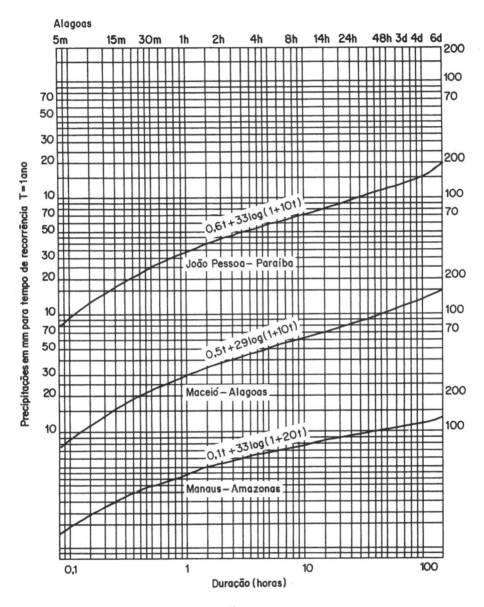

Figura 5.28c

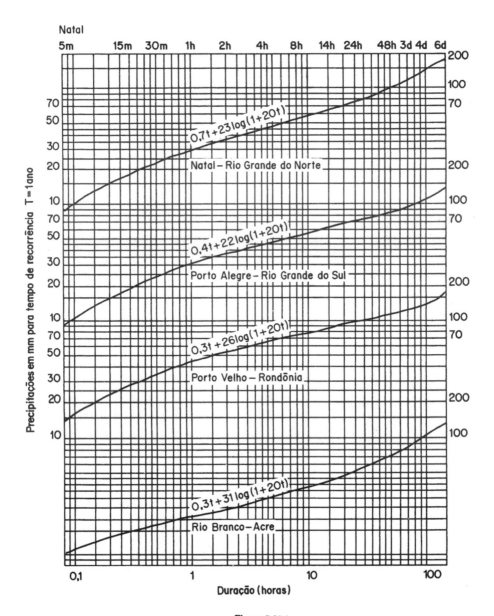

Figura 5.28d

PRECIPITAÇÕES ATMOSFÉRICAS

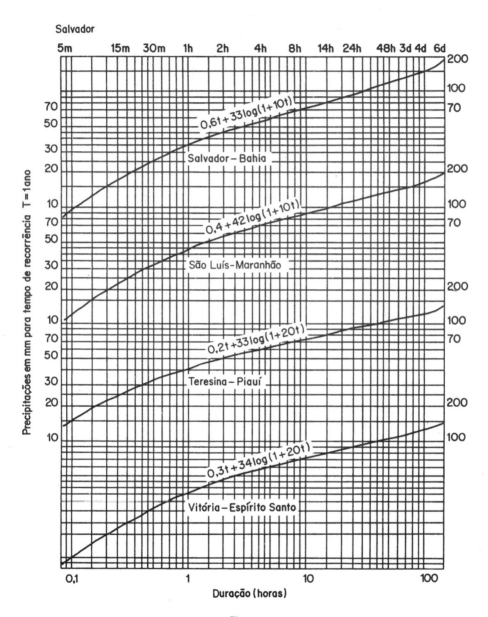

Figura 5.28e

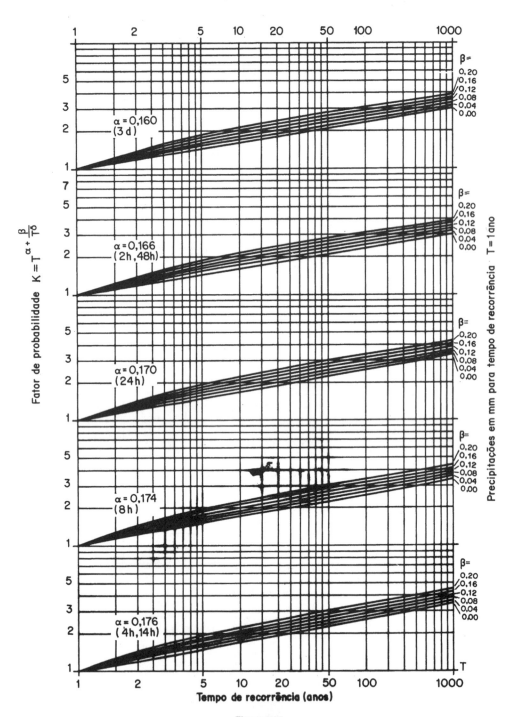

Figura 5.29a

PRECIPITAÇÕES ATMOSFÉRICAS

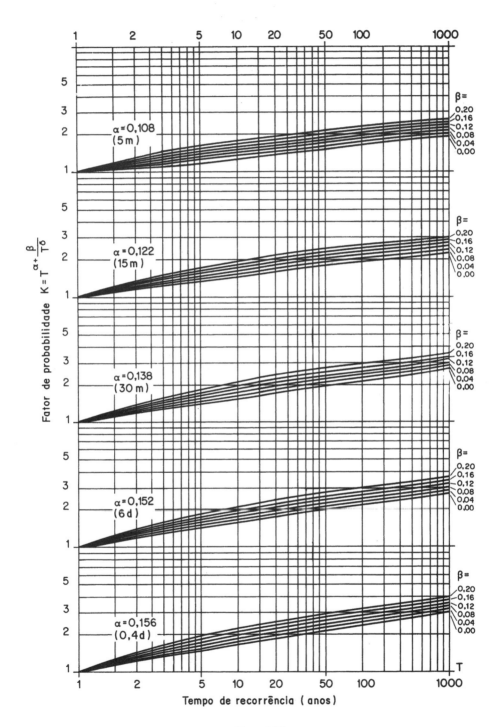

Figura 5.29b

Entre os pontos marcados nas construções dos gráficos que representam os dados das chuvas intensas, o trabalho de Pfafstetter procura ajustar uma curva regular de definição analítica conhecida. A fórmula empírica empregada por ele para definir as precipitações máximas em função da sua duração e tempo de recorrência é original e tem a seguinte representação analítica:

$$P = T^{\alpha + \frac{\beta}{T^\gamma}} [at + b \log (1 + ct)]$$

sendo:

P = precipitação máxima (em mm);

T = tempo de recorrência (em anos);

t = duração de precipitação (em horas);

α, β = esses valores que dependem da duração de precipitação;

γ, a, b, c = valores constantes para cada posto.

Como os gráficos estão representados em escala bilogarítmica, o paralelismo das curvas se traduz por um desdobramento da expressão em dois fatores, onde o primeiro caracteriza a forma da curva e o segundo sua posição relativa ao eixo das precipita-

ções. O primeiro fator, $K = T^{\alpha + \frac{\beta}{T^\gamma}}$, pode ser chamado *fator de probabilidade* e define a forma de ajustamento da curva à representação gráfica das precipitações em função do tempo de recorrência. O segundo fator, $[at + b \log (1 + ct)]$, dá o valor da precipitação para o tempo de recorrência $T = 1$ ano. Esse fator dá a ordenada da curva para $T = 1$ porque K se torna igual à unidade para esse valor.

No trabalho de Pfafstetter procuraram-se os valores de ac, β e γ o fator de probabilidade K que permitissem o melhor ajustamento de uma curva entre os pontos que representam as precipitações relativas em função dos tempos de recorrência, resultando a seguinte expressão para o fator de probabilidade:

$$K = T^{\alpha + \frac{0.08}{T^{0.25}}}$$

Na Tab. 5.8 são fornecidos os valores de α em função da duração da precipitação.

Restava determinar os valores de β e γ que conduzissem ao melhor ajustamento da fórmula empírica. Assim, verificou-se que os valores de β em cada posto podiam ser considerados com suficiente precisão como constantes para as durações de 1 hora até 6 dias. Para as durações de 5, 15 e 30 minutos foi necessário determinar valores diferentes de β que conduzissem ao melhor ajustamento em cada caso. Os valores de β no fator de probabilidade para cada cidade e em função do tempo de duração das precipitações é apresentada na Tab. 5.8. Verificou-se, também, que o valor de γ pouco refletia sobre a forma de ajustamento da curva, adotando-se o valor $\gamma = 0,25$ para todos os postos.

PRECIPITAÇÕES ATMOSFÉRICAS   171

Tabela 5.7 Valores de α no fator de probabilidade

Duração da precipitação	Valor de α
05 min	0,108
15 min	0,122
30 min	0,138
01 h	0,156
02 h	0,166
04 h	0,174
08 h	0,176
14 h	0,174
24 h	0,170
48 h	0,166
03 dias	0,160
04 dias	0,156
06 dias	0,152

Tabela 5.8 Valores de β no fator de probabilidade

Cidade	Duração de precipitação			
	5 min	15 min	30 min	1 h a 6 dias
Aracaju (SE)	0,00	0,04	0,08	0,20
Belém (PA)	-0,04	0,00	0,00	0,04
Cuiabá (MT)	0,08	0,08	0,08	0,04
Florianópolis (SC)	0,04	0,12	0,20	0,20
Fortaleza (CE)	0,04	0,04	0,08	0,08
Goiânia (GO)	0,08	0,08	0,08	0,12
João Pessoa (PB)	0,00	0,00	0,04	0,08
Maceió (AL)	0,00	0,04	0,08	0,20
Manaus (AM)	0,04	0,00	0,00	0,04
Natal (RN)	-0,08	0,00	0,08	0,12
Olinda (PE)	0,04	0,20	0,20	0,20
Porto Alegre (RS)	0,00	0,08	0,08	0,08
Porto Velho (RO)	0,00	0,00	0,00	0,04
Rio Branco (AC)	-0,08	0,00	0,04	0,08
Salvador (BA)	-0,04	0,08	0,08	0,12
São Luís (MA)	-0,08	0,00	0,00	0,08
Teresina (PI)	0,12	0,12	0,12	0,12
Vitória (ES)	0,12	0,12	0,12	0,12

Assim, quando se deseja conhecer num dos pontos relacionados o valor de uma precipitação de duração e tempo de recorrência dados, basta consultar os gráficos das Figs. 5.10 a 5.27. Mesmo que os tempos de recorrência sejam menores que o período de observação no posto em estudo, as irregularidades nessas representações gráficas não prejudicam a precisão na avaliação da precipitação. Nos casos em que a duração da precipitação desejada não coincide com a de um dos gráficos de Pfafstetter, é suficiente fazer uma interpolação linear entre os valores obtidos das curvas mais próximas.

172   HIDROLOGIA

Para tempos de recorrência aproximadamente iguais ou maiores que o período de observação no posto em estudo, os gráficos dados não permitem uma extrapolação aceitável. Recomenda-se, nesses casos, utilizar os resultados obtidos pelo ajustamento da fórmula empírica:

$$P = K[at + b \log(1 + ct)]$$

onde $K = T^{\alpha + \frac{\beta}{T^\gamma}}$

Os valores do fator de probabilidade K podem ser calculados pela expressão acima ou retirados do gráfico da Fig. 5.29. As curvas que representam a expressão $[at + + b \log(1 + ct)]$, que fornecem as precipitações de tempo de recorrência $T = 1$ ano, encontram-se nos gráficos da Fig. 5.28. As expressões ao lado das curvas ajustadas definem sua forma e indicam os valores de a, b e c.

Assim, no posto em estudo, para determinar a precipitação, de duração e o tempo de recorrência conhecidos, basta multiplicar o valor de K obtido no gráfico da Fig. 5.29 pelo valor da precipitação de tempo de recorrência $T = 1$ ano, apresentado nos gráficos da Fig. 5.28. Os valores de α e β para o fator de probabilidade K se encontram nas Tabs. 5.7 e 5.8. A fórmula empírica foi estabelecida entre os limites de 5 minutos a 6 dias para as durações t e os lmites de 0,2 a 100 anos ou mais para os tempos de recorrência T.

Para conhecer a duração e o tempo de recorrência das precipitações de um local diferente dos apresentados na Tab. 5.6, recomenda-se consultar o trabalho completo de Pfafstetter em *Chuvas intensas no Brasil*, que contém o estudo de 98 postos. Caso não se encontre a localidade desejada, deve-se procurar a correlação com dados de postos mais próximos que tenham condições meteorológicas semelhantes às do local em estudo.

5.7.4 Distribuição das intensidades durante a duração

Nas considerações anteriores levou-se em conta somente as intensidades *médias* das precipitações intensas nos intervalos de duração considerados. Para determinados problemas há interesse em se conhecer o instante em que ocorre a máxima precipitação, pois, se o mesmo se dá no início da chuva, a vazão correspondente encontrando as tubulações vazias estará sujeita a uma certa regularização (volume necessário para preencher os tubos). Isso, porém, não ocorre, se a precipitação máxima se der no fim do período, devendo, então, tal fato ser dispensado para o dimensionamento das tubulações.

Uma análise cuidadosa dos dados coletados pode fornecer algumas informações sobre o assunto em questão; não parece possível, porém, indicar uma regra fixa. Segundo autores franceses, o momento de máxima intensidade se dá no início das precipitações; segundo autores americanos, a 1/3 da duração.

Pode-se concluir, de modo geral, que a relação entre a intensidade máxima instantânea e a intensidade média decresce com o aumento da altura pluviométrica total

PRECIPITAÇÕES ATMOSFÉRICAS

da precipitação intensa, o que de certa forma tira a importância desta consideração, uma vez que normalmente as precipitações selecionadas são justamente as de alto valor total.

5.7.5 Distribuição no tempo e no espaço

É importante frisar que a Hidrologia não é uma ciência exata, obrigado o estudioso a se transformar em hidrometeorólogo quando o mesmo tem que resolver problemas de distribuição e ocorrência de precipitações no tempo e no espaço.

Para correlacionar as precipitações com os deflúvios superficiais geralmente é necessário estudar a distribuição das chuvas intensas em toda a extensão das bacias hidrográficas, considerando não só as diferentes intensidades, o que pode ser feito através dos processos indicados para o cálculo das lâminas médias (e o método de Thiessen facilita enormemente os cálculos), mas também a distribuição espacial das chuvas ao longo do tempo.

Os hietogramas de cada posto de observação e o conhecimento das evoluções meteorológicas permitem, mediante a aplicação dos métodos de ponderação anteriormente referidos, obter as informações necessárias à análise da distribuição no tempo e no espaço. As grandes e pequenas bacias devem ser encaradas de forma diversa sob esse aspecto.

a) *Grandes bacias*. Para cada precipitação intensa dever-se-ia determinar relações (curvas) entre a altura pluviométrica média, a superfície e a duração (levando-se em conta eventualmente também a freqüência). Pelos métodos já citados é possível obter essas relações, sendo necessário porém, um conhecimento muito detalhado das precipitações e um trabalho de síntese considerável. Por isso só raramente têm sido elaborados estudos desse gênero (principalmente os Estados Unidos). Em curvas assim obtidas constata-se que a altura pluviométrica média decresce à medida que aumenta a área e que esse decréscimo é tanto mais sensível quanto maior a duração considerada. De um grande número de observações, Horton concluiu a seguinte fórmula:

$$h = h_o \, e^{-KA^n}$$

que daria a altura média, h, em função da altura máxima observada, h (no centro da precipitação) e da área A, com K e n constantes para cada duração e freqüência considerada.

b) *Pequenas bacias*. Como a distribuição irregular das intensidades é mais sensível nesse caso, os aspectos particulares anteriormente mencionados têm maior importância para as pequenas bacias, porém somente podem ser devidamente analisados mediante uma rede bastante densa de pluviógrafos, os quais devem ser perfeitamente sincronizados entre si.

Segundo Fruhling, a intensidade das precipitações muito intensas decresce em função da distância ao centro da precipitação, segundo uma lei parabólica da forma $i = i_o (1 - 0,009\sqrt{D})$, onde i é a intensidade à distância D (em metros) do centro da precipitação onde ocorre i_o; esssa lei, porém, não tem sido bem verificada, sobretudo para $D > 3$ km.

Segundo o engenheiro francês Caquot, "sabemos somente que o volume de água precipitado sobre uma região entre dois instantes considerados, não é proporcional à superfície. Se representarmos a área (em hectares) por A, pode-se escrever que o volume de água precipitado por minuto (em metros cúbicos) é igual a 10 $hA\alpha$, sendo h a precipitação em um ponto considerado e α um coeficiente menor que um, que diminui quando A aumenta". Segundo ainda o mesmo autor, α poderia ser expresso por $\alpha = A^{-0,178}$ (em um caso particular).

Figura 5.27 Estação pluviométrica, mostrando, em primeiro plano, um pluviógrafo e, ao fundo, no centro, um pluviômetro. (Cortesia da Companhia Energética de São Paulo CESP)

REFERÊNCIAS BIBLIOGRÁFICAS

ALCÂNTARA, V.M.A. de e LIMA, A.R. "Estudo hidrológico das chuvas no Jardim Botânico, Rio de Janeiro". Memória apresentada no I Congresso Brasileiro de Engenharia Sanitária, Rio de Janeiro, 1960.

FREITAS, A.J. e CARVALHO DE SOUZA, A.A. *Equação das chuvas intensas em Belo Horizonte*, II Simpósio Brasileiro de Hidrologia, Porto Alegre, 1972.

KAZMANN, R.G. *Modern Hydrology*. Nova Iorque, Harper & Row, Publishers. 1965.

OCCHIPINTI, A.G. e SANTOS, P.M. dos. *Relações entre as precipitações máximas de um dia e de 24 horas na cidade de São Paulo*. São Paulo, Instituto Astronômico e Geofísico, USP, 1966.

PFAFSTETTER, O. *Chuvas intensas no Brasil*. Rio de Janeiro, Departamento Nacional de Obras de Saneamento, Ministério de Viação e Obras Públicas, 1957.

SERRA, A. *Atlas climatológico do Brasil*. Rio de Janeiro, Serviço Nacional de Meteorologia do Ministério da Agricultura.

SOUZA, P.V.P. de. "Possibilidades pluviais de Curitiba em relação a chuvas de grande intensidade". In *Revista Técnica*, n.º 27, julho, 1955.

6
Evapotranspiração

6.1 GENERALIDADES

Dá-se o nome de *evaporação* ao conjunto dos fenômenos físicos que transformam em vapor a água precipitada sobre a superfície do solo e a água dos mares, dos lagos, dos rios e dos reservatórios de acumulação.

Chama-se *transpiração* o processo de evaporação decorrente de ações fisiológicas dos vegetais. Por meio de suas raízes, os vegetais retiram do solo a água necessária às suas atividades vitais, restituindo parte dela à atmosfera em forma de vapor, que se forma na superfície das folhas.

Costuma-se denominar *evapotranspiração* o conjunto de processos físicos e fisiológicos que provocam a transformação da água precipitada na superfície da Terra em vapor.

6.2 GRANDEZAS CARACTERÍSTICAS

Constituem grandezas características da evapotranspiração:

a) *Perdas por evaporação* ou por *transpiração*: quantidade de água evaporada (ou transpirada) por unidade de área horizontal durante um certo tempo. Essa grandeza costuma ser medida em mm.

b) *Intensidade de evaporação* ou de *transpiração*: rapidez com que se processa o fenômeno de evaporação ou de transpiração. Essa grandeza é expressa comumente em mm/hora ou mm/dia.

6.3 FATORES INTERVENIENTES

Os fatores que intervêm na intensidade de evaporação podem ser agrupados em duas categorias distintas: os relativos à atmosfera ambiente, e os referentes à própria superfície evaporante.

Os primeiros caracterizam o estado da atmosfera na vizinhança da superfície evaporante e estão assim relacionados ao que se denomina o *poder evaporante da atmosfera*. Os segundos caracterizam o estado da própria superfície evaporante (superfície de água livre, solo nu, vegetação etc.) e sua aptidão para alimentar a evaporação.

Diversas tentativas têm sido feitas para relacionar o poder evaporante da atmosfera a vários fatores meteorológicos, tais como: temperatura, insolação, grau de umidade relativa do ar atmosférico, velocidade e turbulência do vento, pressão barométrica etc. Na realidade, a maior parte desses parâmetros está em estreita interdependência, de forma que os mais importantes dentre eles (ou os mais fáceis de serem medidos) podem aparecer isolados nas fórmulas simplificadas utilizadas na prática. O que interessa comumente nas aplicações é a *evaporação média* sobre extensas superfícies e durante longos períodos de tempo.

A influência relativa dos vários fatores somente pode ser estabelecida através do balanço de energia e das equações das quantidades de movimento das massas fluidas em jogo. Os dois principais fatores que condicionam o poder evaporante da atmosfera são o grau de umidade relativa do ar e a velocidade do vento.

6.3.1 Grau de umidade relativa do ar atmosférico

Como foi visto, o grau de umidade relativa do ar atmosférico pode ser definido como a relação entre a quantidade de vapor de água presente e a quantidade de vapor de água que o mesmo volume de ar conteria se estivesse saturado, expresso em porcentagem.

Quanto maior o grau de umidade, menor a intensidade de evaporação. O fenômeno é regulado pela lei de Galton:

$$E = C\,(p_o - p_a)$$

onde E é a intensidade de evaporação, C a constante que depende de outros fatores intervenientes na evaporação, p_o a pressão de saturação do ar à temperatura da água, e p_a a pressão do vapor de água no ar atmosférico.

O valor da pressão p_a de vapor no ar ambiente é determinado pelo estado higrométrico do ar, que pode ser medido por higrômetros e psicrômetros.

6.3.2 Vento

O *vento* intervém ativamente no fenômeno da evaporação, aumentando a intensidade desta por afastar da proximidade das superfícies de evaporação as massas de ar de elevado grau de umidade.

EVAPOTRANSPIRAÇÃO   179

Tabela 6.1 Pressões de saturação (p_o) do vapor de água em função da temperatura

Temperatura (°C)	Pressão de vapor (em atm)	Pressão de vapor (em mH_2O)
0	0,006	0,06
5	0,008	0,08
10	0,012	0,12
15	0,017	0,18
20	0,023	0,25
25	0,032	0,33
30	0,042	0,43
40	0,073	0,76

6.3.3 Temperatura

Um aumento de temperatura influi favoravelmente na intensidade de evaporação porque torna maior a quantidade de vapor de água que pode estar presente no mesmo volume de ar, ao se atingir o grau de saturação do ar. Pela Tab. 6.1 pode-se verificar que, para cada 10 °C de elevação de temperatura, a pressão do vapor de água de saturação torna-se aproximadamente o dobro.

6.3.4 Radiação solar

O calor radiante fornecido pelo Sol constitui a energia motora do ciclo hidrológico.

6.3.5 Pressão barométrica

A intensidade da evaporação é maior em altitudes elevadas; a influência da pressão é, entretanto, discreta.

6.3.6 Salinidade da água

A intensidade da evaporação reduz-se com o aumento do teor de sal na água. Em igualdade de condições há uma diminuição de 2% a 3% ao se passar da água doce para a água do mar.

6.3.7 Evaporação na superfície do solo

Para um valor determinado do poder evaporante da atmosfera, a taxa de evaporação de um solo é função da quantidade de água contida na camada superficial do solo e da facilidade de substituição desta pela água proveniente do lençol freático. Em outras palavras, a evaporação na superfície do solo depende dos fatores anteriormente enunciados e mais da umidade e da natureza do próprio solo.

6.3.8 Transpiração

A transpiração é função do poder evaporante da atmosfera e, portanto, da umidade relativa do ar, da temperatura e da velocidade do vento, principalmente. A luz,

180   *HIDROLOGIA*

o calor e uma grande umidade do ar abrem os poros das folhas e influem assim favoravelmente sobre a transpiração. A intensidade da transpiração é também afetada pela umidade do solo na zona das raízes e, em conseqüência, depende da natureza do solo, à sua umidade, ao nível do lençol freático e ao regime das precipitações.

Finalmente, nas mesmas condições atmosféricas e no mesmo terreno, a transpiração de uma planta depende de sua espécie, de sua idade e do desenvolvimento de suas folhas.

6.4 INSTRUMENTOS DE MEDIDA DO PODER EVAPORANTE DA ATMOSFERA

A avaliação direta do poder evaporante da atmosfera é feita pela medida das taxas de evaporação em pequenas superfícies de água calma (evaporímetros), ou em superfícies úmidas de papel-filtro (evaporímetro Piche) ou de porcelana porosa (atmômetro Livingstone).

Os evaporímetros são recipientes achatados, em forma de bandeja, de seção circular ou quadrada, cheios de água até uma determinada altura; são instalados sobre o terreno próximo a massa de água cuja evaporação se quer medir, ou sobre a própria massa de água, constituindo, nesse caso, medidores flutuantes.

Dimensões usuais:
— diâmetro do círculo ou lado do quadrado: de 0,90 a 1 m
— altura do recipiente: 0,25 a 1 m
— altura livre do recipiente acima da superfície da água: 0,05 a 0,10 m

Acessórios:
— aparelhos para a determinação concomitante de temperatura, precipitação, vento e umidade.

Problemas:
— A evaporação é apreciavelmente afetada pela forma e dimensões do evaporímetro e pela disposição ou colocação do mesmo parcialmente submerso na água ou assentado no terreno.
— Precisa-se estudar a correlação dos resultados fornecidos pelos diversos tipos de medidores.
— Há a possibilidade da formação de película de poeira ou de óleo devida à secreção de insetos; da perda de água, causada por pássaros que venham a se banhar no recipiente e pelo sombreamento parcial causado por dispositivo de proteção contra pássaros.

É muito comum nos Estados Unidos o evaporímetro conhecido como Colorado. Ele tem a forma de um paralelepípedo cuja seção reta é um quadrado de 0,914 m de lado e a altura de 0,462 m; é enterrado no solo de modo que as arestas superiores fiquem a 0,10 m acima da superfície do terreno. O nível de água no aparelho é mantido aproximadamente no mesmo nível do solo.

EVAPOTRANSPIRAÇÃO   181

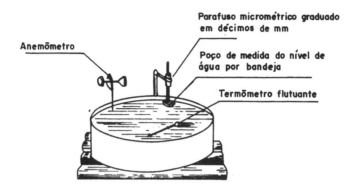

Figura 6.1 Evaporímetro tipo A do U.S. Weather Bureau. *Dimensões:* diâmetro da bandeja: 121,5 cm; altura da bandeja: 25,4 cm; nível de água mantido a 5 cm da borda; altura do fundo do aparelho sobre o solo: 15 cm

Evaporímetros flutuantes são às vezes utilizados para estudar a evaporação dos lagos e dos rios; entretanto, as dificuldades de instalação e de operação fazem com que os hidrólogos prefiram evaporímetros instalados nas margens.

Deve-se observar que os evaporímetros colocados acima do solo indicam intensidades de evaporação maiores que os aparelhos enterrados, devido ao aquecimento das paredes pelos raios solares e pelo ar ambiente.

Evaporímetro Piche

É constituído de um tubo cilíndrico de vidro, de 25 cm de comprimento e 1,5 cm de diâmetro (Fig. 6.2). O tubo é graduado e fechado em sua parte superior; a abertura inferior é tampada por uma folha circular de papel-filtro padronizado (de 30 mm de diâmetro e de 0,5 mm de espessura) fixada por capilaridade e pressionada por uma mola. O aparelho é previamente enchido de água destilada; essa água se evapora progressivamente pela folha de papel-filtro, e a diminuição do nível de água no tubo permite calcular a taxa de evaporação.

O processo de evaporação está relacionado ao déficit higrométrico do ar, e o aparelho não leva em devida conta a influência da insolação, principalmente porque costuma ser instalado debaixo de um abrigo para proteger o papel-filtro contra ação da chuva. A relação entre as evaporações anuais medidas em um mesmo ponto em um evaporímetro de bandeja de água e em um tipo Piche é bastante variável. Os valores médios dessa relação estão compreendidos entre 0,45 e 0,65.

Atmômetro Livingstone

Basicamente constituído de uma esfera oca de porcelana porosa de aproximadamente 5 cm de diâmetro e de 1 cm de espessura; essa esfera, que é cheia de água destilada, se comunica com uma garrafa contendo também água destilada que assegura o enchimento permanente da esfera e permite a medida do volume evaporado.

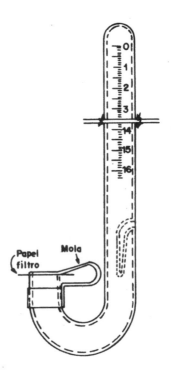

Figura 6.2 Evaporímetro Piche

6.5 FÓRMULAS EMPÍRICAS PARA O CÁLCULO DO PODER EVAPORANTE DA ATMOSFERA A PARTIR DE DADOS METEOROLÓGICOS

A maioria das fórmulas empíricas baseia-se na lei de Dalton; por meio de observações em recipientes medidores têm-se determinado expressões particulares para a constante C dessa lei, expressões essas dependentes de fatores locais e de condições meteorológicas facilmente mensuráveis.

Exemplos de fórmulas

- **Fórmula de Rohwer**
  (Bureau of Agricultural Engineering, U.S. Dept. of Agriculture, 1931)

$$E = 0,771 (1,465 - 0,0186B) (0,44 - 0,118w) (p_o - p_a)$$

onde:

E = intensidade de evaporação (em polegadas/dia);

B = pressão barométrica (em polegadas de mercúrio, a 32 °F);

EVAPOTRANSPIRAÇÃO 183

w = velocidade do vento à superfície do solo (em milhas/hora);

p_o = pressão máxima do vapor à temperatura da água (em polegadas de mercúrio);

p_a = pressão efetiva do vapor de água no ar atmosférico (em polegadas de mercúrio).

- **Fórmula de Meyr**
(Minnesota Resources Commission, 1942)

$$E = c \left(1 + \frac{w}{10}\right)(p_o - p_a)$$

onde:

E = intensidade de evaporação (em polegadas) para uma dada unidade de tempo;

c = coeficiente que depende da unidade de tempo adotada e da profunidade da massa líquida [para períodos de 24 horas: $c = 0,36$ para lagos e reservatórios comuns (profundidade média em torno de 25 pés); $c = 0,50$ para superfícies úmidas do solo e vegetação, para pequenas massas de água e para recipientes de água rasos e expostos inteiramente];

w = velocidade do vento (em milhas/hora) medida a cerca de 25 pés acima da superfície do solo;

p_o = pressão de saturação do vapor à temperatura da água (em polegadas de mercúrio);

p_a = pressão efetiva do vapor de água no ar atmosférico a cerca de 25 pés acima da superfície do solo (em polegadas de mercúrio).

- **Fórmula dos serviços hidrológicos da URSS**

$$E = 0,15n \,(1 + 0,072w)(p_o - p_a)$$

onde:

E = intensidade de evaporação (em mm/mês);

n = número de dias do mês considerado;

w = velocidade média do vento (em m/s) medida a cerca de 2 m acima da superfície da água;

p_o = pressão de saturação do vapor à temperatura da água (em milibares);

p_a = pressão efetiva do vapor de água no ar atmosférico a cerca de 2 m acima da superfície do solo (em milibares).

Para grandes reservatórios sazonais, o coeficiente 0,15 dessa fórmula deve ser substituído por 0,13.

Fórmula de Fitzgerald

$$E = 12 (1 + 0,31w) (p_o - p_a) \qquad \text{(em mm/mês)}$$

A notação é a mesma da fórmula anterior, p_o e p_a medidos em mm/mercúrio e w em km/hora.

Fórmula de Vermuele

$$E = (1 + 0,75T) (3,94 + 0,0016h)$$

onde:

E = intensidade de evaporação (em mm/mês);

T = temperatura média anual (em °C);

h = altura pluviométrica anual (em mm).

6.6 ESTIMATIVAS DE PERDAS POR EVAPORAÇÃO BASEADAS EM MEDIDAS FEITAS EM EVAPORAMENTO

O coeficiente de um evaporímetro é o número pelo qual se deve multiplicar a intensidade de evaporação medida nesse aparelho para se obter a intensidade de evaporação de uma massa líquida submetida às mesmas condições atmosféricas.

Esse coeficiente varia de acordo com o tipo de evaporímetro e também de acordo com as características da superfície líquida; entretanto, quando se trata de avaliar a evaporação anual, a influência das características da superfície líquida pode ser desprezada.

A título informativo, são indicados os valores médios anuais dos coeficientes admitidos para os diferentes tipos de evaporímetros usados nos Estados Unidos:

Evaporímetro tipo A do U. S. Weather Bureau	0,7 (variável de 0,6 a 0,8)
Evaporímetro Colorado enterrado	0,8 (variável de 0,75 a 0,85)
Evaporímetro Colorado flutuante	0,8 (variável de 0,70 a 0,82)

Para os evaporímetros instalados pela Eletropaulo nos reservatórios de Guarapiranga e Billings, nas proximidades da Capital paulista, os coeficientes médios anuais oscilam em torno do valor 0,8.

6.7 REDUÇÃO DA EVAPORAÇÃO NAS SUPERFÍCIES DE RESERVATÓRIOS DE ACUMULAÇÃO

Nas regiões semi-áridas, a evaporação, que pode atingir aproximadamente 2 m de água por ano, diminui muito as possibilidades de utilização da água para o abastecimento e a irrigação.

EVAPOTRANSPIRAÇÃO 185

Nos Estados Unidos e na India, foram feitas experiências em escala semi-industrial para se diminuir as intensidades de evaporação nas superfícies dos grandes reservatórios de acumulação, tendo sido conseguidas reduções de 10% a 60%. Isso foi obtido com a formação na superfície da água de uma "película monomolecular" de certos corpos orgânicos de cadeia longa, como o hexadecanol, capaz de dar uma tênue e invisível camada de espessura da ordem de 10^{-8} mm, apresentando notável tensão superficial, sem efeito nocivo sensível sobre o potencial biológico da massa de água.

A Eletropaulo tem medidas diárias da evaporação sobre a superfície dos reservatórios Guarapiranga e Billings abrangendo um período de mais de quarenta e cinco anos. A Tab. 6.2 dá idéia da ordem de grandeza dessas perdas por evaporação, com as perdas mensais em dois anos característicos, um de evaporação considerada baixa (1930) e outro de evaporação grande (1941).

Tabela 6.2

Meses	Perdas mensais por evaporação (mm)	
	1930	1941
Janeiro	84,0	116,4
Fevereiro	69,6	135,6
Março	112,8	98,4
Abril	61,2	97,2
Maio	63,6	104,4
Junho	53,8	72,0
Julho	50,4	58,8
Agosto	50,4	63,6
Setembro	56,4	63,6
Outubro	56,4	87,6
Novembro	80,4	87,6
Dezembro	64,8	74,4
Total anual	808,8	1 059,6

6.8 ANÁLISE DOS DADOS, APRESENTAÇÃO DE RESULTADOS E PREVISÃO DAS PERDAS POR EVAPORAÇÃO

a) Os dados colhidos são submetidos a um tratamento estatístico preliminar idêntico ao indicado no estudo das precipitações.

b) A apresentação dos resultados faz-se sob a forma de Tabela de Evaporação Registrada nos Recipientes Medidores. Os resultados devem vir acompanhados de indicações sobre os medidores para o estudo das correlações.

c) Traçado das curvas de iguais perdas de evaporação médias, diárias, mensais, sazonais e anuais.

d) Estimativa da perda por evaporação que se deve esperar em um determinado intervalo de tempo. Esse problema é resolvido pela análise estatística da distribuição dos dados observados.

6.9 EVAPORAÇÃO EM SOLO SEM VEGETAÇÃO

Comumente, as superfícies líquidas permanentes cobrem parte muito pequena da área das bacias hidrográficas, de forma que a evaporação dos solos e a transpiração dos vegetais são os fatores que condicionam a evapotranspiração de uma bacia. Já vimos que a umidade superficial de um solo depende não somente do poder evaporante da atmosfera e da natureza do solo, mas também da posição relativa do lençol freático.

Na prática há dois casos a distinguir:

a) *O lençol freático é vizinho da superfície do solo.* Se a zona de saturação atingir a superfície do solo, a taxa de evaporação atinge seu valor máximo, condicionado pelo poder evaporante da atmosfera e pelas características do solo. Nesse caso, o movimento ascendente da água do lençol freático através da franja capilar é suficiente para manter a saturação da superfície. Se por uma razão qualquer, o lençol freático se abaixa de forma que a camada superficial não mais se situe na zona de saturação, mas sim na de aeração, a taxa de umidade na superfície não será mais a de saturação; também o movimento ascendente da água a partir do lençol será amortecido nas vizinhanças da superfície do solo pelo ar que então enche parte dos vazios intersticiais do terreno. A taxa de evaporação pode mesmo tornar-se extremamente pequena se o lençol freático abaixar-se ainda mais, a menos que a camada superficial seja umedecida por precipitações. É o que ocorre com freqüência nas regiões áridas e semi-áridas.

b) *O lençol freático não é vizinho da superfície do solo.* Nesse caso, a evaporação do solo somente pode ser alimentada pelas águas de chuva infiltradas à pequena profundidade. A não ser logo após precipitações muito abundantes ou na vizinhança da superfície de solos muito pouco permeáveis, a saturação não é mais atingida. A evaporação é limitada à quantidade de chuva infiltrada à pequena profundidade no terreno.

6.9.1 Medida da evaporação neste caso

Os dispositivos experimentais utilizados podem ser classificados em três categorias:

a) lisímetro;

b) superfície natural de evaporação;

c) caixa coberta de vidro.

6.9.1.1 Lisímetro

Um *lisímetro* é constituído basicamente de uma cuba estanque enterrada, de paredes verticais, aberta em sua parte superior e cheia do terreno que se quer estudar. A superfície da amostra do solo é assim submetida aos agentes atmosféricos (medidos em posto meteorológico vizinho) e recebe as precipitações naturais, medidas por um pluviômetro. O solo contido no lisímetro é drenado no fundo da cuba, medindo-se a água assim recolhida. Em alguns lisímetros medem-se também a umidade e a temperatura do solo em diferentes profundidades.

Conjuntos de lisímetros com solo nu ou plantado com diversos vegetais têm sido empregados de há muito nos Estados Unidos para estudos hidrológicos e agronômicos (Fig. 6.3). Nos aparelhos comuns medem-se as quantidades de água recolhidas pelo dreno e os intervalos de tempo que separam a queda da chuva e a drenagem. A evaporação E do solo durante um período determinado pode ser calculada, conhecendo-se as precipitações P desse período, a drenagem correspondente Q e a variação ΔR da quantidade de água acumulada no lisímetro, através da *equação do balanço hidrológico*:

$$E = P - Q + \Delta R$$

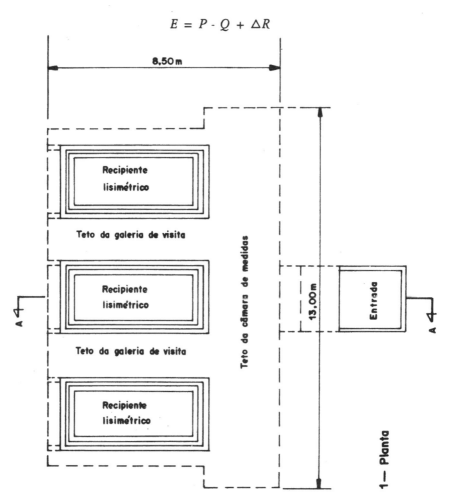

Figura 6.3 Conjunto de lisimetros da estação de Coshocton (Ohio) do Serviço de Conservação dos Solos dos Estados Unidos

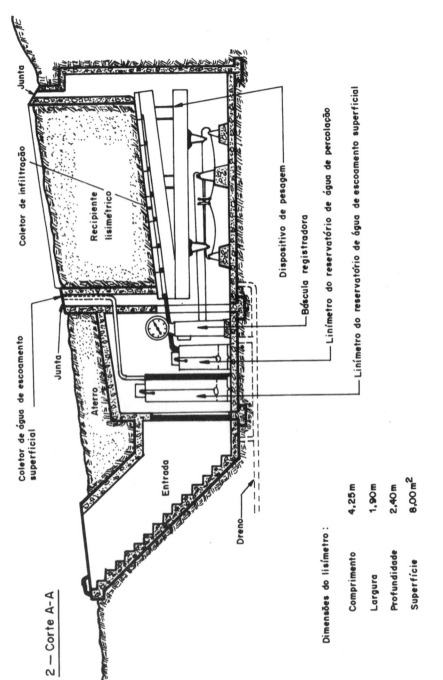

Figura 6.3 (Continuação)

EVAPOTRANSPIRAÇÃO

A variação ΔR da retenção pode ser avaliada pelas medidas da umidade do solo a diferentes profundidades. Entretanto, como essas medidas não são muito precisas, na maioria das vezes contenta-se em determinar a evaporação em períodos suficientemente longos para que ΔR seja desprezível face a E. Em geral, as medidas se referem a períodos de no mínimo duas semanas, e mais freqüentemente de um mês.

6.9.1.2 Superfície natural de evaporação

Escolhe-se uma área plana, de algumas centenas de m^2 de terreno nu, homogêneo na superfície e em profundidade. Medem-se as precipitações e a umidade do solo em diversos pontos e em difernetes profundidades; daí se deduz a variação da reserva de água subterrânea, e, conhecida a precipitação, deduz-se a própria evaporação por intermédio da equação do balanço hidrológico.

Esse método tem, sobre o dos lisímetros, a vantagem de ser aplicado a um terreno que se acha nas condições naturais. Não obstante, salvo casos particulares, os movimentos das águas subterrâneas através dos limites do terreno considerado introduzem, com freqüência erros difíceis de serem avaliados, o que obriga, para maior precisão a construção de paredes de concreto contornando o perímetro do terreno e com profundidade suficiente para atingir a camada impermeável subjacente.

6.9.1.3 Caixa coberta de vidro

Trata-se de uma caixa metálica sem fundo e com cobertura inclinada de vidro. A água que se evapora do solo se condensa sobre o vidro e desliza, por uma pingadeira, para uma vasilha de medição.

As condições que regulam a evaporação dentro da caixa não são as mesmas da atmosfera livre, exigindo a determinação de coeficientes de correlação.

6.9.2 Resultados das medidas de evaporação neste caso

Inúmeras medidas de evaporação têm sido efetuadas em diversos tipos de solos, sujeitos a climas extremamente variáveis e com diferentes condições de umidade, permitindo apresentar as observações gerais que se seguem.

Evaporação em solos continuamente saturados

Para um solo determinado e para o mesmo poder evaporante da atmosfera, a evaporação atinge seu máximo quando o terreno estiver inteiramente saturado. É comum comparar a evaporação de um solo saturado com a de uma superfície de água submetida às mesmas condições atmosféricas e estabelecer coeficientes de correlação, válidos para valores médios calculados em intervalos de tempo suficientemente longos.

Evaporação em solos não-saturados

Para o mesmo poder evaporante da atmosfera, a evaporação de um solo não-saturado é inferior à do mesmo solo quando saturado.

Se não houver lençol freático próximo à superfície do solo, a camada superficial é umedecida somente pelas precipitações. Nesse caso, a taxa de evaporação depende simultaneamente do poder evaporante da atmosfera e do regime de precipitações.

Tem sido verificado que as taxas de evaporação em terrenos nus sem lençol freático variam muito pouco com as características do solo, salvo alguns casos extremos. Isso permite atribuir um certo caráter de generalidade aos diferentes resultados obtidos, possibilitando o estabelecimento de fórmulas de evaporação em solos nus. Por exemplo, o TURC do Centro Nacional de Pesquisas Agronômicas da França, propôs a seguinte fórmula que parece dar resultados satisfatórios para a evaporação num período de 10 dias:

$$E = \frac{P + S}{1 + \left(\dfrac{P + S}{L}\right)^2}$$

com $L = \dfrac{1}{16} \left(T + 2\sqrt{I}\right)$ e onde:

E = evaporação em dez dias (em mm);

P = precipitação em dez dias (em mm);

S = quantidade de água com possibilidade de ser evaporada em dez dias em seguida às precipitações (S varia de 10 mm, em solo úmido, a 1 mm, em (solo seco);

T = temperatura média do ar (em °C);

I = radiação solar global (em cal/cm²/dia).

Caso o terreno tenha lençol freático próximo à superfície do solo, este é umedecido pelas precipitações e ao mesmo tempo pela água do lençol freático. A taxa de evaporação passa a ser função do poder evaporante da atmosfera, do regime de precipitações e do nível do lençol freático.

Se o nível de saturação atingir a superfície do solo, a taxa de evaporação coincidirá com a do terreno saturado; se o lençol freático estiver tão profundo que o limite superior da zona de aeração não atinja a camada superficial, tudo se passará como se não existisse lençol freático.

No caso de o limite superior da zona de aeração atingir a camada superficial, observam-se taxas de evaporação compreendidas entre a taxa máxima correspondente à saturação e a mínima correspondente ao solo sem lençol freático.

Observa-se, por último, que o nível de saturação ultrapassa o nível do lençol medido em um poço de uma altura igual à altura capilar do solo considerado. Essa altura capilar é da ordem de 30 a 60 cm nas areias finas, podendo atingir até 300 cm nas argilas.

6.10 TRANSPIRAÇÃO

Além dos hidrólogos, os botânicos, os agrônomos e os silvicultores têm estudado exaustivamente a transpiração dos vegetais, principalmente para determinar as necessidades de água em culturas irrigadas.

EVAPOTRANSPIRAÇÃO

6.10.1 Medida da transpiração

Os processos de medida da transpiração podem ser classificados em três categorias:

a) processo baseado na medida direta do vapor de água transpirado;

b) processo baseado na medida da mudança de peso da planta e do terreno que a alimenta;

c) processo baseado na medida da quantidade de água necessária para a alimentação da planta e de sua transpiração (lisímetros).

6.10.2 Resultados das medidas de transpiração

6.10.2.1 Variações diurnas da transpiração

As variações da transpiração durante o dia estão ligadas às variações da temperatura, da umidade e, mais particularmente, da intensidade da luz. A transpiração varia até o pôr-do-sol, aproximadamente como a evaporação de um atmômetro de porcelana porosa; durante a noite a transpiração é praticamente nula, em virtude do fechamento dos poros das folhas, reiniciando-se com o nascer do sol. Cada espécie tem um comportamento particular nesse aspecto.

6.10.2.2 Variações sazonais

Essas variações estão relacionadas com a atividade vegetativa da planta e com as variações do poder evaporante da atmosfera. Se compararmos a transpiração de um solo coberto de vegetação com a evaporação de um espelho de água livre, verificaremos que, no período de crescimento das plantas (meses quentes), a transpiração varia aproximadamente como a evaporação; ao contrário, nos meses frios, depois da morte das plantas anuais ou da queda das folhas das plantas interanuais, a transpiração praticamente cessa, ao passo que a evaporação continua, embora reduzida por causa da diminuição do poder evaporante da atmosfera.

6.10.2.3 Variações interanuais

O período de maior crescimento das plantas corresponde aos meses de grande evaporação; as variações interanuais da transpiração seguem de perto as variações interanuais da evaporação de uma superfície líquida submetida às mesmas condições climáticas.

6.10.2.4 Influência da umidade do solo

As observações anteriores valem somente quando as plantas são alimentadas por água de modo suficiente. As variações da transpiração em função da pluviosidade e do nível do lençol freático são análogas às da evaporação do solo nu em função dos mesmos fatores. Entretanto, como a camada de terra na qual as raízes captam a água é em geral mais espessa que a camada superficial na qual se processa a evaporação direta do solo, a transpiração é geralmente menos sensível ao regime das precipitações.

Com exceção de algumas espécies, as plantas morrem quando suas raízes se encontram em solo saturado. A saturação completa e prolongada do solo interrompem a transpiração, mas permitem taxas de evaporação máximas para um solo nu.

6.10.2.5 Expressões das transpirações anuais

As quantidades de água transpiradas pelas plantas podem ser expressas:

a) *em altura de água*, ou seja, em volume de água relacionado à superfície do terreno coberto de vegetação;

b) em *taxa de transpiração*, a qual pode ser definida como a relação entre o peso da água absorvida, veiculada pelas plantas durante seu período de vegetação, e o peso de matéria seca produzida, excluídas geralmente as raízes. De certa forma, essa taxa mede o rendimento com o qual a planta utiliza a água. Claro é que para uma mesma espécie esse rendimento varia muito com o clima, a umidade, a fertilidade natural ou artificial do solo etc.

6.10.3 Necessidade de água consumida pelas plantas cultivadas

A estimativa da necessidade de água consumida pelas plantas cultivadas é um dos elementos essenciais no estudo de projetos de irrigação. Especialistas norte-americanos têm realizado experiências numerosas para determinar a quantidade de água consumida pelas plantas (*consumptive use*, uso consuntivo).

O *uso consuntivo* é igual à soma da água absorvida no desenvolvimento dos vegetais mais a água evaporada pela superfície do solo no qual os vegetais estão cultiva-

Figura 6.4 Estação evaporizadora, mostrando, em primeiro plano, um evaporímetro e, ao fundo, um evaporógrafo (cortesia da Companhia Energética de São Paulo - CESP).

EVAPOTRANSPIRAÇÃO

dos. O uso consuntivo não compreende nem as perdas por percolação profunda, nem as perdas por escoamento superficial. Isso quer dizer que o uso consuntivo pode ser assimilado à evapotranspiração ou à evaporação total da área cultivada.

6.11 O DÉFICIT DE ESCOAMENTO

6.11.1 Balanço hidrológico e déficit de escoamento médio anual de uma bacia

Designemos por P a altura pluviométrica média anual sobre uma bacia hidrográfica (módulo ou índice pluviométrico); e Q a altura média anual da lâmina de água que, uniformemente distribuída sobre toda a bacia hidrográfica, representaria o volume total escoado pelo curso de água principal da bacia. Tanto P como Q costumam ser expressos em mm e não determinados com base no maior número possível de anos de observação.

Por definição, chama-se *déficit de escoamento médio anual* a diferença:

$$D = P - Q$$

O balanço de escoamento de uma bacia hidrográfica num período determinado pode ser esquematizado do seguinte modo:

Ativo			Passivo	
Precipitações		P	Escoamento do período considerado	Q
Reservas provenientes de períodos precedentes (águas subterrâneas)			Evapotranspiração no período considerado	E
			Reservas acumuladas no fim do período considerado	$R + \Delta R$
Total do ativo		$P + R$	*Total do passivo*	$Q + E + (R + \Delta R)$

Balanço hidrológico

$$P + R = Q + E + (R + \Delta R)$$

Do balanço hidrológico, pode-se observar que, se ΔR for nulo (mesmo valor das reservas no início e no fim do período considerado) ou desprezível face a P e Q (período de observação de longa duração), ter-se-á:

$$E = P - Q$$

isto é, o *déficit de escoamento médio para um período de longa duração* (em particular para o ano hidrológico) *mede sensivelmente a evapotranspiração da bacia.*.

194   *HIDROLOGIA*

O interesse prático do déficit de escoamento está em que o seu valor médio referente a um longo período (um ou mais anos) varia relativamente pouco para as grandes bacias hidrográficas. Torna-se então possível, com o conhecimento da altura média anual das precipitações caídas sobre uma bacia, estimar, em primeira aproximação,
a vazão média anual do curso de água correspondente com a aplicação da fórmula:

$$Q = P - D$$

Essa constância relativa do déficit de escoamento decorre da interação das numerosas variáveis intervenientes, e, aliás, só é verificada nos valores médios referentes a
longos períodos e para bacias hidrográficas de grande extensão; ela não se verifica necessariamente em cada ano hidrológico e muito menos em curtos períodos.

6.11.2 Fórmulas empíricas para o cálculo do déficit de escoamento anual médio em função das precipitações e da temperatura

- **Fórmula de Coutagne**

A análise do balanço hidrológico de numerosas bacias levou Coutagne a propor a
seguinte expressão:

$$D = P - \lambda P^2$$

onde:

$D =$ déficit de escoamento médio anual (em m);

$P =$ altura pluviométrica média anual (em °C);

$T =$ temperatura anual média do ar (em °C).

O parâmetro λ é função da temperatura anual média do ar, T, através da fórmula:

$$\lambda = \frac{1}{0,8 + 0,14\ T}$$

A fórmula de Coutagne é aplicável entre os limites:

$$\frac{1}{8\lambda} < P < \frac{1}{2\lambda}$$

Para $P < \dfrac{1}{8\lambda}$, $D = P$, não havendo praticamente escoamento.

EVAPOTRANSPIRAÇÃO

Para $P > \dfrac{1}{2\lambda}$, D passa a ser praticamente independente de P, e de modo aproximado:

$$D \cong \dfrac{1}{4\lambda} \cong 0,20 + 0,035T$$

É interessante observar que, pela fórmula de Coutagne, $Q = P - D = \lambda P^2$, a vazão média anual de uma bacia hidrográfica varia sensivelmente com o quadrado de seu módulo pluviométrico.

A aplicação da fórmula de Coutagne é facilitada seja com a organização de uma tabela de λ em função da temperatura (Tab. 6.3), seja com um gráfico como o apresentado na Fig. 6.5.

Tabela 6.3 Tabela para o emprego da fórmula de Coutagne

T	λ	Intervalo de aplicação $\dfrac{1}{8\lambda}$	$\dfrac{1}{2\lambda}$	Valor limite de P $\dfrac{1}{4\lambda}$
0	1,250	0,100	0,400	0,200
5	0,667	0,188	0,752	0,376
10	0,455	0,274	1,096	0,548
15	0,345	0,362	1,448	0,724
20	0,278	0,445	1,780	0,890
25	0,232	0,540	2,160	1,080
30	0,200	0,625	2,500	1,250

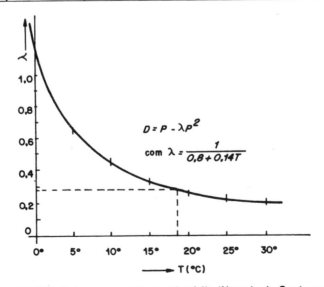

Figura 6.5 Déficit de escoamento anual médio (fórmula de Contagne)

196   *HIDROLOGIA*

Se aplicássemos a fórmula de Coutagne para as bacias hidrográficas dos reservatórios Guarapiranga e Billings, para as quais pode-se adotar $T = 20\ °C$ e $P = 1,50$ m, teríamos:

$$D = 1,50 - 0,278\ (1,5)^2 = 0,875\ m$$

Os limites de aplicação estariam satisfeitos, pois $0,445\ m < P < 1,780\ m$. O valor limite de D seria $0,890\ m$.

• **Fórmula de Turc**

O estudo de 254 bacias hidrográficas situadas nas mais variadas condições climáticas levou Turc a propor a expressão:

$$D = \frac{P}{\sqrt{0,9 + \dfrac{P^2}{L^2}}}$$

onde:

D = déficit de escoamento médio anual (em mm);

P = altura pluviométrica média anual (em mm).

O parâmetro L é definido por

$L = 300 + 25T + 0,05T^3$, sendo T a temperatura média anual do ar, em graus centígrados.

A Fig. 6.6 mostra como o andamento da família de curvas $D = f(P, T)$ é racional. D não pode ser superior a P; a tangente à origem das curvas tem declividade igual à unidade. De outro lado, D não pode ser superior a um certo valor máximo condicionado ao poder evaporante da atmosfera, o qual é uma função crescente de T; as curvas devem ter o trecho final tendendo assintoticamente para retas horizontais.

Também para a aplicação da fórmula de Turc pode-se organizar uma tabela ou um gráfico como os apresentados na Tab. 6.4 e na Fig. 6.6.

Tabela 6.4 Tabela para o emprego da fórmula de Turc

T	T^3	$L = 300 + 25T + 0,05T^3$
0	0	300
5	125	431
10	1 000	600
15	3 375	844
20	8 000	1 200
25	15 625	1 706
30	27 000	2 400

EVAPOTRANSPIRAÇÃO 197

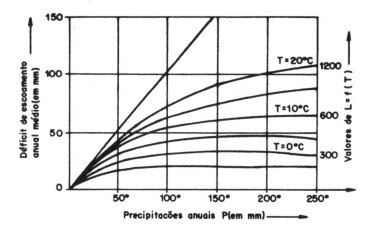

Figura 6.6 Déficit de escoamento anual médio (fórmula de Turc)

A aplicação da fórmula de Turc às bacias hidrográficas dos reservatórios Guarapiranga e Billings (T 20 °C e P = 1 500 mm) daria L = 1 200):

$$D = \frac{1\ 500}{\sqrt{0,9\ (\frac{1\ 500}{1\ 200})^2}} = 956\ \text{mm}$$

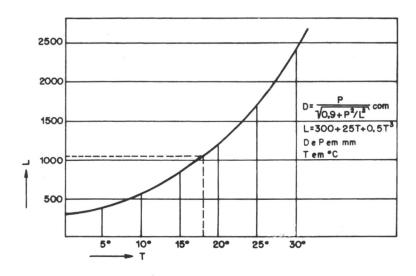

Figura 6.7 Aplicação da fórmula de Turc

REFERÊNCIAS BIBLIOGRÁFICAS

GARCEZ, L.N. *Hidrologia*. São Paulo, Departamento de Livros e Publicações do Grêmio Politécnico, 1961.

LINSLEY, K. e PAULHUS *Applied Hydrology*. Nova Iorque, McGraw-Hill, 1949.

MEYER, A.F. *The elements of Hydrology*. 2. ed., 6. imp. Nova Iorque, John Wiley and Sons, 1946.

RÉMÉNIÉRAS, G. *L'hydrologie de l'ingenieur*. Paris, Eyrolles, 1960. (Coleção do Laboratoire National d'Hydraulique.)

————. *Eléments d'Hydrologie Apliquée*. Paris, A. Colin, 1960.

WISLEY, C.O. e BRATER, E.F. *Hydrology*. Nova Iorque, John Wiley and Sons, 1949.

YASSUDA, E.R. *Hidrologia*. Edição mimeografada de curso ministrado na Faculdade de Higiene e Saúde Pública de São Paulo, 1958.

7
Infiltração

7.1 OCORRÊNCIA

As águas provenientes das precipitações que venham a ficar retidas no terreno ou a escoar superficialmente podem se infiltrar no solo por efeito da gravidade ou de capilaridade, passando a formar a fase subterrânea do ciclo hidrológico.

O fenômeno da infiltração é função das características geológicas do solo, do relevo e dos obstáculos oferecidos ao escoamento superficial, notoriamente do tipo e porte da vegetação da área.

As fases de infiltração de água de chuva no terreno são as seguintes:

a) *Fase de intercâmcio*. Ocorre na camada superficial de terreno, onde as partículas de água estão sujeitas a retornar à atmosfera, seja devido à aspiração capilar provocada pela evaporação à superfície, seja devido ao fenômeno de transpiração das plantas.

b) *Fase de descida*. A ação da gravidade superando a capilaridade, obriga o escoamento descendente da água até atingir camada impermeável;

c) *Fase de circulação*. Saturado o solo, formam-se os lençóis subterrâneos. A água escoa devido à declividade das camadas impermeáveis;

O limite superior dos lençóis não é uma superfície bem delimitada, mas uma verdadeira *franja* — influenciada pela ação da capilaridade. As camadas de terreno em que se dão as fases de intercâmbio e de descida (incluindo a franja de ascensão por capilaridade) são denominadas *zonas de aeração*; aquela em que se desenvolve a fase de circulação é a *zona de saturação*.

7.2 GRANDEZAS CARACTERÍSTICAS

7.2.1 Capacidade de infiltração

É a quantidade de água máxima que um solo, em condições preestabelecidas, pode absorver por unidade de superfície horizontal, durante a unidade de tempo Pode ser medida pela altura de água que se infiltrou, expressa em mm/hora, e é uma grandeza que caracteriza o fenômeno da infiltração em suas fases de intercâmbio e de descida.

7.2.2 Distribuição granulométrica

É a distribuição das partículas constitutivas de solos granulares em função das dimensões das mesmas. Costuma ser representada graficamente pela *curva de distribuição granulométrica* (ver Fig. 7.1); em abscissas figuram (em mm), em escala logarítmica, os tamanhos D das partículas granulares (aberturas de peneiras) e, em ordenadas, as porcentagens acumuladas P, das quantidades (em peso) de grãos de tamanhos menores que aqueles indicados nas correspondentes abscissas D.

Diâmetro efetivo é o tamanho D_{10} igual à dimensão de uma malha que deixa passar 10% em peso do material em exame. *Coeficiente de uniformidade* é a relação entre o tamanho D_{60} (correspondente ao $P = 60\%$), de uma malha que deixa passar 60% em peso do material em exame e o diâmetro efetivo: D_{60}/D_{10}.

7.2.3 Porosidade de um solo

É a relação entre o volume de vazios e o volume total do solo; geralmente é expressa em porcentagem. A porosidade está em relação íntima com a granulometria e com a forma dos grãos.

7.2.4 Velocidade de filtração

É a velocidade média fictícia de escoamento da água através de um solo saturado, considerando-se como seção de escoamento não apenas a soma das seções dos interstícios, mas toda a superfície atuante. Numericamente é igual à quantidade de água que passa através da unidade de superfície de material filtrante durante a unidade de tempo. É expressa em m/s, ou em m/dia, ou em m^3/m^2 dia, ou ainda em mm/s.

7.2.5 Coeficiente de permeabilidade

É a velocidade de filtração da água em um solo saturado, quando se tem um escoamento com perda de carga unitária a uma certa temperatura. Esse coeficiente mede a maior ou menor facilidade que cada solo, quando saturado, oferece ao escoamento da água através de seus interstícios. Ele é expresso em m/dia, cm/s, m^3/m^2 dia. A permeabilidade depende principalmente da porosidade, da granulometria e das formas dos grãos.

INFILTRAÇÃO

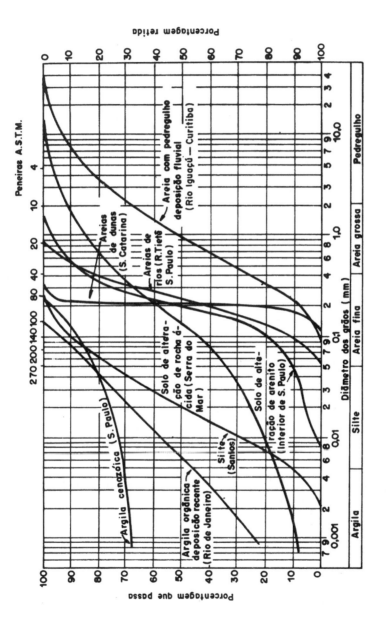

Figura 7.1 Curvas granulométricas de solos brasileiros segundo o Prof. Milton Vargas (in *Revista Politécnica*, n.º 149)

Tabela 7.1 Velocidades médias efetivas em materiais granulares naturais (mm/s)

Tipo do material	Diâmetro dos grãos (mm)	Velocidades médias efetivas	
		$J = 1\%$	$J = 100\%$
Siltes, areia fina, loess	0,005 a 0,25	0,00023	0,23
Areia média	0,25 a 0,50	0,0041	0,41
Areia grossa	0,50 a 2,00	0,022	2,2
Cascalho	2,00 a 10,00	0,106	10,6
Velocidade máxima em cascalho	Diâmetro efetivo = 1,85	0,388	38,8

7.2.6 Suprimento específico

É a quantidade máxima de água que se pode obter de um solo saturado por meio de drenagem natural. Geralmente é expresso em porcentagem do volume de solo saturado.

7.2.7 Retenção específica

É a quantidade de água que fica retida (por adesão e capilaridade) no solo, após este ser submetido a um máximo de drenagem natural. É expressa em porcentagem do volume do solo saturado.

7.2.8 Fatores intervenientes na capacidade de infiltração

Tipo de solo

Quanto maior a porosidade, o tamanho das partículas ou o estado de fissuração, maior a capacidade de infiltração. Geralmente as características presentes numa camada superficial de 1 cm aproximadamente são as que mais influem nessa capacidade.

Os tipos de solo variam entre amplos limites. A sua classificação, de acordo com o diâmetro dos grãos (em mm) obedece a três padrões, conforme indicam os quadros seguintes. O padrão do Massachussets Institute of Technology (M.I.T.) é o mais difundido no Brasil:

- *argilas* — diâmetro das partículas = $D < 0,002$ mm

- *siltes* — diâmetro das partículas = $0,002 < D < 0,06$ mm

- *areias* — diâmetro das partículas = $0,06 < D < 2,00$ mm

- *pedregulhos* — diâmetro das partículas = $D > 2,00$ mm

INFILTRAÇÃO

1 — INTERNACIONAL

2,0   1,0   0,5   0,2   0,1   0,05   0,02   0,006   0,002   0,0006   0,0002

muito grossa	grossa	média	fina	grossa	fina	grossa	fina	grossa	fina	
AREIA				SILTE		ARGILA		ULTRA-ARGILA		

23 — BUREAU OF SOILS USA

2,0   1,0   0,5   0,25   0,1   0,05   0,005

pedregulho fino	areia grossa	areia	areia fina	areia muito fina		
					SILTE	ARGILA

3 — MASSACHUSSETS INSTITUTE OF TECNOLOGY (M.I.T.)

2,0   0,6   0,2   0,06   0,02   0,006   0,002   0,0006   0,0002

grossa	média	fina	grossa	média	fina	grossa	média	fina (coloidal)
	AREIA			SILTE			ARGILA	

7.2.8.1 Cobertura do solo por vegetação

Esse fator aumenta mais ou menos a capacidade de infiltração, dependendo da espécie, estágio de desenvolvimento da vegetação e do tratamento dado ao terreno no caso de áreas cultivadas.

7.2.8.2 Presença de substâncias coloidais

Os solos de granulometria muito fina contêm partículas coloidais que, molhadas, entumescem, reduzindo os interstícios de infiltração da água. Ao secarem, retraem-se, formando fissuras no solo.

7.2.8.3 Grau de umidade do solo

Parcela considerável das águas precipitadas em solo seco é por ele absorvida, em conseqüência da adesão e capilaridade. Por essa razão, um solo que já apresente certa umidade tem, no início de uma precipitação uma capacidade de infiltração menor que a que teria se estivesse seco. A Fig. 7.2 mostra a relação existente entre as várias características do solo.

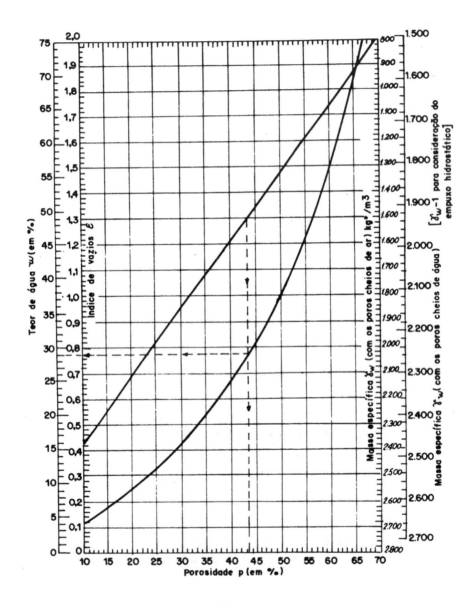

Figura 7.2 Relação entre a porosidade (p), índice de vazios (ε), teor em água (ω) e massa específica aparente (γ) para uma massa específica real do solo de 2650 kg*/m³ (E = p/1-p), segundo o Prof. Milton Vargas.

7.2.8.4 Efeitos da precipitação atmosférica sobre a superfície

Segundo Horton, a curva de variação da capacidade de infiltração durante uma chuva é:

$$f = f_c + (f_0 - f_c) \, e^{-Ft}$$

onde:

f = capacidade de infiltração no instante t;

f_c = capacidade de infiltração final, ou seja, valor para o qual f tende assintoticamente no decorrer do tempo;

f_0 = capacidade de infiltração inicial (valor de f para t = 0);

F = constante;

t = duração da precipitação.

7.2.8.5 Influêcia de outros fatores

a) Ação de animais que escavam o terreno.

b) Presença de ar nas camadas inferiores e necessidade de expulsão do mesmo pela água de infiltração.

c) Temperatura da água, influindo sobre a viscosidade.

7.2.8.6 Determinação da capacidade de infiltração

a) *Infiltrômetro com aplicação de água por inundação.* Usam-se tubos curtos de 250 mm a 1 000 mm de diâmetro, cravados verticalmente no solo, de modo que fique uma pequena altura livre sobre este; a água é aplicada na superfície delimitada pelo tubo, com uma vazão suficiente para manter sobre o terreno uma carga preestabelecida e constante, geralmente 5 a 6 mm. A capacidade de infiltração em um dado instante é obtida pelo quociente entre a vazão de admissão da água e a área de seção do tubo.

b) *Infiltrômetro com aplicação de água por aspersão.* Tem o objetivo de reproduzir aproximadamente a ação de impacto das precipitações sobre a superfície do solo. Delimitam-se áreas de aplicação da água de forma retangular, com lados variando de 0,30 m até 3 m. A água é aplicada por meio de tubos aspersores horizontais, com movimento rotativo ou não. Por meio de aberturas laterais, eflui a água do escoamento superficial, cuja vazão é determinada. A capacidade de infiltração em um dado instante é medida pela diferença entre as vazões de admissão e de efluência superficial dividida pela área de aplicação.

7.2.9 Fatores intervenientes no coeficiente de permeabilidade

Como vimos, a permeabilidade é a propriedade que tem os solos de se deixarem atravessar pela água com maior ou menor dificuldade. O coeficiente de permeabilidade pode ser expresso por meio da conhecida lei de Darcy:

$$Q = KSj = KS\frac{H}{l}$$

onde:

Q = vazão que atravessa a área S de solo considerada;

K = coeficiente de permeabilidade, com dimensões de uma velocidade (LT^{-1});

j = gradiente hidráulico;

H = perda de carga medida entre dois pontos do solo considerado;

l = distância entre os 2 pontos.

A permeabilidade de um solo determinado depende do volume de vazios do mesmo e, portanto, da pressão a que está submetido. Além disso, a permeabilidade dependente da viscosidade da água é função da temperatura. No Brasil é comum adotar 1,5 kg/cm² e 20 °C para a pressão e temperatura. Deve ser recordado que a lei de Darcy pressupõe o escoamento laminar.

Para a determinação experimental de K, nos laboratórios, dois casos são distinguidos:

a) solos muito permeáveis;

b) solos pouco permeáveis.

No caso de solos pouco permeáveis (argilas), prefere-se determinar a permeabilidade pelo ensaio de adensamento, segundo uma técnica especilizada da Mecânica de Solos, introduzida por Terzaghi. Para solos permeáveis, a determinação do coeficiente de permeabilidade costuma ser feita por aparelhos denominados *permeâmetros*, seja de nível constante, seja de nível variável.

Para os permeâmetros de nível constante (Fig. 7.3), chamando de H a sobrepressão da água, de l a espessura da amostra, de S a seção transversal da mesma e de Q a vazão, tem-se:

$$K = \frac{Ql}{SH}$$

Para os permeâmetros de nível variável (Fig. 7.4), levando em conta a variação da sobrepressão da água de H_1 a H_2 (no intervalo de tempo $t_1 t_2$), pode-se demonstrar que:

$$K = \frac{s}{S}\ \frac{l}{t_1 - t_2}\ \log_e \frac{H_1}{H_2}$$

onde valem os mesmos símbolos da fórmula anterior e mais:

s = área da bureta que funciona como reservatório de água.

Para se ter uma idéia da ordem de grandeza dos coeficientes de permeabilidade, são apresentados alguns valores na Tab. 7.2.

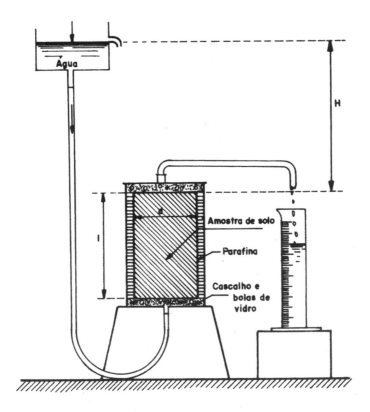

Figura 7.3 Permeâmetro de carga constante

Tabela 7.2 Valores de coeficiente de permeabilidade

Solo	Coeficiente de permeabilidade (K em m/s)
Pedregulho	5×10^{-5} a 5×10^{-2}
Areia grossa	15×10^{-2} a 10^{-3}
Areia fina	10^{-2} a 10^{-3}
Areia de duna	10^{-4} a 10^{-5}
Silte	10^{-5} a 10^{-7}
Argila arenosa	10^{-7} a 10^{-8}
Argila	$< 10^{-8}$

O coeficiente de permeabilidade pode ainda ser obtido ou pela determinação direta da velocidade de escoamento e da perda de carga unitária na própria corrente subterrânea (método de Thiem), ou por ensaios de bombeamento do lençol freático com a aplicação das fórmulas deduzidas na Hidráulica Geral.

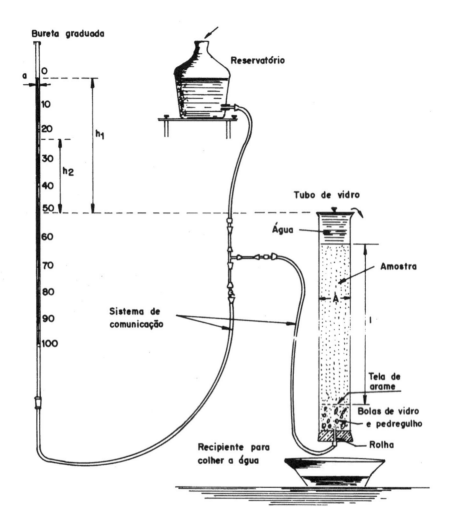

Figura 7.4 Permeâmetro de nível variável

No estágio atual da Hidrologia, os infiltrômetros são considerados mais como processos de avaliação qualitativa do que quantitativa; com os infiltrômetros pode-se examinar o efeito relativo da presença de diversos tipos de solos e dos diversos gêneros de tratamento dos mesmos, mas não é possível determinar-se com precisão satisfatória a vazão de escoamento superficial a ser fornecida por uma bacia hidrográfica.

Observação: Prefere-se determinar a capacidade de infiltração global das bacias hidrográficas pela medida direta das quantidades de água de precipitação e de escoamento superficial fazendo-se o balanço de escoamento, conforme foi visto no Cap. 6 - Evapotranspiração.

REFERÊNCIAS BIBLIOGRÁFICAS

FAIR e GEYER. *Water supply and waste-water disposal*. Nova Iorque, John Wiley and Sons, 1954.

GARCEZ, L.N. *Hidrologia*. São Paulo, Departamento de Livros e Publicações do Grêmio Politécnico, 1961.

NUNES, A.J.C. Curso de palestras sobre Mecânica dos Solos. In *Sanevia* (boletim do Departamento Nacional de Obras de Saneamento), dezembro, 1947.

RÉMÉNIÉRAS, G. *L'hydrologie de l'ingenieur*. Paris, Eyrolles, 1960. (Coleção do Laboratoire National d'Hydraulique.)

WISLEY. C.O. e BRATER, E.F. *Hydrology*. Nova Iorque, John Wiley and Sons, 1949.

YASSUDA, E. *Hidrologia*. Edição mimeografada de curso professado na Faculdade de Higiene e Saúde Pública da Universidade de São Paulo, 1955.

8
Escoamento Superficial

8.1 GENERALIDADES

O escoamento superficial é a fase do ciclo hidrológico que trata do conjunto das águas que, por efeito da gravidade, se desloca na superfície da terra. O estudo do escoamento superficial engloba, portanto, desde a simples gota de chuva que tomba sobre o solo, saturado ou impermeável, e escorre superficialmente, até o grande curso de água que desemboca no mar.

As águas que escoam superficialmente representam uma das nossas maiores riquezas naturais. Sua importância não necessita então ser realçada, bastando lembrar os imensos problemas que afligem as regiões em que este recurso natural é escasso.

Dentro do ciclo hidrológico e com relação à engenharia, o escoamento superficial é uma das fases mais importantes.

8.2 CONSTITUIÇÃO DA REDE DE DRENAGEM SUPERFICIAL

O escoamento superficial é intimamente ligado às precipitações atmosféricas. A análise quantitativa da correlação entre os dois fenômenos, particularmente importante para o estudo da previsão de cheias dos cursos de água, será objeto de estudo posterior. Aqui será indicado o mecanismo de formação do escoamento superficial visando a melhor compreensão do regime dos cursos de água.

8.2.1 Águas livres

Do volume total de água precipitado, parte é interceptada pela vegetação e outros obstáculos e volta à atmosfera por evaporação. Do volume restante que atinge a superfície do solo, uma parte também volta à atmosfera por evaporação do solo e das superfícies líquidas e pela transpiração dos vegetais; outra parte é absorvida por infiltração e o restante escorre livremente pela superfície do terreno, seguindo as linhas de maior declive.

A porcentagem relativa de cada uma destas parcelas é variável no tempo e no espaço. Nota-se, porém, tendência para uma precipitação constante, de aumento da parcela relativa ao escoamento superficial com o passar do tempo, até ser atingido um estado de equilíbrio, a partir do qual a distribuição das diferentes parcelas torna-se praticamente constante.

Na fase inicial da precipitação, o escoamento superficial forma uma película laminar que recobre as pequenas depressões do terreno. Com a continuação do processo, a lâmina superficial vai-se tornando mais espessa, passando a escoar um volume que representa a diferença entre a precipitação total e os volumes retidos, infiltrados, evaporados e acumulados nas depressões. Essas águas, que não têm ainda um caminho preferencial de escoamento, mas tão-somente um sentido de escoamento dado pela linha de maior declive do terreno, são conhecidas como *águas livres*. Seu estudo é importante para o conhecimento do processo de erosão; interessa, sobretudo, à agricultura nos problemas ligados à conservação do solo.

8.2.2 Águas sujeitas

As águas livres vão, pouco a pouco, confluindo para os pontos mais baixos do terreno, passando a escoar em conjunto pelos pequenos canais que formam a *microrrede de de drenagem*. A própria capacidade erosiva das águas tende a aprofundar essas canaletas, fixando, cada vez mais, caminhos preferenciais para o escoamento.

A reunião de diversos desses microcanais dá origem às *torrentes* caracterizadas por um regime de escoamento que acompanha integralmente o regime da precipitação.

As torrentes e as contribuições do escoamento subterrâneo formam, nas calhas coletoras mais profundas, os cursos de água (rios) que apresentam um regime mais ou menos perene, devido à contribuição contínua do aqüífero. Constitui-se dessa forma a rede de drenagem propriamente dita — compreendendo os formadores, subafluentes e afluentes do curso de água principal. Essa rede de drenagem encaminha as águas para seu destino final.

8.3 COMPONENTES DO ESCOAMENTO DOS CURSOS DE ÁGUA

As águas provenientes da precipitação atingem o leito do curso de água por quatro vias diversas: escoamento superficial, escoamento subsuperficial, escoamento subterrâneo e precipitação direta sobre a superfície líquida.

A Fig. 8.1 indica, sumariamente, a repartição das águas meteorológicas durante uma precipitação de intensidade constante, desprezando-se a parcela evaporada, que é insignificante durante a ocorrência da chuva.

A análise dessa figura mostra que o escoamento superficial somente se inicia algum tempo após o início da precipitação, correspondendo o atraso à saturação do terreno e à acumulação nas depressões. O escoamento subsuperficial, que ocorre na camada superior do terreno, depende das condições locais do solo e é difícil de ser isolado do escoamento superficial, sendo, em geral, considerado como escoamento superficial "retardado". As precipitações diretas sobre as superfícies líquidas não têm grande significado para o escoamento total do curso de água e normalmente são também englobadas no escoamento de superfície.

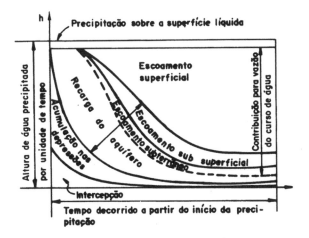

Figura 8.1 Repartição das águas meteorológicas durante uma precipitação de intensidade constante

O escoamento subterrâneo não é muito influenciado pelas precipitações, mantendo-se praticamente constante, garantindo a alimentação do curso de água nos períodos de estiagem.

A análise detalhada de cada um desses tipos de escoamento, conjuntamente com as considerações sobre a velocidade dos mesmos e as distâncias a serem percorridas a partir de diferentes pontos da bacia contribuinte, deveria permitir a determinação do hidrograma numa seção do curso de água, ou seja, a determinação da variação da vazão com o tempo. Na prática, a complexidade dos fenômenos intervenientes impede a determinação direta, que constituiria o balanço hidrológico total. Lança-se mão, então, de processos simplificados e coeficientes experimentais para contornar as dificuldades.

8.3.1 Principais fatores que determinam o afluxo de água a uma seção do rio

De forma genérica e resumida, pode-se indicar os seguintes fatores principais, ligados às características da bacia contribuinte, que influem sobre o afluxo da água a uma seção de drenagem considerada:

a) área e forma da bacia;

b) conformação topográfica da bacia, em particular declividades, depressões acumuladoras e represamentos naturais;

c) condições de superfície do solo e constituição geológica do subsolo (vegetação, capacidade de infiltração, natureza e disposição das camadas geológicas, coeficientes de permeabilidade, situação dos aqüíferos etc.).

214   *HIDROLOGIA*

d) obras de utilização e controle da água a montante: irrigação, drenagem artificial, canalização e retificação dos cursos de água, detenção por represamentos etc.

De forma genérica, pode-se indicar que, mantidas as demais condições, têm-se as seguintes influências:

a) a descarga anual aumenta com o aumento da área da bacia contribuinte;

b) as variações de vazão instantâneas são tanto mais notáveis quanto menor a área da bacia;

c) as vazões máximas instantâneas dependem tanto mais da intensidade da chuva quanto menor for a área da bacia. A medida que se consideram bacias maiores, as chuvas que causam maiores inundações serão aquelas de intensidade menor, porém de duração e área de precipitação maiores;

d) as vazões máximas instantâneas serão tanto maiores para a mesma área contribuinte, e dependerão tanto mais das chuvas de grande intensidade quanto maiores forem as declividades do terreno, menores as depressões detentoras e retentoras, mais retilíneo o curso da água a montante, menor a infiltração, menor a área recoberta por vegetação;

e) o coeficiente de deflúvio (ou de escoamento superficial), definido pela relação entre a vazão total escoada e o volume precipitado num certo intervalo de tempo (ou para uma dada precipitação), será tanto maior quanto menor for a capacidade de infiltração do solo, os volumes acumulados e as detenções de água a montante;

f) o coeficiente, de escoamento em um longo intervalo de tempo (mês, estação, ano) depende, sobretudo, das perdas por evapotranspiração. Para certas naturezas de terreno e disposição de camadas geológicas, a maior capacidade de infiltração poderá ser fator favorável ao aumento do citado coeficiente.

8.4 MEDIDA DO ESCOAMENTO SUPERFICIAL

Quanto à aplicação de interesse da engenharia, importa principalmente conhecer o escoamento superficial que passa por um ponto determinado de um curso de água. Assim sendo, serão considerados somente a medida das águas sujeitas em uma seção alimentada por uma certa área de bacia contribuinte.

8.4.1 Grandezas características

Entre as grandezas características do escoamento superficial podem ser indicadas como as mais importantes:

a) *Coeficiente de deflúvio* (*run-off* ou escoamento superficial). É a relação entre a quantidade total escoada pela seção e a quantidade total de água precipitada na bacia contribuinte. Pode referir-se a uma precipitação determinada, ou a todas as precipitações ocorridas em um determinado intervalo de tempo:

b) *Nível da água*. É a altura atingida pela água na seção em relação a uma certa referência. Pode referir-se a valores instantâneos ou à média de períodos (dia, mês, ano etc.).

c) *Velocidade*. É a relação entre o espaço percorrido pela partícula líquida e o

ESCOAMENTO SUPERFICIAL

tempo de percurso. Distinguem-se velocidades média, superficial e pontual, medida em m/s.

d) *Vazão* (descarga). É a relação entre o volume escoado e o intervalo de tempo em que escoa; é igual ao produto da velocidade média pela área da seção. Pode referir-se, também, a valores instantâneos ou a valores médios de certos períodos. Mede-se em m^3/s.

e) *Módulo de deflúvio anual*. É o volume total escoado em um ano. Mede-se em m^3 ou km^3.

f) *Vazão específica* (ou contribuição unitária). É a relação entre a vazão e a área da bacia contribuinte. Mede-se em litros por segundo por metros quadrado $(l/s\ m^2)$.

g) *Altura média*. É a relação entre o volume total escoado em um intervalo de tempo e a área da bacia. Mede-se em mm.

h) *Declividade da linha de água*. Relação entre a diferença de nível entre dois pontos da superfície líquida e a distância entre os mesmos. Mede-se em m/m ou cm/km.

Dessas grandezas, somente o nível de água, a velocidade, a vazão e a declividade se prestam à medida direta, devendo as demais serem determinadas analiticamente.

8.4.2 Medida do nível de água

O registro sistemático dos níveis de água constitui a base dos estudos fluviométricos, devido à facilidade com que podem ser efetuadas as observações.

O conhecimento dessa grandeza interessa sobretudo pelas possibilidades de ser correlacionada à vazão. Apresenta, além disso, um interesse direto para problemas ligados ao controle de inundações, à navegação, à localização de obras nas margens etc.

8.4.2.1 Cuidados na medição

Em geral, a medição do nível de água é simples. Para se aumentar a precisão das medidas, cuidados especiais devem ser tomados, em particular, para evitar as oscilações da superfície líquida, provenientes de ondas provocadas pelo vento, passagem de embarcações ou silagem de obstáculos como pilares de pontes, árvores etc.

8.4.2.2 Equipamentos de medidas

Limnímetros (fluviômetros)

Destinam-se à observação direta do nível de água. O tipo mais comum é constituído de uma escala (limnimétrica) graduada em centímetros, em geral de ferro esmaltado, colocada verticalmente no leito do rio, em posição que permita a fácil leitura (dividida em lances sucessivos, se houver necessidade). Para pequenas variações do nível de água, a escala pode ser colocada inclinada para aumentar a precisão da leitura; nesse caso, as graduações devem ser referidas à vertical, para evitar dúvidas.

Em certas instalações é necessário possibilitar as leituras a distância (para navegação, por exemplo); utilizam-se para tanto equipamentos especiais (semáforos) manuais ou automáticos.

Quando há necessidade de as observações serem enviadas com rapidez a distância (para previsão de inundações, por exemplo), empregam-se estações automáticas, que permitem a teletransmissão por telefone ou rádio.

Além das escalas limnimétricas, utilizam-se outros sistemas para a observação dos níveis, uns com flutuadores ligados a cabos ou hastes, outros com pesos fixados à extremidade de cabos graduados desenrolados do alto de uma ponte, por exemplo, ou ainda com contatos elétricos. Esses sistemas são utilizados em casos especiais em que há dificuldade em ser atingido o espelho líquido ou para facilitar as leituras. A descrição dos mesmos é encontrada em manuais especializados.

Figura 8.2 Régua limnimétrica instalada junto a uma estrutura

No que diz respeito à instalação, deve-se tomar o cuidado necessário para que seja observada a oscilação máxima de nível que possa ocorrer; devido à impossibilidade de se conhecer previamente o nível mínimo, recomenda-se não adotar zero como a extremidade inferior do último lance da escala instalada, para permitir, se for o caso, a colocação de novos lances sem recorrer a leituras negativas, em geral incômodas. Deve-se, também, tomar o cuidado de amarrar as escalas a referências de nível de máxima confiança (no mínimo duas), para não serem perdidas as observações no caso de tombamento da instalação (acidente freqüente) e permitir a verificação sistemática da posição altimétrica. Sempre que possível, recomenda-se referir as referências de nível ao nivelamento geral.

Costuma-se efetuar duas obervações diárias sistemáticas (em horas fixas) e observações detalhadas (de hora em hora, por exemplo) sempre que ocorram variações bruscas do nível de água. Os erros de leitura das escalas limnimétricas devido às ondulações presentes na superfície líquida e aos efeitos de capilaridade dificilmente são inferiores a 2 cm, sendo que, em condições habituais, para grandes rios, esses erros atingem, em geral, 5 cm. Uma precisão maior pode ser obtida tomando-se cuidados especiais e efetuando-se uma série de leituras para definir um valor médio; esses cuidados normalmente não estão nas possibilidades dos observadores comuns dos postos de medida.

Limnígrafos (fluviógrafos)

São aparelhos que registram continuamente as variações do nível de água. Não cabe aqui uma descrição detalhada desses aparelhos, que pode ser encontrada em livros especializados e em catálogos de fabricantes. Convém ressaltar apenas que existem dois sistemas fundamentais de instrumentos: os baseados no registro do movimento de um flutuador e os baseados no registro da variação de pressão da água. Os primeiros são os *limnígrafos de flutuador* (ver Fig. 8.3), com uma infinidade de modelos (por exemplo: Stevens, Richard, Ott). São de funcionamento simples, porém exigem uma instalação complicada que coloque o aparelho diretamente em cima do nível de água a ser medido. Em geral a instalação é feita em um poço (ou tubo) em

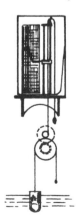

Figura 8.3 Esquema do limnígrafo de flutuador (sistema Richard)

comunicação direta com o curso da água, como indica a Fig. 8.4, que mostra uma instalação típica de um desses aparelhos.

Os limnígrafos de pressão mais comuns (sistema Richard, Fig. 8.5) constam de uma célula de pressão, colocada no interior de uma campânula perfurada mantida no fundo da água. A célula é ligada por um tubo plástico ou de cobre diretamente ao manômetro registrador. O maior inconveniente desses modelos é a dificuldade de evitar as fugas de ar ao longo da tubulação.

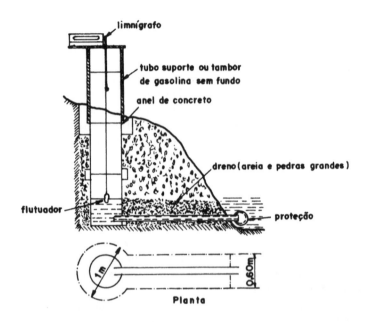

Figura 8.4 Esquema de instalação de limnígrafo de flutuador

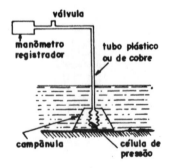

Figura 8.5 Esquema do limnígrafo de pressão (Sistema Richard)

ESCOAMENTO SUPERFICIAL

Outro tipo de limnígrafo de pressão é o *limnígrafo de bolhas* (ver Fig. 8.6). Nesses aparelhos é registrada a pressão reinante no interior de uma tubulação cuja extremidade (tomada de pressão) encontra-se imersa no leito do rio. A pressão no aparelho é mantida igual à pressão da água na tomada pela saída contínua de pequenas bolhas de ar (60 a 100 min) fornecidas por uma garrafa de ar comprimido.

Os limnígrafos de bolhas são indicados sobretudo para rios com grande descarga sólida. Eles contornam a maior dificuldade dos aparelhos normais do tipo de pressão, porém exigem um consumo de ar comprimido (uma garrafa de capacidade para suprir o consumo de três a quatro meses), o que pode causar dificuldades no caso de instalações em locais de difícil acesso.

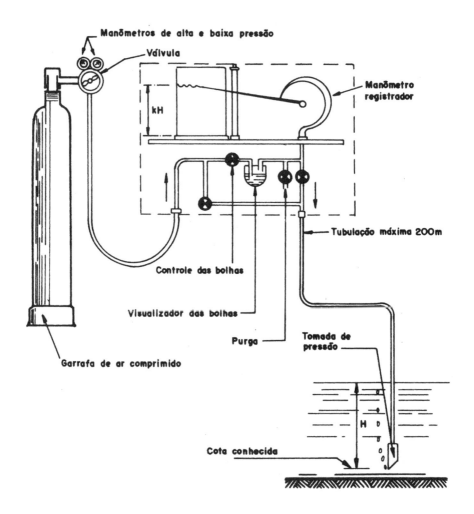

Figura 8.6 Esquema de funcionamento de um limnígrafo de bolhas (sistema Neyrpic)

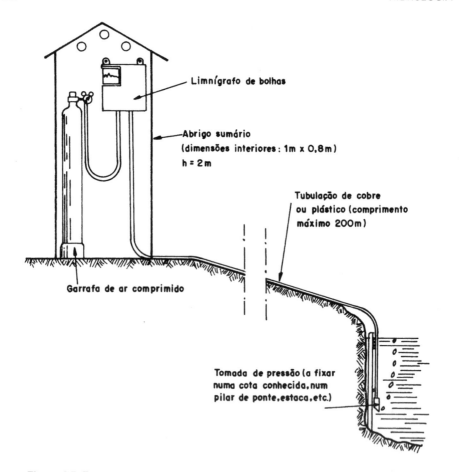

Figura 8.7 Esquema de instalação de um limnígrafo de bolhas (sistema Neyrpic)

Os aparelhos de pressão são de simples instalação (ver Fig. 8.7), permitido a colocação do registrador longe do ponto de tomada de pressão (a uma distância de 100 ou 200 m). São particularmente indicados para locais de margens muito abruptas e profundas e grandes variações de nível de água.

Existem outros aparelhos, destinados a emprego em condições especiais (reservatórios de usinas hidrelétricas, por exemplo), que contam com contatos elétricos para teletransmissão contínua das observações e registro a distância, e aparelhos de precisão, empregados sobretudo em laboratórios, como os *pontas vibrantes de Chatou* etc. Alguns equipamentos efetuam o registro em fitas magnéticas ou perfuradas, destinadas a serem analisadas diretamente por computadores.

Um tipo particular de limnígrafo é o chamado *indicador de nível máximo*. É constituído por um flutuador que, por um sistema mecânico simples, se mantém na altura correspondente ao máximo nível atingido pelas águas. Também pode ser constituído por uma simples fita de papel impregnado de uma substância sensível à água colocado verticalmente, ou por uma haste vertical com tinta solúvel em água. Esse

ESCOAMENTO SUPERFICIAL 221

equipamento pode ser de grande utilidade quando ocorrem variações de vazão muito bruscas e podem substituir, até certo ponto, os limnígrafos clássicos.

Quanto à instalação e operação desse aparelho existem normas detalhadas adotadas nas diversas organizações que podem ser consultadas facilmente. Frisamos tão-somente a necessidade de instalação de uma escala limnimétrica de referência para cada limnígrafo, para possibilitar o necessário controle e os cuidados para tranqüilização do espelho líquido. A autonomia normal dos aparelhos desse tipo é de oito dias, existindo, porém, alguns aparelhos previstos para funcionamento de 15 ou 30 dias. Há também alguns modelos, ditos contínuos, cuja autonomia atinge 150 ou até 200 dias.

Quanto à precisão de leitura, pode-se assinalar que, de modo geral, os gráficos fornecidos pelos limnígrafos (fluviogramas) permitem estimar variações de nível da ordem de 2 cm. Muitos modelos apresentam uma escala de redução de 1:10, o que com a acuidade de 1 mm possibilita leituras de 1 cm de variação do nível de água.

8.4.2.3 Distribuição dos postos limnimétricos

Considerações análogas às efetuadas sobre a constituição das redes de observações pluviométricas podem ser feitas para as redes de observação limnimétricas. Deve-se ter em conta, porém, que muitas vezes há uma correlação bem definida entre os níveis de água de dois postos situados num mesmo curso de água, o que permite abandonar alguns postos após algum tempo de observação simultânea.

Os postos limnimétricos destinados ao estudo das vazões (estações fluviométricas) devem ser estabelecidos segundo critérios que serão realçados posteriormente. Quando, porém, os postos são instalados simplesmente para conhecer o nível de água local, não há maiores restrições além das indicadas pelo bom senso (por exemplo, instalação de um posto de medida em braço do rio que na estiagem pode ficar seco).

Para um conhecimento razoável da linha de água ao longo de rios de média e grande vazão (informação de grande interesse para navegação, controle de inundações etc.), recomenda-se a instalação de um posto a cada 30 km ou 50 km e nos pontos singulares do perfil (corredeiras, quedas de água, etc.). Também é útil a instalação de estações provisórias (com leituras durante 1 a 2 meses) a cada 10 km ou 15 km.

Quanto à opção entre colocar limnígrafos ou limnímetros simples, deve-se assinalar que os aparelhos registradores são essenciais quando o curso de água é sujeito a oscilações bruscas de nível (ondas de cheia com duração de algumas horas), como ocorre no caso das bacias contribuintes de pequena área ou de elevado coeficiente de deflúvio. A vantagem do automatismo do aparelho não dispensa, porém, a necessidade de observador; muito pelo contrário, exige para segurança de operação um encarregado com conhecimentos maiores que os do simples observador da escala limnimétrica. Esse fato dificulta a instalação de aparelhos registradores em regiões afastadas e pouco povoadas, e deve ser considerado quando se instalam limnígrafos de grande autonomia, sob pena de serem perdidos longos períodos de observação e truncadas séries estatísticas.

8.4.3 Medida de velocidades

O conhecimento do campo de velocidades em uma seção de um curso de água interessa principalmente para a determinação da vazão que atravessa essa seção. Além disso é importante para a navegação e para problemas relacionados ao equilíbrio morfológico do leito e ao transporte sólido.

8.4.3.1 Dificuldade de medida

A maior dificuldade da medida das velocidades deriva do fato de ser essa grandeza essencialmente variável de ponto para ponto da seção e ao longo do tempo.

De maneira geral, pode-se indicar que as velocidades da água em uma seção transversal de um canal (escoamento gradualmente variado) decrescem da superfície para o fundo e do eixo para as margens.

Muitas tentativas têm sido feitas procurando exprimir analiticamente as variações de velocidade, especialmente com a variação da profundidade, ao longo de uma vertical. Têm sido propostas distribuições parabólicas, distribuições logarítmicas e outras mais complexas com parâmetros ligados à forma ou dimensões relativas da seção, à rugosidade, à declividade etc. Para os cursos de água naturais, nenhuma dessas distribuições apresenta resultados satisfatórios. Quando se requer uma precisão razoável, verifica-se, na prática, que a velocidade máxima muitas vezes não ocorre na superfície (devido provavelmente ao atrito com o ar) e que a natureza do perímetro molhado influi bastante na distribuição da velocidade, de maneira que, para um perímetro mais rugoso, a velocidade máxima é mais profunda, a velocidade no fundo é mais reduzida e a curva de distribuição de velocidade ao longo da vertical, mais encurvada.

Nos cursos de água naturais, além da rugosidade outros fatores podem influir, como mostra a Fig. 8.8.

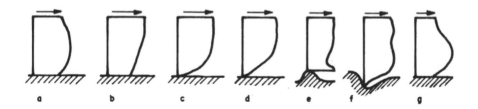

Figura 8.8 a) grandes velocidades, com escoamento muito turbulento; b) fracas velocidades, com fundo liso; c) fundo rugoso (rocha); d) fundo muito rugoso, com vegetação aquática muito importante; f) cavado (poço) - jusante de uma saliência de fundo; (g) diminuição de velocidade em superfície (galhadas etc.)

A distribuição das velocidades ao longo de uma seção costuma ser representada pelo traçado das curvas isotáqueas (de igual velocidade). Num trecho reto e regular do curso de água, as curvas isotáqueas são contínuas, regulares e acompanham a forma da seção; o efeito de curvas, obstáculos, irregularidades do fundo, a montante e a jusante etc., se traduzem numa acentuada irregularidade das isotáqueas.

A experiência mostra que, em grande número de casos, as velocidades máximas ocorrem a 20% e as velocidades médias a cerca de 60% da profundidade média a partir da superfície.

ESCOAMENTO SUPERFICIAL

A relação entre a velocidade superficial e a velocidade média é de grande interesse, pois facilita estimar a vazão a partir da simples observação da superfície. Essa relação, que depende evidentemente da natureza do leito, encontra-se tabelada para diferentes condições ideais com base em um grande número de observações. A título ilustrativo são apresentados os seguintes valores:

Velocidades fortes, profundidades de mais de 4 m	1
Declividades fracas, rios médios	0,85
Grandes rios	0,95
Declividades médias, rios médios	0,90-0,95
Velocidades muito baixas	0,80

O regime de escoamento dos cursos de água naturais nunca é permanente. As variações instantâneas das velocidades devido à turbulência própria do escoamento podem atingir valores várias vezes superiores aos valores médios. Essas variações, porém, não são dectetáveis com os aparelhos normais de medição, devido à própria inércia dos mesmos, e podem ser verificadas somente com equipamentos especiais de resposta imediata.

Além dessas oscilações turbulentas, nota-se a existência de outras oscilações, de maior período (da ordem de minutos), cujas causas ainda não são bem explicadas. Correspondem essas oscilações à propagação de verdadeiras ondas no seio da massa líquida tanto no sentido longitudinal quanto no sentido transversal. Para anular o efeito dessas oscilações e se obterem médios representativos, recomenda-se manter o aparelho de medição um tempo relativamente longo (alguns minutos) no ponto de medida da velocidade.

As velocidades médias da corrente líquida variam substancialmente com o nível de água, crescendo em geral com a elevação do nível. Variam, também, para um mesmo nível de água, com a posição da onda de enchente, sendo maiores na parte anterior que na parte posterior da onda. Esses efeitos serão analalisados devidamente por ocasião do estudo das variações de vazão com o nível de água.

8.4.3.2 Equipamentos de medida

Flutuadores

A maneira mais simples de medir a velocidade da água é medir o tempo de deslocamento de um flutuador num dado percurso. Dessa forma obtém-se a velocidade superficial com razoável precisão, desde que se tome o cuidado de utilizar um flutuador com um mínimo de seção emersa, para evitar o efeito do vento.

A medida da velocidade em uma profundidade qualquer pode ser feita, aproximadamente, com a utilização de um flutuante munido de um anteparo (duas placas perpendiculares) dependurado na profundidade considerada, lembrando-se que, nesse caso, a velocidade do conjunto é a resultante da ação da corrente superficial sobre o flutuador e da corrente inferior sobre o anteparo.

De modo geral, a medição das velocidades com flutuadores é sempre precária, sendo utilizada somente para estimativas preliminares ou em casos em que os demais processos não possam ser empregados (por exemplo, rios muito acidentados com grandes vazões).

Algumas publicações indicam técnicas de emprego de flutuadores que aumentam, até certo ponto, a precisão da medida. Em particular, pode-se ressaltar a técnica do emprego de flutuadores luminosos, fotografados ou filmados, que permitem determinar não só as velocidades mas também as trajetórias dos filetes líquidos, que podem ser de muito interesse em determinados casos.

Molinetes

Esses aparelhos permitem determinar a velocidade da corrente líquida pela medida da velocidade de rotação de uma hélice ou conjunto de pás (conchas) móveis. Os aparelhos atuais contam com um circuito elétrico, alimentado por pilhas, que envia ao operador sinais correspondentes a um determinado número de rotações. Dessa forma, medindo-se o tempo com um cronômetro (com precisão de 0,1 s), pode-se obter a velocidade de rotação e, através de uma equação (gráfico ou tabela) previamente determinada por taragem para cada aparelho, obtém-se a velocidade da água no ponto em que o instrumento é imerso.

Há dois tipos fundamentais de molinetes: os do *tipo europeu*, de hélice (reação), com eixo horizontal, mais precisos, sobretudo quando dispõem de hélice auto-redutora, que só mede velocidades horizontais); e os do *tipo americano*, de conchas (ação), com eixo vertical, menos precisos, mas bem mais robustos e resistentes que os europeus.

Dentro desses dois sistemas básicos, existe uma infinidade de modelos de diversas fabricações, cujos detalhes podem ser obtidos em publicações especializadas (por exemplo, no *Water Measurement Manual do U.S. Bureau of Reclamation*) ou em catálogos de fabricantes. Os problemas construtivos mais importantes desses aparelhos dizem respeito ao atrito do eixo nos mancais (em geral são utilizados rolamentos de esfera especiais), aos contatos elétricos, à vedação (aparelhos com sistema elétrico imerso em óleo ou em câmaras estanques, com um movimento transmitido por ímãs), equilíbrio da hélice (hélices plásticas leves e de alta resistência são hoje muito usadas), etc. Todos esses problemas têm encontrado soluções diversas, algumas muito felizes.

Os contatos elétricos são transmitidos a sistemas sonoros ou luminosos, alimentados por pilhas, por meio de cabos isolados, às vezes solidários ao próprio sistema de sustentação do molinete. Alguns aparelhos mais recentes são transistorizados, contando com pequenos altofalantes ou fones de alta sensibilidade e baixo consumo de corrente. Outros aparelhos têm um sistema registrador conjugado com o cronômetro, o que na prática elimina o fator pessoal na operação de medição. Os contatos elétricos compreendem um número de rotações que pode ser ajustado previament (5, 10 ou 20) de acordo com a velocidade a ser medida.

Quanto à sustentação dos aparelhos dentro da água, pode-se distinguir os aparelhos suspensos por cabos e os sustentados por hastes verticais apoiadas no fundo ou móveis. Os molinetes suspensos em cabos devem ser lastreados com contrapesos, colocados na parte inferior (até 25 kg) ou fazendo corpo com o aparelho (acima de 25 kg),

ESCOAMENTO SUPERFICIAL

e devem ser munidos de lemes para orientação conveniente na direção da corrente e de contatos "de fluido" que indicam o atingimento do leito pelo contrapeso. O cabo é desenrolado por meio de guinchos especiais, muitas vezes incorporado a um sistema de medida. O emprego de molinetes sustentados por hastes, de uso mais seguro e garantido, é limitado a profundidades máximas de 5 ou 6 m, porque para valores superiores as hastes devem ser de tal forma robustas que se tornam de uso muito incômodo.

Alguns métodos de medição (método por integração ou contínuo, por exemplo exigem que o aparelho seja descido a velocidade constante; utilizam-se, então, guinchos com reguladores de velocidade (paletas que giram no ar ou no óleo).

A aferição dos molinetes é feita em tanques de água parada com o instrumento deslocado a velocidade constante. A relação entre a velocidade de rotação e a velocidade da água é chamada *equação do molinete*, em geral representada pela forma $V = an \cdot b$, onde V é a velocidade em m/s, n o número de rotações por segundo, a uma constante cujo valor é próximo ao passo da hélice e b outra constante que nos instrumentos precisos tem valor bastante baixo (da ordem de 0,05). A aferição periódica é essencial, pois o simples desgaste mecânico das peças sem levar em conta possíveis e prováveis choques, é suficiente para modificar a equação em alguns meses de uso.

As técnicas de emprego dos molinetes variam principalmente com as dimensões do curso da água; em geral, porém, as medidas são feitas em várias profundidades ao longo de verticais, formando uma rede de pontos de medida mais ou menos densa de acordo com as necessidades. Para as medições de vazões, como será visto a seguir, existem normas estabelecidas por diversos organismos incumbidos desses trabalhos.

Pode-se lembrar que os molinetes podem ser operados a vau (pequenos cursos de água) a partir de embarcações, de cabos aéreos (movidos diretamente da margem ou de uma cabine móvel onde se instala o operador) ou ainda de pontes ou passarelas. O emprego de cabos aéreos exige instalações muito custosas, e a medição a partir de pontes não é recomendável quando há pilares ou quando se encontra em grande altura sobre o nível da água. As embarcações utilizadas para as medições (sistema mais usual) podem ser sustentadas por cabos distendidos ao longo da seção (largura máxima de 400 m) ou ancoradas no leito (grandes larguras). Nesse último caso, além de ser necessário a previsão de um sistema de medida de distâncias (teodolitos na margem), há em geral grande dificuldade para a localização conveniente da embarcação; para contornar essa dificuldade, a melhor técnica é empregar duas embarcações, uma para a medição das velocidades e outra auxiliar para os trabalhos de ancoragem; dessa forma, além de se obter uma maior segurança, pode-se espaçar com precisão as verticais da medida.

Outros tipos de aparelhos

Além dos molinetes e flutuadores, outros aparelhos podem ser utilizados para medida da velocidade das correntes líquidas. Ainda que não sejam de uso corrente em hidrologia, cabe lembrar os seguintes:

a) *Micromolinetes*. Destinados a medir pequenas velocidades (menores que 0,20 m/s). São molinetes ultra-sensíveis, com hélice de pequeno diâmetro (até de 1 cm), empregados em geral em laboratórios

226   HIDROLOGIA

b) *Tubo Pilot, sondas de três orifícios* etc. Aparelhos baseados no teorema de Bernoulli atualmente utilizados somente em pequenos rios ou em laboratórios.

c) *Correntômetros marítimos.* Determinam a velocidade e a direção das correntes. São empregados para medir correntes marítimas, podendo ser utilizados em rios em casos especiais (velocidades oblíquas) etc.).

d) *Aparelhos de resposta imediata.* São destinados a medir as variações instantâneas da velocidade devida à turbulência. Diversos equipamentos desse tipo têm sido construídos ultimamente, como, por exemplo, os aparelhos eletromagnéticos baseados na medida da corrente elétrica induzida em um forte campo magnético por efeito da corrente líquida.

Finalmente, devem ser citados os *pêndulos hidrométricos*, baseados na medida do ângulo do desvio de um pêndulo (peso sustentado por um fio) por efeito da corrente líquida. Esses aparelhos são de fácil utilização e podem ser empregados em lugar dos molinetes em quase todos os trabalhos normais de hidrometria. Entre os modelos conhecidos pode-se indicar como um dos mais elaborados o tipo Planeta, do Laboratório de Delft, de uso corrente na Holanda. A dificuldade maior de emprego dos pêndulos hidrométricos reside na necessidade de dispor-se de uma superfície estável de referência (embarcações grandes).

8.4.3.3 Determinação das velocidades médias

Em casos como o cálculo da vazão há interesse em conhecer diretamente os valores médios da velocidade em relação a uma vertical de medida ou à totalidade da seção. A determinação de velocidade, nesses casos, pode ser executada por processos especiais, para facilitar os cálculos. A simples média aritmética dos valores medidos só é representativa se houver uma distribuição homogênea dos pontos de medição devido às irregularidades da grandeza. Evidentemente, sendo difícil obter essa distribuição, é necessário se recorrer a médias ponderada em relação às áreas.

Para determinar a velocidade média ao longo de uma vertical, utilizam-se os seguintes processos:

a) *Processo dos pontos múltiplos* (das parábolas). Consiste na medida de velocidade a diversas profundidades para determinar-se a curva de variação; a velocidade média é calculada graficamente a partir da área da curva. Os pontos de medida (no mínimo 5) são escolhidos de forma a permitir uma boa definição da curva, sendo usual a medida próximo à superfície e ao fundo e em pontos equidistantes ou equitativamente distribuídos (20%, 40%, 60% e 80% da profundidade por exemplo). Esse processo é mais preciso que aqueles que serão indicados a seguir, porém é mais trabalhoso. Para traçar as parábolas costuma-se adotar arbitrariamente para o fundo uma velocidade igual à metade da última velocidade medida (15 — 20 cm do fundo), pois esse valor não pode ser nulo e nem é, geralmente, susceptível de ser medido diretamente.

b) *Processo dos dois pontos.* Experimentalmente, constata-se que a velocidade média ao longo da vertical é bem próxima da média das velocidades medidas a 20% e 80% da profundidade. No processo dos dois pontos lança-se mão dessa propriedade aproximada efetuando-se somente duas medidas por vertical. Os resultados obtidos

ESCOAMENTO SUPERFICIAL

diferem raramente de mais de 10% dos obtidos por processos mais exatos. O processo dos dois pontos vem sendo cada vez mais empregado pelos técnicos em hidrologia. Como limitação pode-se indicar que esse processo exige profundidades maiores que cinco vezes a distância (distância esta da ordem de 15 a 30 cm nos modelos usuais) entre o eixo do aparelho e o fundo do contrapeso, no caso de molinetes suspensos por cabos.

c) *Processo do ponto único*. Como foi indicado, a velocidade média da vertical, é próxima da velocidade a 60% da profundidade; uma única medida a essa profundidade indica, pois, um valor aproximado, porém com precisão muito menor que a fornecida pelo processo anterior, sem substancial redução nos trabalhos de medição. Por esse motivo, o processo do ponto único somente é empregado quando a profundidade é inferior ao mínimo exigido para o processo dos dois pontos. Também se pode determinar a velocidade média a partir de uma única medida na vertical (superfície ou 20% da profundidade), desde que se estabeleçam, previamente, para cada seção por método experimental, relações médias entre os valores.

d) *Processo de integração*. É baseado na medida feita deslocando-se o molinete ao longo da vertical com movimento uniforme. O número total de rotações registrado dividido pelo tempo da operação dá a velocidade média de rotação do aparelho e, através da equação do molinete, a velocidade média da corrente ao longo da vertical. A medida efetuada dessa forma leva em conta todas as possíveis irregularidades da distribuição das velocidades; exige, porém, equipamento especial (hélices auto-redutoras, regulador de velocidade do guincho, registrador de contatos etc.). Como inconveniente pode-se apontar, além daqueles contornados com a utilização de equipamento especial, o desprezo sistemático das baixas velocidades próximas ao fundo. Esse processo vem sendo bastante utilizado nos países europeus, devido aos tipos de molinete (de eixo horizontal) lá utilizados. Os aparelhos do tipo americano (de eixo vertical) não podem ser empregados nesse processo e os autores americanos, em geral, o condenam.

A determinação da velocidade média ao longo da seção transversal do curso de água pode ser feita por média ponderal calculando-se a área de cada intervalo entre as curvas isotáqueas, multiplicando-se essas áreas pelo valor médio das velocidades-limite e dividindo-se a soma de todos esses produtos pela área total da seção. Também pode ser feita aproximadamente por processos indiretos, a partir dos elementos característicos do curso de água (declividade e raio hidráulico) com a aplicação das fórmulas do escoamento uniforme (fórmulas de Bazin, por exemplo); é, porém, necessário adotar o coeficiente de rugosidade (que varia entre largos limites), sendo feita, por esse motivo, a determinação indireta das velocidades médias somente para extrapolações.

8.4.4 Determinação da vazão

A vazão do curso de água é a grandeza de maior interesse para o engenheiro. Existem diferentes processos para a medição da vazão de um rio, porém o único método que pode ser utilizado com segurança, quando ultrapassada a descarga de algumas dezenas de metros cúbicos por segundo, é o baseado no conhecimento do campo de velocidades de uma seção transversal.

8.4.4.1 Dificuldades de medida

A medição das vazões dos pequenos cursos de água apresenta dificuldades devido à rapidez com que as mesmas variam. A curta duração das ondas de cheia obriga, nesse caso, a trabalhos sistemáticos e contínuos. Para os grandes cursos de água, as dificuldades derivam de circunstâncias ligadas à segurança dos operadores.

De modo geral, o maior problema reside na escolha da seção apropriada que permita uma correlação segura entre os níveis de água e as vazões. Esse assunto, pela sua importância, será analisado separadamente.

Em determinadas condições, praticamente, é impossível efetuar medições em rios caudalosos, principalmente em épocas de enchentes. Lembramos, por exemplo, as torrentes muito rasas e largas dos Andes e rio Paraná, que, quando se extravasa, tem dezenas de quilômetros de largura em certas regiões. Nesses casos, somente se pode recorrer a estimativas baseadas em informações sobre a declividade, a velocidade superficial e assim por diante.

8.4.4.2 Determinação direta da vazão

Consiste na medição do volume de água acumulado em um tempo determinado (*processo volumétrico*). A forma de aplicação desse princípio para pequenos cursos de água é óbvia e não necessita ser explanada. Em certos casos muitos particulares pode-se estimar a vazão pela medida do volume acumulado em um reservatório natural ou artificial, desde que seja possível manter nula a descarga de saída do mesmo.

8.4.4.3 Medição direta pelo nível de água

Vertedores

A construção de um vertedor no leito do rio permite a determinação das vazões a partir unicamente da cota da lâmina vertente. Se for utilizado um vertedor padronizado (tipo Thompson, Scimeni etc.), a vazão é calculada diretamente através de gráficos ou tabelas com razoável precisão; no caso de vertedores não-padronizados, para uma maior precisão pode-se recorrer a uma taragem direta ou em modelos; quando se utilizar simplesmente uma expressão teórica (com coeficientes empíricos), recomenda-se o emprego de vertedores em contração lateral, que são, em geral, os mais bem estudados.

As dificuldades maiores para medição sistemática das vazões com vertedores são: a manutenção das condições hidráulicas iniciais (problemas de erosão e açoreamento a montante da soleira), a elevação do nível de água a montante (inundações), as fugas de água por percolação e, sobretudo, o custo da instalação.

Calhas medidoras (medidores Venturi a céu aberto)

As calhas medidoras ou medidores Venturi a céu aberto são baseadas na formação de um ressalto hidráulico, ou melhor, na criação de um regime torrencial de escoamento; a altura crítica necessriamente formada é, então, função excluisva da vazão que fica, portanto, definida pela cota do nível de água no trecho de escoamento fluvial.

ESCOAMENTO SUPERFICIAL

Em princípio, qualquer sistema que provoque a passagem do escoamento fluvial a torrencial poderá ser utilizado nas condições referidas (sobrelevação do fundo, contração brusca etc.); existem, porém, algumas instalações padronizadas (calhas Parshall, medidores De Marchi etc.) que podem ser aplicados sem qualquer taragem prévia com excelentes resultados. Quando o ressalto desaparece, para determinar a vazão é necessário observar os níveis de água a montante e a jusante e o aparelho é dito ''afogado''.

Os compêndios de Hidráulica Geral tratam desses equipamentos de medida com amplos detalhes e apresentam fórmulas que podem ser empregadas com razoável precisão.

As calhas apresentam como vantagens sobre os vertedores uma menor elevação do nível de água e maior facilidade para serem transpostas por material flutuante (vegetação etc.).

Finalmente, cabe notar que as calhas medidoras e os vertedores, principalmente, provocam um represamento artificial que corresponde à acumulação de um volume de água durante um certo tempo. Em alguns casos, a vazão assim ''consumida'' e não medida nem sempre pode ser desprezada em função da vazão que atravessa o medidor, devendo ser calculada por meio dos processos clássicos. Esse fato corresponde também a uma certa modificação das condições naturais do regime do curso de água.

8.4.4.4 Determinação da vazão por processos químicos

Nesse caso, a vazão é medida a partir do lançamento de uma substância química bem a montante da seção de medida e da determinação da dosagem dessa substância em amostras colhidas na seção.

Entre as substâncias químicas empregadas, têm-se: sais (como o cloreto de sódio), substâncias colorimétricas (como fluoresceína, bicromato de sódio etc.) e substâncias radioativas. Esses produtos, para serem convenientes, devem ter custo baixo e ser passíveis de titulagem em concentrações muito reduzidas.

Normalmente dois métodos básicos de operação são empregados: o *método por injeção contínua de solução* (Dumas) e o *método por integração* (André).

No primeiro método, a solução é lançada com uma vazão constante durante um certo tempo previamente fixado em função da velocidade do rio e da distância entre as seções de medida e de lançamento.

Para a aplicação desse método, admite-se, basicamente, que a vazão do curso de água seja:

$$Q = q \ \frac{C}{c} \qquad\qquad (\ \frac{C}{c} \ \text{é a dissolução})$$

sendo C a concentração da solução lançada com uma vazão q a montante e c a concentração máxima (constante durante o período de permanência) na seção de medida.

No método de integração (método global) é lançado um certo volume da solução a montante (de forma ''instantânea''). Admite-se, então, que a vazão do curso de água seja:

$$Q = \frac{VC}{\int_0^T c\,dt}$$

sendo V o volume lançado de solução com concentração C, T o tempo durante o qual passa a solução na seção de medida e c a concentração (variável com o tempo) na mesma seção.

Para que essas relações sejam válidas é necessário que haja uma mistura homogênea (turbulência ativa em toda a massa) e um rápido estabelecimento de regime permanente (renovação rápida da água em todo o trecho, ausência de "águas mortas" etc.). Nos dois métodos deve-se recolher continuamente amostras na seção de medição. No processo de injeção contínua interessa somente a concentração máxima, e no processo global a concentração de todas as amostras para determinação de $\int_0^T c\,dt$ (calculado por integração gráfica).

O processo global exige menor quantidade de substâncias dissolvidas (no caso do bicromato cerca de $1/3$) e menor equipamento de campo; exige, porém, um estafante trabalho de titulagem de amostras (há alguns processos químicos que permitem simplificar em parte esse trabalho).

8.4.4.5 Cálculo da vazão a partir da medição de velocidades

Os métodos de cálculo da vazão a partir das velocidades são baseados na equação da continuidade $Q = \iint_S v\,ds$, sendo S a área da seção transversal e v a velocidade de cada elemento ds de área.

Devido à distribuição irregular das velocidades ao longo da seção, essa integração somente pode ser efetuada adotando-se valores médios, cálculos aproximados e processos gráficos.

Conhecida a velocidade média V em toda a seção (determinada, por exemplo, a partir das isotáqueas) e a área da seção S, resulta $Q = VS$. Normalmente, porém, as vazões são calculadas a partir das velocidades médias observadas nas verticais. Considera-se, então, a vazão como soma das vazões parciais que atravessam as faixas determinadas pelas verticais de medição, $Q = \Sigma q_i$ para as faixa extremas (nas margens) admitem-se nulas as velocidades na linha de água (juntamente com a profundidade).

Para o cálculo de q_i podem ser adotados diversos critérios, expressos analiticamente pelas seguintes expressões:

$$q_i = \left(\frac{V_i + V_{i+1}}{2} \right)\left(\frac{b_i + b_{i+1}}{2} \right) b_i \qquad \text{(I)}$$

$$q_i = V_i b_i' b_i \qquad \text{(II)}$$

$$q_i = \left(\frac{V_{i-1} + 2V_i + V_{i+1}}{4} \right)\left(\frac{b_{i-1} + 2b_i + b_{i+1}}{4} \right) b_i' \qquad \text{(III)}$$

$$q_i = \left(\frac{V_{i-1} + 4V_i + V_{i+1}}{6} \right)\left(\frac{b_{i-1} + 4b_i + b_{i+1}}{6} \right) b_i' \qquad \text{(IV)}$$

ESCOAMENTO SUPERFICIAL

onde:

V_i é a velocidade média na vertical i;
b_i é a distância entre as verticais i e i + 1;
b_i' é a semidistância entre as verticais i + 1 e i-1;
h_i a profundidade na vertical;

As expressões I e II correspondem a hipótese de distribuição linear das profundidades e velocidades entre as verticais. Essas expressões levam, em geral, a um erro sistemático para menos, devido ao fato de corresponderem ao desprezo de uma certa área. As expressões III (critério de Stevenson) e IV procuram corrigir, até certo ponto, os erros das expressões I e II, admitindo distribuição parabólica ou "prismática". Na verdade, parece mais razoável adotar-se:

$$q_i = \frac{V_i + V_{i+1}}{2} \ S_i$$

sendo S_i a área da faixa medida diretamente no traçado da seção. O cálculo analítico com base nas fórmulas indicadas é, porém, bastante prático (sobretudo quando as velocidades médias nas verticais são determinadas pelo método dos dois pontos) por não exigir nenhum traçado gráfico; levam a resultados bastante satisfatórios para rios grandes com seções regulares e número considerável de verticais.

Há diversos programas de computador que permitem, de modo extremadamente cômodo, o cálculo das vazões a partir das velocidades puntuais. Esses programas, de uso corrente nas organizações que realizam rotineiramente esses cálculos, substituem, com grandes vantagens de precisão e economia de tempo, os antigos métodos gráficos de cálculo, atualmente em desuso.

8.4.4.6 Precisão e causas de erro na determinação das vazões e das velocidades

Área da seção

Resultando a vazão do produto da área da seção pela velocidade, a precisão da medição depende igualmente dos dois fatores; tendo-se em vista, porém, que as velocidades variam entre limites estreitos (digamos de 0,5 a 2 m/s), a vazão depende principalmente da área. Por esse motivo, recomendam-se um levantamento detalhado da seção transversal e a comparação com a seção utilizada no método adotado para o cálculo (sobretudo se a seção é irregular). Dessa forma, pode-se averiguar o interesse de efetuar o cálculo com as áreas medidas pelo levantamento detalhado (o que é relativamente simples se as verticais são sempre efetuadas nos mesmos pontos).

Número de verticais

A precisão da medida depende do número de verticais observadas. Diversas normas práticas estabelecem um espaçamento máximo em função da largura do rio. Pode-se citar por exemplo, a norma adotada pela Divisão de Águas do Ministério das Minas e Energia indicada na Tab. 8.1.

Tabela 8.1

Largura do rio (em m)	Espaçamento máximo entre verticais
3	0,30 m
3 a 6	0,50 m
6 a 15	1,00 m
15 a 30	2,00 m
30 a 50	3,00 m
50 a 80	4,00 m
80 a 150	6,00 m
150 a 250	8,00 m
250 a 400	12,00 m
de mais de 400	até 30 m

Acreditamos que um resultado mais satisfatório possa ser obtido se, em vez de adotar-se arbitrariamente um espaçamento fixo, as medições forem efetuadas em verticais escolhidas em função da forma da seção e da distribuição das velocidades. Para isso é conveniente serem efetuadas algumas medições (2 ou 3) em níveis diferentes, pelo processo dos pontos múltiplos, e proceder-se ao traçado das curvas isotáqueas, em função das quais poderão ser adensadas ou suprimidas verticais.

Desvio do molinete

No caso de molinetes sustentados por cabos (Fig. 8.9), sobretudo para grandes velocidades e medidas feitas a partir de pontes ou cabos aéreos, o aparelho pode ser deslocado consideravelmente para jusante (principalmente se o contrapeso não for apropriado), viciando as medidas de profundidade. A Tab. 8.2 permite corrigir esse erro a partir do ângulo formado pelo cabo com a vertical.

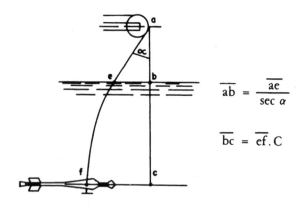

Figura 8.9 Esquema de um molinete sustentado por cabos

Tabela 8.2

α em graus	sec α	C
4°	1,0024	0,9994
6°	1,0055	0,9984
8°	1,0098	0,9968
10°	1,0154	0,9950
12°	1,0223	0,9928
14°	1,0306	0,9902
16°	1,0403	0,9872
18°	1,0515	0,9836
20°	1,0642	0,9796
22°	1,0785	0,9752
24°	1,0946	0,9704
26°	1,1126	0,9650
28°	1,1326	0,9592
30°	1,1547	0,9528
32°	1,1792	0,9456
34°	1,2062	0,9380
36°	1,2361	0,9302

O desvio da vertical é importante principalmente para se determinar a área da seção, e o ângulo α sempre deve ser medido, com o risco de resultarem erros sistemáticos (para menos) bastante importantes.

O gráfico da Fig. 8.11 determinado para o molinete tipo Dumas, com contrapeso formando corpo com o aparelho (Fig. 8.10), indica o peso recomendável para ser obtido um desvio mínimo da vertical em função da velocidade média da corrente e da profundidade, para o caso de ser utilizado um cabo de sustentação com diâmetro de 6 mm.

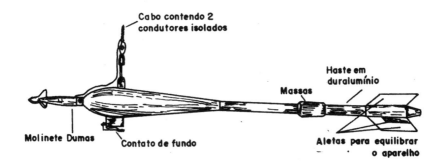

Figura 8.10 Molinete com contrapeso modelo Dumas

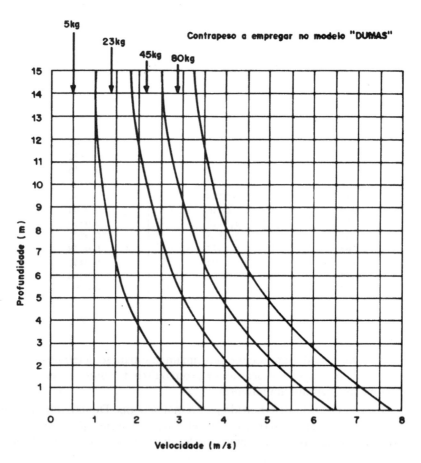

Figura 8.11 Gráfico determinado para molinete tipo Dumas (cabo de sustentação de 6 mm)

Correntes inclinadas em relação à seção

A vazão é o produto da área da seção pela velocidade normal à mesma. Os molinetes suspensos por cabos orientam-se na direção da corrente, podendo medir, portanto, velocidades oblíquas à direção da seção. Quando isso ocorrer, uma correção deve ser feita multiplicando-se as velocidades medidas pelo coseno do ângulo de inclinação. Esse ângulo não pode, em geral, ser medido em profundidade, por causa da turbidez da água; limita-se, portanto, a admitir que a obliqüidade se conserva igual à da superfície.

A correção de obliqüidade pode ser desprezada até 10° porque o erro então cometido (menor que 1%) é muito inferior à precisão global da medição.

Tendo em vista a precisão, deve-se tomar sempre o cuidado de escolher seções o mais possível normais à corrente e evitar locais em que ocorram velocidades oblíquas ocasionadas por irregularidades do leito.

ESCOAMENTO SUPERFICIAL

Oscilações do nível de água durante a medição

Quando ocorrem variações do nível de água durante a medição da vazão, deve-se ter esse fato devidamente em conta nos cálculos. Diversos métodos podem ser adotados para efetuar as correções, por exemplo, o método gráfico de Pawelka. O melhor, porém, é efetuar observações contínuas com medidas de velocidade sempre nas mesmas verticais, de forma a se estabelecerem curvas de variação das velocidades médias em cada vertical com a variação do nível de água. Os cálculos para cada nível de água devem ser elaborados com base nos valores obtidos por interpolação dessas curvas.

Quando não for possível adotar esse procedimento (por exemplo, no caso de rios de grande largura ou variações muito bruscas do nível), é preferível reduzir o tempo de operação com o abandono da medição em algumas verticais. No caso de a oscilação não ser muito grande (inferior, digamos, à correspondente a 10% da vazão a ser medida), a precisão que se obtém adotando-se o nível de água médio é satisfatória, desde que se leve em conta esse nível para a determinação da área da seção (ou seja, das profundidades em cada vertical).

Vibrações e oscilações do aparelho

As oscilações e, principalmente, as vibrações do aparelho provocadas pela turbulência da água ou pelas "ondas internas" podem acarretar erros consideráveis na medida das velocidades. Os aparelhos sustentados por cabos estão sujeitos principalmente a oscilações, e os sustentados por hastes a vibrações. Medidas diversas, que só em cada caso particular podem ser indicadas, devem ser tomadas para evitar esses efeitos. Outra causa de erros do mesmo gênero tem origem nos movimentos verticais provocados por ação de ondas superficiais sobre a embarcação que suporta o aparelho. Ensaios em laboratório recentemente efetuados mostram que os erros devidos a essa causa podem atingir mais de 60%.

Concluindo, pode-se indicar as seguintes precisões médias para determinação de vazões pelos métodos usuais, com base na medida de velocidade com molinetes:

medições feitas em excelentes condições 2%

medições feitas em condições normais 5%

medições feitas em condições difíceis 10%

medições feitas em condições desfavoráveis 15%

8.4.5 Correlação nível de água-vazão

As necessidades do conhecimento detalhado das vazões dos cursos de água, dia por dia, levam naturalmente à correlação dessa grandeza com os níveis de água de fácil observação. Essa correlação, no entanto, nem sempre é bem definida e permanente nos cursos de água naturais, como acontece no caso de vertedores ou calhas medidoras, havendo necessidade algumas vezes, de serem conhecidos dois níveis de água (ou seja, a declividade no trecho) para a vazão ser determinada de modo idêntico.

A correlação entre o nível de água e a vazão numa seção de um rio (chamada estação fluviométrica) é estabelecida em geral, experimentalmente e expressa pela cha-

236   *HIDROLOGIA*

mada *curva chave* (curva de vazão) ou, em alguns casos, por uma família de curvas chaves.

8.4.5.1 Considerações teóricas

A relação entre o nível de água e a vazão que escoa livremente depende essencialmente do regime de escoamento.

Escoamento uniforme

Corresponde ao escoamento permanente em um canal de comprimento infinito e seção constante. A declividade da linha de água é, então, sempre igual à declividade do fundo do canal, e há uma correlação unívoca entre a profundidade e a vazão, definida, por exemplo, pela fórmula de Chezy:

$$Q = SC \sqrt{R_i}$$

onde S é a área da seção transversal, C o coeficiente de Chezy e R o raio hidráulico, depende somente da profundidade (nível de água).

No caso de seções geometricamente definidas (e simples), fórmula de Chezy leva a:

$$Q = KH \frac{2m + 1}{2}$$

onde K é uma constante e m um parâmetro que vale 1 para seção retangular, 2 para seção triangular etc.

Escoamento gradualmente variado

Corresponde ao escoamento permanente com seção variável, porém com modificações graduais do leito, de forma que possam ser desprezadas as curvaturas dos filetes líquidos. A declividade da linha de água não é mais paralela à do fundo.

Nesse caso, o escoamento pode ocorrer em regime fluvial ou em regime torrencial, dependendo de diversas condições, sendo que o regime fluvial se caracteriza por ter uma profundidade superior à "profundiade crítica" e o regime torrencial, uma profundidade inferior a esse valor. Demonstra-se que a passagem do regime fluvial ao torrencial exige que ocorra a profundidade crítica em uma seção (seção crítica) e que a passagem do regime torrencial ao regime fluvial só pode se dar com a formação de um ressalto hidráulico.

A análise desse tipo de escoamento (estudo das curvas de remanso) mostra que o desnível (dz) entre duas seções de abscissas x e $x + dx$ é:

$$dz = \alpha V \frac{dV}{g} \varphi dx$$

ESCOAMENTO SUPERFICIAL

onde α e φ são funções de x, V a velocidade e g a aceleração da gravidade.

O desnível total entre duas seções P_0 e P_1, de abscissas x_0 e x_1, será então:

$$Z_1 - Z_0 = \alpha \left(\frac{V_1^2 - V_0^2}{2g} \right) \int_{X_0}^{X_1} \varphi dx$$

O termo $\alpha \dfrac{V_1^2 V_0^2}{2g}$ *representa a diferença de força viva entre as duas seções, sendo* α o coeficiente que leva em conta a distribuição não-uniforme das velocidades.

O termo $\int_{X_0}^{X_1} \varphi dx$ corresponde à perda de carga entre as duas seções e representa a soma das perdas de carga devido à rugosidade do leito, expressas por:

$$\int_{X_0}^{X_1} i dx = \int_{X_0}^{X_1} \frac{V^2}{C^2 R} dx$$

e das perdas localizadas resultantes das variações da forma do leito, representadas por:

$$\int_{X_0}^{X_1} i' dx = \int_{X_0}^{X_1} K V^2 dx$$

Lembrando-se que para o escoamento permanente tem-se $Q = S_1 V_1 = S_0 V_0$, resulta:

$$Z_1 = Z_0 + \alpha \frac{Q^2}{2g} \left(\frac{1}{S_1^2} - \frac{1}{S_2^2} \right) Q^2$$

$$\left[\int_{X_0}^{X_1} \frac{dx}{C^2 R S^2} + \int_{X_0}^{X_1} \frac{K'}{S^2} dx \right]$$

Admitido o escoamento gradualmente variado e permanente, o nível de água numa seção de um curso de água pode ser determinado desde que se conheçam o nível de água em outra seção e a topografia e a rugosidade do trecho entre as duas seções. Por outro lado, demonstra-se que a altura crítica é função unívoca da vazão. Havendo, portanto, uma seção crítica (estrangulamento, mudança brusca de declividade, soleira etc.), a expressão acima mostra que o nível de água é função unívoca da vazão, dependendo essa função da forma e da rugosidade do leito.

O estudo da variação do nível de água ao longo dos canais (curvas de remanso) permite ainda ressaltar que:

a) no escoamento fluvial (que é normal nos cursos de água naturais), o perfil da linha de água é contínuo;

b) numa seção qualquer, a profundidade é determinada pela presença de uma e somente uma altura crítica que se encontra a jusante, se o escoamento for fluvial, e a montante, se o escoamento for torrencial.

238   HIDROLOGIA

Escoamento variado (não-permanente)

Teoricamente, quando há variações bruscas de vazão pode-se demonstrar que o nível de água depende não somente da vazão (e das características do leito, evidentemente), mas também da declividade da linha de água, que, por sua vez, depende da forma e da posição da onda correspondente à variação da descarga.

8.4.5.2 Considerações práticas

Geralmente em todos os cursos de água de certa importância, o escoamento dá-se de forma gradualmente variada e em regime fluvial, com pequena declividade. Se observarmos, porém, atentamente o perfil da linha de água, vamos verificar que existem pontos de descontinuidade da declividade (regime bruscamente variável). Esses pontos podem corresponder a seções de escoamento crítico (cachoeiras, corredeiras, estrangulamentos ou elevações muito bruscas do leito etc.), a trechos de declividade quase nula (lagos, grandes espraiamentos), a ''retenções'' (diminuição de largura, desembocaduras de afluentes importantes etc.) ou a trechos de tal forma regulares que correspondem a um escoamento uniforme.

Aos pontos que condicionam o escoamento a montante dá-se o nome genérico de *controle* (seções de controle, canais de controle). Nos controles, o nível de água praticamente (ou pelo menos, em uma certa gama de vazões) independe das condições a jusante e depende somente da vazão.

Tendo-se em vista a expressão teórica anteriormente indicada, para que haja em uma seção do curso de água natural uma correlação unívoca entre os níveis de água e as vazões é necessário:

a) que as oscilações de vazão no tempo se façam de forma gradual, de maneira que o escoamento possa ser considerado permanente;

b) que a topografia e a batimetria do leito, bem como a rugosidade entre o controle e a seção considerada (estação fluviométrica) não se modifiquem no correr do tempo;

c) que a lei de variação do nível de água com a vazão na seção de controle se mantenha invariável (controle estável).

Apesar de não estar explícito na equação teórica, no regime fluvial uma modificação importante do leito a montante da seção de observação pode provocar uma variação da correlação nível-vazão devido à variação da distribuição das velocidades e conseqüentemente de α (o valor de α nos cursos de água naturais é da ordem de 1,5, podendo, porém, atingir valores 2, 3 ou mesmo 5 em casos especiais) ou devido à formação de um regime torrencial. O mesmo pode ocorrer no regime torrencial quando uma modificação a jusante pode levar à formação de um ressalto.

A análise da expressão teórica do escoamento uniformemente variado permite, até certo ponto, prever-se influência das modificações dos diversos fatores intervenientes. Verifica-se, na prática, que, quando o controle não é muito distante da estação fluviométrica (o que, aliás, deve ser sempre procurado na localização da estação fluviométrica), importa principalmente que o controle seja estável para que a correlação se mantenha; as modificações do leito e da seção passam a ter, então, importância secundária.

ESCOAMENTO SUPERFICIAL

Cabe assinalar que o controle pode ser artificial, quer seja constituído por uma soleira de um barramento (se a soleira for munida de comportas, o controle não será estável), quer seja por uma soleira construída expressamente para se obter a correlação unívoca e permanente entre a vazão e o nível (pequenos cursos de água). Nesse último caso, costuma-se empregar soleiras espessas de concreto, com uma seção estrangulada muitas vezes em forma de V para melhorar a sensibilidade da estação nas pequenas vazões.

Em geral, vários controles podem agir sobre o nível de água na estação fluviométrica. É comum que, com o aumento da vazão, o controle inicial se afogue, passando o controle a ser exercido por uma seção (ou trecho do rio) mais a jusante, que, por sua vez, pode vir a ser afogado e assim sucessivamente, havendo, portanto, para cada gama de vazões um diferente controle; com o aumento da vazão, também podem ocorrer uma passagem para regime torrencial e a influência de um controle a montante da seção. Essas mudanças de controle se refletem nitidamente na curva de correlação (curva-chave).

A forma do controle da estação fluviométrica é da maior importância para a precisão das observações. Compreende-se, perfeitamente, que a largura do rio no controle (uma corredeira, por exemplo) influi diretamente na sensibilidade da curva-chave, definida por:

$$\frac{dH}{dQ}$$

Um controle constituído por um estrangulamento, uma seção em forma de V ou outra qualquer é então altamente favorável nesse sentido.

Das considerações anteriores resultam a grande importância da análise do controle da estação fluviométrica e o interesse da constituição dos controles artificiais, que infelizmente são caros e somente podem ser feitos expressamente com essa finalidade para cursos de água diminutos. Finalmente é necessário notar que as correlações vazões-níveis de água se mantêm por longos períodos coerentes com as precisões de medição para a grande maioria dos cursos de água de média e elevada vazão, quando as estações fluviométricas são estabelecidas com os devidos cuidados em locais apropriados. Fazem exceção a essa regra os rios não-perenes do Nordeste e os rios de planície que transportam elevadas descargas sólidas; como, porém, previamente não se pode afiançar com segurança a manutenção da curva-chave, é sempre recomendável a execução de medições de verificação ao longo do tempo, e também quando se torna necessário o ajuste periódico da curva.

Para os rios de pequena bacia contribuinte, principalmente os de elevada declividade, observam-se modificações sensíveis da correlação, sendo, portanto, necessários trabalhos contínuos de medição.

8.4.5.3 Estabelecimento da curva-chave

Regime permanente e correlação unívoca nível de água-vazão

A curva-chave nesse caso é estabelecida a partir de uma série de medições de descarga devidamente espaçadas ao longo da oscilação normal do nível. É o que ocorre

240 HIDROLOGIA

quando o leito e os controles são estáveis e as declividades para os mesmos níveis de água nos períodos de enchente e de vasante são aproximadamente iguais.

Ainda que, teoricamente seja difícil conceber certas condições, na prática grande número de estações pode ser classificado nesta categoria, ao menos para grande parte da amplitude normal de variação das descargas, visto que as mudanças do leito que ocorrem em fortes enchentes ou estiagens muitas vezes podem ser compensadas nas vazões médias, apresentando valores aproximadamente permanentes para as mesmas. As curvas-chaves são, em geral, bastante regulares nesse caso, aparecendo, porém, trechos diferenciados correspondentes aos controles múltiplos, como já assinalado (ver Fig. 8.11).

A equação que melhor se ajusta às curvas observadas parece ser da forma:

$$Q = A(h - h_0)^n$$

sendo h a letra da escala, h_0 uma constante ligada à altura da escala A e n constantes. O valor de h_0 da fórmula logarítmica pode ser extrapolado diretamente por diferentes métodos, como os indicados por Wisler e Brater.

Em geral é possível também ajustar a curva a uma expressão do tipo polinômico:

$$Q = a + bh + ch^2 \ldots$$

com a, b e c constantes para cada trecho da curva. O cálculo dessas equações de vazão é feito, em geral, pelo processo dos mínimos quadrados ou das diferenças finitas, ou ainda graficamente com o emprego do papel logarítmico (aliás é sempre recomendável a ''plotagem'' dos pontos observados em papel logarítmico ou bilogarítmico, para facilitar os cálculos e individualizar os diferentes trechos da curva). A forma polinômica para a equação da vazão é bastante útil para o cálculo dos valores de Q com a utilização de computadores eletrônicos, máquinas de calcular etc.

A extrapolação da curva-chave para valores superiores ou inferiores aos observados é sempre precária e deve ser feita com os devidos cuidados, sobretudo quando as seções do curso de água forem muito irregulares. A forma mais segura para efetuar essas extrapolações parece ser aquela baseada na extrapolação das curvas de velocidades médias das diversas verticais e na curva de variações das áreas da seção. No caso bastante comum de grandes zonas de inundação (que impedem medições em cotas elevadas) é recomendável aplicar esse processo de extrapolação, tratando-se isoladamente, o caixão (por onde passa a maior parte da vazão) e o leito extravasado, para o qual se pode avaliar velocidades superficiais com facilidade.

Quando se dispõem de observações de declividade (dois níveis de água simultâneos), a extrapolação pode ser feita, com bom resultado, com base nas fórmulas de escoamento uniforme:

$$Q = CS \sqrt{Ri}$$

adotando-se a mesma rugosidade observada para as cotas baixas, para a extrapolação do trecho inferior da curva e coeficientes de rugosidade extrapolados a partir dos ob-

ESCOAMENTO SUPERFICIAL   **241**

servados nas cotas mais elevadas para o trecho superior da curva. Admitindo-se a validade da fórmula do escoamento uniforme, pode-se adotar também, para efeito de extrapolação, o *método de Stevenson*. Esse método é baseado no fato (verificado experimentalmente) de que o produto do coeficiente de Chezy (C) pela raiz quadrada da declividade se mantém aproximadamente constante para vazões elevadas. Dessa forma e lembrando que o raio hidráulico, R para rios com largura bastante superior à profundidade (maior que 10 vezes) pode ser adotado como a profundidade média, h, resulta:

$$Q = KS\sqrt{h}$$

com $K = C\sqrt{i}$. O valor de K é determinado como média dos valores correspondentes ás vazões mais elevadas medidas diretamente na seção (ou da própria curva):

$$K = \frac{Q}{S\sqrt{h}}$$

Segundo alguns autores, pode-se obter melhores resultados na extrapolação usando-se a fórmula:

$$Q = K'Sh^{3/2}$$

Regime permanente e correlação não-unívoca nível de água-vazão

Nesse caso tem-se uma superfície de correlação ou uma família de curvas-chaves. Teoricamente pode-se verificar que as vazões passam a ser definidas por um nível de água e uma declividade da linha de água.

A medida da declividade, que necessariamente deve ser efetuada e executada a partir de limnígrafos ou de duas (ou três escalas) limnimétricas observadas ao mesmo tempo e distantes entre si o suficiente para se ter um desnível significativo. A estação fluviométrica diz-se, então, estação com escala dupla. Esse caso corresponde, em geral, a um controle instável — influenciado, por exemplo, pela maré, por variações de vazão de afluentes ou do rio principal, por comportas de barragens quando a estação é próxima da foz etc. — ou corresponde a variações lentas ou bruscas do leito entre o controle e a estação fluviométrica.

A família de curvas-chaves (interessando apenas um pequeno trecho de curva para cada declividade) deve ser sempre estabelecida a partir das observações feitas, sendo comum usar como parâmetro das diversas curvas o nível observado na escala de jusante e como referência, o nível da escala de montante.

Pode-se adotar, também, uma curva básica para uma determinada declividade e estabelecer coeficientes de correção para as diferentes relações entre os níveis das duas escalas. Nesse caso, a extrapolação de valores é ainda mais difícil que no caso anterior. Algumas indicações podem ser obtidas a partir da consideração de que as vazões, em primeira aproximação para um mesmo nível de água e admitindo-se expressões do escoamento uniforme, são diretamente proporcionais à raiz quadrada da relação entre as declividades respectivas, ou seja:

$$\frac{Q}{Q_r} = \sqrt{\frac{i}{i_r}}$$

que é o método do U.S. Geological Survey.

Esse método de extrapolação é precário, pois despreza todos os demais termos da equação da curva de remanso, levando em conta e de forma incompleta somente a perda de carga. A forma mais segura de extrapolação parece ser a de procurar obter experimentalmente a função:

$$\frac{Q}{Q_r} = (f\frac{i}{i_r})$$

Q_r e i_r são, respectivamente, vazão e declividade de referência.

Finalmente, cabe assinalar que alguns cursos de água apresentam uma variação de suas condições de escoamento tão intensa que é praticamente impossível correlacionar as vazões com os níveis de água e as declividades. É necessário, então, um trabalho contínuo de medições de descarga, estabelecendo-se curvas-chaves válidas somente por alguns dias. Como exemplo, pode-se citar o rio Miaugoky de Madagascar, indicado por Roche.

Regime não-permanente

Quando não há variação brusca de vazão devido a ondas de cheia ou de estiagem, como, por exemplo, as provocadas pelo funcionamento intermitente de usinas hidrelétricas, nota-se, principalmente quando a estação fluviométrica está distante de seu controle, a existência de dois ramos distintos da curva chave: um correspondente à ''subida'' e outro, à ''descida'' das águas.

Essa duplicidade da curva-chave provém de dois fatores facilmente compreensíveis:

a) A declividade da linha de água é modificada pela ação da declividade de aceleração:

$$\frac{1}{g} \quad \frac{\partial V}{\partial t}$$

correspondente ao aumento ou à diminuição da velocidade da água na passagem da onda;

b) Para uma mesma vazão, as condições limites (controle) são diferentes daquelas que ocorreriam em regime permanente e dependem da forma da onda e de sua velocidade de propagação.

Ao se efetuar uma série completa de medições durante a passagem de uma dessas ondas de cheia ou de estiagem, verifica-se que a curva-chave apresenta-se em forma de um laço em torno da curva relativa ao regime permanente: a parte inferior (vazões maiores que no regime permanente) corresponde à subida das águas, e a superior

ESCOAMENTO SUPERFICIAL

(vazões menores que no regime permanente) corresponde à descida. Dessa forma, o nível de água máximo atingido não corresponde à máxima vazão que ocorre (ondas de cheia) antes de esse nível ser atingido.

A variação da correlação nível de água-vazão na passagem de uma onda pode ser assemelhada muito aproximadamente à ocasionada por uma variação do controle (caso anterior). As vazões são definidas também pela declividade local e o nível de água; como porém, as variações de declividade são muito rápidas, não se costuma lançar mão de famílias de curvas, mas sim estabelecer duas "curvas médias", uma para subida e outra para descida ao nível, ou então adotar simplesmente a curva de regime perene, admitindo-se que as diferenças se compensam nos cálculos de valores médios de vazão.

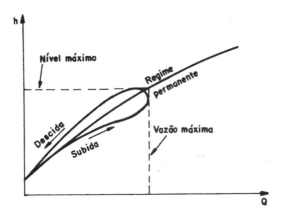

Figura 8.12 Curva-chave típica

Considerando-se unicamente a variação da declividade da linha de água, Δi, provocada pela passagem da onda, a variação do nível de água, Δh, durante um intervalo de tempo Δt pode ser expressa aproximadamente por:

$$\Delta h = \Delta i (V \Delta v) \Delta t$$

sendo V a velocidade média na seção e Δv a variação de velocidade ocasionada pela passagem da onda.

Se em primeira aproximação admite-se válida a fórmula de Chesy, pode-se exprimir:

$$Q = CS \sqrt{R(i_p \Delta i)} = CS \sqrt{R(i_p \frac{1}{U} \frac{\Delta h}{\Delta t})}$$

sendo i_p a declividade em regime permanente para o mesmo nível de água e chamando $U = V \Delta v$ a velocidade de propagação da onda.

Comparando esse valor com o da vazão em regime permanente (Q_p) para o mesmo nível de água, resulta (fórmula de Jones):

$$\frac{Q_p}{Q} = \frac{1}{\sqrt{1 - \dfrac{1}{i_p\,U}\,\dfrac{dh}{dt}}}$$

A fórmula de Jones permite, dentro de certas limitações, extrapolar os resultados de medições. Também permite calcular, aproximadamente, a vazão em regime permanente a partir de medidas feitas em regime variável, desde que se conheçam a velocidade de propagação e as variações do nível de água da onda de cheia, que podem ser medidas facilmente, e que se extrapolem valores da declividade em regime permanente.

Efeitos que podem influenciar o estabelecimento da curva-chave

De modo geral, os trechos superiores das curvas chaves são mais estáveis que os inferiores porque os controles de águas baixas são mais facilmente erodíveis. Por esse motivo, há mais interesse em se repetirem as medições de vazões pequenas, para efeito de controle. Assim sendo, é bastante raro que se obtenha por simples modificação no leito do rio, uma nova curva-chave paralela à primeira; deve-se ter cuidado em extrapolações apressadas baseadas unicamente em medidas discordantes de baixa cota.

As modificações do leito do rio entre a seção de controle e a estação fluviométrica inlfuenciam a curva-chave de modo difícil de ser previsto. A expressão teórica da curva de remanso pode indicar as tendências gerais das modificações assim ocasionadas, porém não se deve esquecer que a curva de remanso é estabelecida para regimes uniformes, o que corresponde a uma simplificação (nem sempre admissível) dos regimes reais dos cursos de água naturais. As influências de modificações a montante são mais simples de serem previstas, desde que seja possível estimar os valores a partir do conhecimento da distribuição das velocidades na seção (curvas isotáqueas).

Finalmente, cabe assinalar que, em certos casos, a vegetação, agindo sobre a rugosidade do leito, pode ter influência na curva-chave e provocar modificações periódicas correspondentes as diferentes estações do ano.

8.4.5.4 Condições que as estações fluviométricas devem satisfazer, para se obterem curvas-chaves significativas

a) O controle da estação deve ser estável, permanente e, se possível, único.

b) O ponto liminmétrico principal (ou único, no caso de estação simles) deve ser colocado a montante e próximo do controle. Dessa forma, a correlação vazão-nível será comandada principalmente pelo controle e pouco influenciada pelas modificações do leito do rio.

c) As contribuições de afluentes·entre o controle e ponto liminmétrico devem ser mínimas, de forma a serem evitadas variações nas condições-limite, sobretudo devido a cheias bruscas dos afluentes.

ESCOAMENTO SUPERFICIAL

d) A seção de medição de vazão deve ser o mais possível regular, com uma distribuição uniforme de velocidades; pode ser afastada do ponto liminmétrico, porém deve estar a uma distância que garanta, em todas as circunstâncias, igualdade de regime (armazenamento nulo entre as seções). No caso de serem efetuadas as medidas de vazão em seção diversa daquela de observação do nível de água, recomenda-se equipar a seção com uma escala liminmétrica para controle da área da seção transversal.

e) As estações fluviométricas devem ser instaladas, sempre que possível, com duas escalas para observação da declividade da linha de água. Se após certo tempo for verificado que há uma correlação unívoca entre o nível e a declividade, a escala de montante pode ser abandonada. Deve-se lembrar também que o conhecimento da declividade local pode ser de grande utilidade para extrapolação na curva-chave e melhor aproveitamento da estação.

8.4.6 Redes fluviométricas no Brasil

A principal rede de estações fluviométricas do território brasileiro é mantida pela Divisão de Águas do Ministério das Minas e Energia. Periodicamente, são publicados *Anuários fluviométricos* com dados relativos a determinadas bacias hidrográficas dos grandes rios. Os Estados e Organismos Interestaduais (Comissão Interestadual da Bacia Paraná, Uruguai, Sudene etc.) mantêm também redes importantes.

Deve-se notar, porém, que imensas regiões da bacia Amazônica e mesmo algumas áreas da bacia do Prata não dispõem sequer de uma estação fluviométrica.

8.5 ANÁLISE DOS DADOS RELATIVOS A UMA ESTAÇÃO FLUVIOMÉTRICA

A análise dos níveis de água e das vazões observadas em uma estação fluviométrica deve ser efetuada isoladamente, não sendo válidos, em geral, os resultados obtidos simplesmente pelo emprego da correlação nível-vazão sobre valores médios de uma das variáveis devido a curva-chave não ser linear.

Em geral, as análises efetuadas para cada uma dessas grandezas são análogas, de forma que o referido neste item vale tanto para as vazões como para os níveis observados.

8.5.1 Preparo preliminar dos dados

Os dados colhidos devem ser submetidos previamente a uma verificação que permita a correção dos erros grosseiros e sistemáticos constatados na observação do nível de água (mau funcionamento de limnígrafos, mudanças de cota das escalas, erros de data etc.).

8.5.1.1 Tabulação das vazões

A partir dos limnígrafos e leituras de escala devidamente corrigidas, através da curva-chave ou da equação de vazão devem ser determinadas as vazões médias diárias pela média das duas observações limnimétricas ou pelo nível médio diário obtido pela área dos limnigramas (cursos de água sujeitos a fortes variações de vazão). O emprego das modernas máquinas de calcular elétricas e computadores eletrônicos facilita bastante esse trabalho, fornecendo diretamente valores médios de grande interesse.

8.5.1.2 Análise comparativa dos valores e complementação de períodos não observados

Como foi indicado, a correlação de níveis de água e das vazões entre duas estações próximas de um mesmo curso de água é, em geral, bastante significativa quando não há afluentes consideráveis entre as mesmas.

Por meio dessas correlações é que se costuma verificar os elementos colhidos, a complementação e a extensão dos dados a períodos não observados.

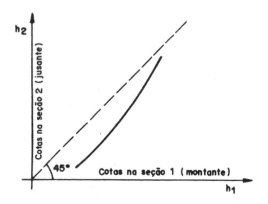

Figura 8.13 Curva de correlação típica

A correlação de níveis de água de duas estações sujeitas a um mesmo controle costuma ser linear; colocando-se, então, em um gráfico cartesiano as "cotas" do nível de água nas duas seções, obtém-se uma reta que tende, com o aumento da vazão, a se aproximar da reta (inclinada de 45° se as escalas forem iguais, ver Fig. 8.13) que indica a igualdade de cotas nas duas seções.

A correlação de vazões entre duas seções sucessivas costuma ser bastante sugestiva, devendo, porém, ser levado em conta para os níveis elevados as possibilidades de armazenamento de água entre as duas seções; a correlação de vazões médias mensais afasta, até certo ponto, o inconveniente apontado, bem como os erros decorrentes da defasagem na passagem das ondas de cheia ou estiagem.

Quando as seções a serem correlacionadas são distantes, a defasagem entre as observações em regime variável deve ser levada em conta. Em princípio, essa defasagem pode ser calculada pela expressão da velocidade de propagação das ondas solitárias:

$$U = V\sqrt{g(h - 3/2\, h_1)}$$

onde V é a velocidade média da água que escoa, g a aceleração da gravidade, h a profundidade média do trecho e h_1 a amplitude máxima da onda.

ESCOAMENTO SUPERFICIAL

A maneira mais segura para o traçado da curva de correlação é adotar unicamente pontos correspondentes a escoamento permanente. Para tanto, escolhem-se períodos em que a vazão (ou nível) oscile pouco nas duas seções. Evidentemente esses períodos devem ser superiores ao tempo de propagação das ondas entre as duas seções.

A ajustagem de uma equação à curva de correlação pode ser feita pelo processo dos mínimos quadrados.

A correlação de vazões com outros cursos de água de características semelhantes pode ser tentada para completar dados ou estender períodos de observação. Em geral, porém, essas correlações, mesmo com cuidados especiais, não levam a resultados satisfatórios, sendo mais recomendável, no caso de deficiências absolutas de dados, recorrer, sempre que possível, às informações obtidas a partir da correlação chuva-deflúvios.

A verificação das observações e complementação de dados também são efetuadas a partir da análise dos fluviogramas.

8.5.1.3 Boletins fluviométricos

Com os dados corrigidos e completados, são elaborados os boletins fluviométricos definitivos e traçados os fluviogramas (gráficos que indicam as variações, no tempo, dos valores médios das vazões e dos níveis de água). Os boletins fluviométricos devem conter, de forma clara e sucinta, os dados colhidos e as diferentes médias (diárias, mensais, anuais) das principais grandezas características do escoamento superficial (nível de água, vazão, vazão específica, altura média equivalente, módulo etc.).

8.5.2 Elementos estatísticos característicos

Os mesmos elementos estatísticos utilizados no estudo das precipitações são utilizados no estudo das grandezas que interessam ao escoamento superficial.

8.5.3 Estudo do módulo (deflúvio anual)

O estudo do módulo de um curso de água (ou da vazão média anual) está ligado ao da altura pluviométrica anual. Para essa grandeza podem ser feitas considerações análogas às expostas no Cap. 5 — Precipitações atmosféricas.

Um valor bastante significativo para a comparação entre bacias hidrográficas diferentes (ou trechos diversos da mesma bacia) é a *vazão média específica*, medida em $l/s/km^2$ e obtida dividindo-se a média dos módulos por 31 536 000 (número de segundos do ano) e pela área da bacia contribuinte. O valor máximo conhecido dessa grandeza é de cerca de 200 $l/s/km^2$ (observado para pequenas bacias, da ordem de 80 km^2, na Noruega). Entre nós, esse coeficiente (que é função das características e da área da bacia) costuma oscilar entre 10 e 40 $l/s/km^2$.

8.5.4 Estudo das vazões médias mensais

O estudo das vazões médias mensais é útil principalmente para cálculos prévios de potência e energia de usinas hidrelétricas. A análise estatística das vazões médias mensais é feita por meio das mesmas curvas adiante indicadas para a análise das vazões média diárias.

Para as vazões mensais também podem ser feitas considerações análogas às expostas para as alturas fluviométricas mensais.

8.5.5 Estudo das vazões e níveis de água médios diários

Para grande número de aplicações (navegação, potências disponíveis, inundações, etc.) é necessário um conhecimento detalhado dos níveis de água e das vazões em uma determinada seção. É, então, comum o emprego de valores médios diários, devendo se notar que em certos casos particulares (pequenas bacias contribuintes) recorre-se mesmo a duas ou mais observações efetuadas no mesmo dia.

As longas séries de dados assim obtidos costumam ser analisados por meio de curvas e gráficos dos valores ordenados em ordem natural ou ordem crescente (ou decrescente). Deve-se assinalar, desde logo, que o emprego de computadores eletrônicos facilita enormemente os trabalhos nessa fase de estudos hidrológicos.

Os valores diários das vazões e níveis de água nos rios não são, como no caso das precipitações, independentes do tempo. A azão que ocorre num dia é ligada, de certa forma, à que ocorre nos dias anteriores e às que ocorrerão nos dias seguintes; a ligação entre os valores sucessivos é tanto menor quanto maior for o intervalo de tempo que os separa. Esse fato, chamado pela expressão *valores sucessivos não-independentes*, ou não aleatórios totalmente, deve ser levado em conta em todas as análises estatísticas e obriga ao emprego de teorias especialmente elaboradas.

8.5.5.1 Fluviogramas

Indicam as variações dos níveis de água (ou de vazões) ao longo do tempo. São úteis para a análise detalhada do regime de escoamento e sobretudo para verificação das variações diárias. A comparação de diversos fluviogramas ao longo do curso de água permite o estudo da propagação e deformação das ondas dos regimes não-permanentes.

8.5.5.2 Curvas de freqüência

São obtidas a partir da classificação dos valores em intervalos de classe ordenados em ordem crescente. As curvas de freqüência monótonas (histogramas) são traçadas colocando-se em eixos ortogonais os intervalos de classe e o número de dias durante os quais os valores compreendidos no intervalo foram observados; quando os intervalos de classe tendem para zero, o histograma tende para a curva de freqüências (absolutas ou relativas, conforme o caso).

8.5.5.3 Curvas de duração

Indicam, para cada intervalo de classe, o número de dias em que a grandeza foi atingida ou ultrapassada no intervalo de tempo considerado. São obtidas pela acumulação conveniente das freqüências observadas.

O estudo detalhado dessas curvas, que para longos períodos se confundem com as curvas de probabilidade, será efetuado no Cap. 9 — Previsão de enchentes.

As curvas de duração (de persistência ou freqüências acumuladas) podem ser traçadas ano por ano ou para todo o período de vários anos. No 1º caso pode-se obter uma curva relativa a um ano médio ideal que tem significado restrito (empregada nos estudos de navegação), pois corresponde a uma certa "regularização" do regime natural do curso de água. A curva obtida pela ordenação da totalidade dos valores de vá-

ESCOAMENTO SUPERFICIAL

rios anos, com o eixo dos tempos graduados em 365 dias (ou em porcentagem de tempo, o que é mais indicado), corresponde à curva "anual média" e é mais significativa, sendo necessariamente empregada para os cálculos detalhados de potência das usinas hidrelétricas.

A curva de duração, além de fornecer os valores máximos e mínimos do período, fornece alguns valores característicos, como $Q_{50\%}$, $Q_{75\%}$, $Q_{90\%}$, $h_{50\%}$, $h_{75\%}$, $h_{90\%}$ etc., correspondentes a valores de persistência de 50%, 75%, 90% etc., ou Q_1, Q_2, h_1, h_2 etc., correspondentes a valores observados em um dia, dois dias, etc., de largo emprego para o dimensionamento de obras a partir de critérios econômicos e probabilísticos.

Diversas tentativas têm sido feitas para ajustar as curvas de freqüência a expressões algébricas, o que facilitaria enormemente a comparação entre regimes diversos de escoamento e os cálculos probabilísticos. Essas tentativas, porém, não têm sido coroadas de êxito, restando como recurso a ajustagem pelas distribuições e estatísticas de freqüências clássicas (por exemplo, as distribuições de Pearson e Galton), que serão expostas no Cap. 9 — Previsão de enchentes.

8.5.5.4 Curva de massa

Indica, em cada momento (dia, no caso), o volume total escoado pela seção, a partir de um instante inicial arbitrário. É também chamada *curva integral das vazões*.

8.6 REGIME DOS CURSOS DE ÁGUA

O regime dos cursos de água em nossas regiões acompanha essencialmente o regime geral de precipitações da bacia hidrográfica; deve-se, porém, notar que os rios de grandes bacias podem espelhar a somatória de regimes pluviométricos diversos. Deve-se, ainda, assinalar que certas condições particulares, como a existência de grandes áreas inundáveis, podem influenciar de forma notável o regime dos cursos de água, como ocorre, por exemplo, quando o rio Paraguai atravessa os pantanais mato-grossenses.

8.7 CARTAS DE DISTRIBUIÇÃO GEOGRÁFICA DE GRANDEZAS CARACTERÍSTICAS DO ESCOAMENTO SUPERFICIAL

Para algumas bacias hidrográficas e mesmo para alguns países e territórios extensos têm sido traçadas cartas que indicam, por meio de curvas ou outras convenções, a distribuição geográfica do coeficiente de escoamento superficial, do déficit de escoamento, das vazões médias específicas, das vazões máximas etc.

Essas representações são de enorme utilidade; infelizmente, entre nós, os dados fluviométricos disponíveis não são ainda suficientes para o traçado dessas cartas, pelo menos para regiões suficientemente amplas que tenham um valor prático.

REFERÊNCIAS BIBLIOGRÁFICAS

BUREAU of Reclamation. *Water measurement manual*. Denver, 1953.

DEPARTAMENTO de Águas e Energia Elétrica. *Normas para as medições de descargas utilizando-se o molinete hidrométrico*. São Paulo, 1960.

ESCANDE, L. *Hydraulique Générale*. Toulouse, Edoward Privat, tomo III, 1950.

GONZÁLEZ, M. "Influencia del movimiento vertical debido al Oleaje en los medidores de velocidade horizontales." Trabalho apresentado ao I Congresso Latino-Americano de Hidráulica, Porto Alegre, 1964.

GROVER, N.C. e HARRINGTON, A.W. *Stream flow*; measurements, records and their uses. Nova Iorque, John Wiley & Sons, 1943.

JOHNSTONE, D. & CROSS, W.P. *Elements of Applied Hydrology*. Nova Iorque, Ronald Press, 1949.

MINISTÉRIO DA AGRICULTURA, Divisão de Águas. *Boletim fluviométrico*, n.º 12. Rio de Janeiro, 1953.

PIMENTA. C.F. "Hidráulica". Notas de aula da Escola Politécnica de São Paulo, Curso de Canais, 1955.

RÉMÉNIÉRAS, G. *L'hydrologie de l'ingénieur*. Paris, Eyrolles, 1960. (Coleção do Laboratoire National d'Hydraulique.)

ROCHE, M. *Hydrologie de surface*. Paris, Gauthier-Villards, 1963.

SCHOKLITSCH, A. *Arquitetura hidráulica*. Barcelona, Gustavo Gili, tomo I, 1961.

STRELITZ. J.C. "Sobre o preenchimento de valores fluviométricos omitidos pelo método de alturas correspondentes". In revista *Engenharia*, n.º 156, novembro, 1955.

WISLER, C.O. e BRATTER, E.F. *Hydrology*. Nova Iorque, John Wiley & Sons, 1949.

9
Previsão de Enchentes

9.1 GENERALIDADES

Um grande número de estruturas hidráulicas tem o seu dimensionamento condicionado à predeterminação da vazão máxima provável em uma seção de um curso de água. Como exemplos podem ser citados os extravasores de barragens, as seções de escoamento de pontes e a altura dos diques de proteção contra inundações.

Nessas estruturas, a par de considerações de ordem econômica incluídas nas análises do tipo benefício/custo, as vazões máximas prováveis constituem a principal preocupação dos engenheiros hidráulicos. Geralmente, as medições diretas das vazões de enchentes são difíceis e/ou grosseiras, devido ao custo e a operação dos limnígrafos. Em conseqüência, no Brasil, poucos são os dados de vazões de cheias disponíveis, o que tem ocasionado o emprego de fórmulas empíricas estabelecidas em função das características essenciais das bacias hidrográficas. Entretanto, nas regiões mais desenvolvidas do país, tem havido ultimamente um maior empenho na coleta e publicação de dados hidrológicos, permitindo a utilização de métodos estatísticos de previsão de enchentes em algumas bacias hidrográficas brasileiras.

Entre outras utilidades, os métodos estatísticos possibilitam a solução dos seguintes problemas de previsão de vazões em um ponto dado de um curso de água:

1. Estimativa da vazão mais freqüentemente esperada (estimativa do valor central).

2. Estudo do grau de dispersão das vazões superiores ou inferiores ao valor central e a probabilidade de ocorrência (ou a freqüência provável) dessas vazões (descargas mínimas, descargas máximas, vazões de enchentes).

3. Determinação das alturas fluviométricas e das velocidades de escoamento correspondentes às referidas vazões.

4. Estudo da propagação das ondas de inundação, ao longo de um curso de água.

252 *HIDROLOGIA*

5. Determinação dos volumes de água disponíveis durante um intervalo de tempo fixado.

A solução desses problemas é obtida através de:

a) análise estatística da distribuição dos dados fluviométricos observados e indução estatística da lei de ocorrência do fenômeno.

b) estudo estatístico da correlação entre as precipitações atmosféricas e os dados fluviométricos observados, para serem determinados os correspondentes coeficientes de deflúvio.

c) estudo das variações instantâneas das vazões e dos volumes totais disponíveis em função das perdas por evaporação e por infiltração;

d) considerações sobre influências exercidas por reservatórios de acumulação sobre as descargas de um curso de água.

e) análise comparativa dos fluviogramas obtidos em diferentes bacias hidrográficas ou em diferentes pontos de uma mesma bacia.

9.2 FÓRMULAS EMPÍRICAS PARA A PREVISÃO DE ENCHENTES

9.2.1 Fórmulas de Fuller

Cronologicamente, as mais antigas fórmulas para a previsão de enchentes são as de Fuller (1913-1914), que estudou originariamente as cheias do rio Tohickon, nos EUA, num período de 25 anos. Nesse estudo foram consideradas sucessivamente a máxima enchente no período, depois a maior com exceção da máxima, a terceira em ordem de grandeza, conforme a Tab. 9.1. Na segunda coluna figuram as razões dos valores das máximas enchentes para o valor médio anual. Se em lugar do número relativo à segunda cheia for colocada a média das duas maiores enchentes, do referente

Tabela 9.1

Número da enchente em ordem de grandeza decrescente	Razão entre o valor da enchente e o valor da enchente média anual	Média das máximas	Período de recorrência (em anos)
1	2,10	2,10	25
2	1,59	1,85	12,5
3	1,45	1,71	8,33
4	1,30	1,61	6,25
5	1,21	1,53	5
6	1,15	1,47	4,17
7	1,06	1,41	3,57
8	1,06	1,36	3,33
9	1,01	1,33	2,79
10	1,01	1,29	2,50

PREVISÃO DE ENCHENTES

à terceira, a média das três maiores, e assim sucessivamente, tem-se os valores da terceira coluna.

A enchente máxima corresponde a uma freqüência de uma vez em 25 anos, a média das duas maiores corresponde a uma freqüência de uma vez em 12,5 anos, e assim por diante.

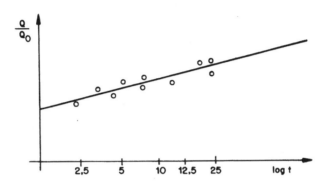

Figura 9.1

Graficando-se os valores da Tab. 9.1 e tendo os logaritmos dos tempos como abscissas e os valores das razões Q/Q_0 como ordenadas, observa-se que os pontos obtidos estão mais ou menos na reta da equação:

$$Q = Q_0 (1 + 0,76 \log t)$$

onde:

Q = a vazão máxima provável em t anos;

Q_0 = a média anual das vazões máximas absolutas.

Depois de haver estudado esse caso particular, Fuller, considerando conjuntamente os outros rios como se se tratasse de um único rio, estabeleceu fórmulas empíricas para previsão de enchentes. Como expressão da vazão máxima provável em t anos, sugeriu:

$$Q = Q_0 (1 + 0,8 \log t) \qquad (9.1)$$

Por sua vez, segundo Fuller, Q_0 depende de Q_d (média anual das vazões máximas diárias), assim:

$$Q_0 = Q_d (1 + 2,66 \, A^{-0,3}) \qquad (9.2)$$

254   *HIDROLOGIA*

onde A é a área da bacia em km^2 e Q_d, também segundo Fuller, é dependente da bacia contribuinte de acordo com a lei:

$$Q_d = CA^{0,8} \qquad (9.3)$$

sendo C um coeficiente a determinar caso por caso, com dados de observação disponíveis.

Substituindo-se (10.3) e (10.2) em (10.1), tem-se:

$$Q = CA^{0,8}(1 + 2,66\,A^{-0,3})(1 + 0,8 \log t) \qquad (9.4)$$

Inúmeras críticas foram feitas às fórmulas de Fuller, como por exemplo: a fórmula (9.3) é totalmente empírica; a fórmula (9.2) se choca com numerosos dados experimentais; e a fórmula (9.1), com a pretensão de exprimir todos os cursos de água da terra numa fórmula única, é dificilmente aceitável.

A experiência, contudo, tem demonstrado que fórmulas do tipo:

$$Q = q_0 + q_1 \log t \qquad (9.5)$$

servem bem para determinar a vazão máxima provável em t anos (sendo q_0 e q_1 constantes a determinar caso por caso, com base nos dados observados).

Outra fórmula empírica é a de Foster (1924), que procurou determinar uma curva de probabilidade válida na distribuição das vazões, adotando a curva tipo III de Pearson. A fórmula obtida não difere muito da (9.5), mas leva vantagem conceitual sobre o método de Fuller por indicar fórmula individual para cada curso de água. Como a prática tem mostrado que os resultados obtidos não diferem muito dos do método de Fuller, este é mais empregado por ser mais simples.

9.2.2 Fórmulas para a estimativa das vazões máximas em pequenas bacias hidrográficas

Além da fórmula de Fuller, são muito conhecidas as fórmulas de McMath e de Bürkli-Ziegler, aplicadas no dimensionamento de bueiros e galerias de águas pluviais.

Sendo A a área da bacia (em hectares), h a intensidade pluviométrica (em mm/hora), ψ o coeficiente de escoamento superficial e φ o coeficiente de retardamento, cujo valor é inferior a 1 (tendendo para a unidade quando a área A tende para zero), a vazão a ser prevista em m^3/s será:

$$Q = \frac{1}{360}\ \psi\varphi A h$$

O coeficiente de retardamento nesse caso é:

$$\varphi = \frac{1}{\sqrt[c]{A}}$$

PREVISÃO DE ENCHENTES

sendo:

n = 4 (Bürkli-Ziegler) para bacias de pequenas declividades (inferiores a 5/1000);
n = 5 (McMath) para bacias de declividades médias (até 1/100)
n = 6 (Brix) para bacias de declividades fortes (superiores a 1/100)

Outras fórmulas exprimem φ em função do comprimento L da bacia (expresso em hectômetros), por exemplo:

$$\varphi = \frac{1}{\sqrt[n]{L}}$$

sendo:

n = 3,5 para declividaders fortes;
n = 3,0 para declividades médias;
n = 2,5 para declividades fracas..

O coeficiente de escoamento superficial (ψ) no caso de pequenas bacias depende quase que exclusivamente do grau de impermeabilização da bacia contribuinte, desprezando-se as perdas por evaporação, não só devido à pequena área da bacia, mas também, e principalmente, porque nas ocasiões das precipitações intensas o ar está praticamente saturado de vapor de água. Alguns valores indicativos do coeficiente ψ são dados a seguir.

a) *Valores de* ψ baseados nas características gerais da bacia receptora:

áreas centrais com grande densidade de habitações com ruas e calçadas pavimentadas	0,70 a 0,90
áreas adjacentes ao centro com menor densidade de habitações, mas com ruas e calçadas pavimentadas	0,70
zonas residenciais com habitações muito próximas umas das outras e ruas pavimentadas	0,65
zonas residenciais com número médio de habitações	0,55 a 0,65
zonas residenciais de subúrbio com pequena densidade de habitações	0,35 a 0,55
bairros ajardinados e com ruas macadamizadas	0,30
superfícies arborizadas, parques ajardinados, campos de esporte pavimentadas	0,10 a 0,20

b) *Valores de* ψ baseados nas características detalhadas da superfície da bacia:

superfície de telhados	0,70 a 0,95
pavimentos	0,40 a 0,90
vias macadamizadas	0,25 a 0,60

vias e passeios apedregulhados	0,15 a 0,30
superfícies não-pavimentadas, quintais e lotes vazios	0,10 a 0,30
parques, jardins, gramados, dependendo da declividade e do subsolo	0,05 a 0,25

Quando a bacia coletora é constituída de sub-bacias com diferentes coeficientes de deflúvio, o valor global de ψ pode ser obtido pela média ponderada dos valores dos coeficientes das áreas parciais.

9.3 FUNDAMENTOS DOS PROCESSOS ESTATÍSTICOS

Nos países mais desenvolvidos há muito são metodicamente coligidos dados sobre os níveis dos cursos de água nas cheias notáveis, o que possibilita o conhecimento histórico das grandes enchentes. Até a época dos trabalhos de Fuller (1914), considerava-se como vazão máxima crítica a máxima vazão observada multiplicada por um coeficiente de segurança, independente do número de anos das observações. Era freqüente o emprego do coeficiente de segurança igual a dois.

Hazen mostrou que os registros fluviométricos eram amostras extraídas de um universo cuja função de distribuição deveria ser inferida, e, nesse particular, Fuller, sem o saber, foi o precursor dos métodos estatísticos, por haver introduzido a noção fundamental da variação da vazão máxima provável com a duração do período de observação (tempo de recorrência). Em 1936, Gumbel provou que somente a teoria dos valores extremos poderia fornecer um método rigoroso para a previsão de enchentes.

Como a medida dos dados pluviométricos quase sempre é muito mais fácil que a das vazões de enchentes, o estudo das vazões máximas é feito freqüentemente de modo indireto, utilizando-se dados pluviométricos. O problema então se complica, pois, em lugar de uma única variável (as vazões registradas), surgem quatro: intensidade e duração das precipitações, áreas das bacias, coletoras e coeficiente de escoamento superficial. Nesse caso, o estudo limita-se à área e à duração mais desfavoráveis, admitindo-se o máximo coeficiente de escoamento superficial, o que conduz a uma única variável aleatória — a intensidade da chuva — e portanto ao mesmo tratamento estatístico que o das vazões.

Assim, quanto ao tratamento estatístico, a previsão de enchentes por meio de uma amostra de vazões ou de chuvas se resume à pesquisa o universo das mesmas. Fisher decompôs o problema de sua pesquisa em três etapas:

1ª) A *especificação* — que consistiu na escolha de uma forma matemática para definir o universo do qual foi extraída a amostra. Essa forma foi determinada por constantes denominadas parâmetros.

2ª) A *estimativa* — que consistiu no cálculo estatístico capaz de estimar os valores dos parâmetros. Esse cálculo foi feito a partir das amostras.

3ª) A *distribuição* — que consistiu em verificar como as estimativas dos parâmetros estão distribuídas em amostras ocasionais, retiradas do universo na forma especificada. Obteve-se, assim, uma idéia da grandeza dos erros cometidos na estimativa

PREVISÃO DE ENCHENTES

dos parâmetros e também uma base para verificar a adequação da forma matemática proposta para o universo das vazões.

Na prática, entretanto, não basta determinar o universo das vazões; é necessário, também, escolher-se a enchente a ser considerada no projeto das obras, enchente esta que será ultrapassada com uma certa probabilidade arbitrariamente prefixada.

Engenheiros hidráulicos, trabalhando com dados de espaçamento igual no tempo, preferem substituir o conceito mais ou menos abstrato de probabilidade por um de significado físico mais concreto, que é o período de retorno $T(X)$, definido como o inverso da probabilidade da enchente ser ultrapassada:

$$T(X) = \frac{1}{[1 - F(X)]}$$

Esse período corresponde ao intervalo de tempo médio que separa duas enchentes maiores que X.

A escolha da enchente de projeto é problema idêntico ao da fixação da segurança aceitável. O Prof. Ruy Aguiar da Silva Leme, em uma de suas teses de concurso, Os extremos de amostras ocasionais e suas aplicações à Engenharia, Universidade de São Paulo, 1954, no que se refere à determinação do universo das enchentes, ensina que:

> Duas têm sido as soluções dadas ao problema da determinação do universo das enchentes: a paramétrica e a não-paramétrica. Adotada a segunda, não surge o problema da especificação, uma vez que não é assumida nenhuma forma matematicamente definida para o universo. Optando-se pela solução paramétrica, aparece como primeiro problema especificar a lei que rege a distribuição de vazões, tendo sido propostos para esse fim, entre outras, a normal, a log normal e as leis de Pearson.

Considerando quatro tipos de vazão — instantânea, horária, diária e anual (sendo as três últimas as médias das vazões instantâneas no respectivo período) — apenas no caso das vazões anuais tem sido empregada com sucesso a distribuição normal (Coutagne 1948). Nos demais tipos, bem como no caso de chuvas, esse emprego tem resultado em discrepâncias (Beard, 1942).

A lei log normal, que na opinião de diversos autores é a mais indicada para representar a distribuição das enchentes, tem sido muito mais empregada que a de Gauss.

A família de distribuições de Pearson tem tido poucos adeptos, por ser julgada de emprego trabalhoso. Goodrich (1927) procurou substituí-la por uma outra de aplicação mais fácil, que fornece diretamente $F(X)$ através da seguinte expressão:

$$F(X) = \frac{1^{k(x-a)^c}}{(b - x)^d}$$

Esta multiplicidade de soluções para um mesmo problema demonstrava que este estava longe de ser resolvido. Com efeito, um engenheiro, de posse de uma amostra, obteria um valor diferente para a enchente, qualquer que fosse a solução adotada, o que lançou o descrédito na aplicação da estatística para previsão de enchentes.

Diante de múltiplas especificações para a forma do universo, os testes estatísticos são capazes apenas de separar as formas das quais a amostra pode ou não provir, mas nunca indicarão exatamente aquele universo do qual a amostra realmente foi extraída. Assim, a estatística não fornece elementos de opção entre as diversas especificações que satisfaçam os testes, não sendo possível decidir qual das previsões é confiável.

Gumbel, verificando a confusão existente entre os autores que se dedicavam à previsão de enchentes para a solução do problema da especificação, procurou contornar essa dificuldade, como se passa a examinar.

Assim como em inúmeros testes estatísticos se conseguiu evitar o problema da natureza da distribuição original utilizando estatísticas, que se distribuem, aproximadamente, segundo a lei normal, era necessário descobrir alguma estatística cuja distribuição se conhecesse a *priori* e fornecesse elementos para se prever as enchentes. Evidentemente, o maior valor preenchia esses requisitos.

No caso de se definir enchente como a maior vazão diária de cada ano, é possível associar a sua distribuição àquela de maior valor entre amostras ocasionais. A verdade, no entanto, é que essa definição não está de acordo com a noção geralmente aceita. Assim, num ano excepcionalmente seco, uma enchente, segundo essa definição, poderá ser uma vazão bastante baixa, enquanto que em um outro, diversas inundações não seriam consideradas enchentes.

Se for admitido como ''grande'' uma amostra de 365 elementos, pode-se afirmar que a distribuição das enchentes será regida por uma das três leis limites: $L_{\lambda}(x)$, $L_{k}(x)$, $L_{\infty}(x)$, e que, partindo-se da mesma, obtém-se uma demonstração para uma lei estabelecida empiricamente por Fuller (1926) e verificada por diversos autores. Essa lei relaciona a vazão x com o período de retorno da mesma.

9.4 EXEMPLOS DE APLICAÇÃO DE MÉTODOS ESTATÍSTICOS

9.4.1 Previsão de enchentes no rio Paraíba, em Guararema, no Estado de São Paulo

Área de drenagem da bacia hidrográfica: 5 300 km^2. As observações disponíveis cobrem um período de 39 anos (do ano hidrológico 1922/23 ao 1960/61.

Para o cálculo dos parâmetros estatísticos dos dados de Guararema (Tab. 9.2), organiza-se um quadro (Quadro 9.1), onde:

Coluna 1 — número de ordem i de cada vazão em forma decrescente

Coluna 2 — valor de X_i das vazões diárias máximas e anuais

Coluna 3 — afastamento X_i da respectiva média aritmética $\overline{X}$, isto é, o afastamento
$$x_i = X_i - \overline{X}$$

Coluna 4 — quadrado do afastamento da coluna 3, $x_i^2 = (X_i - \overline{X})^2$

PREVISÃO DE ENCHENTES

Tabela 9.2 Dados de vazões máximas diárias do rio Paraíba, em Guararema

Ano	Q_i (m³/s)	Ano	Q_i (m³/s)
1922/23	518	1942/43	248
1923/24	496	1943/44	540
1924/25	350	1944/45	460
1925/26	335	1945/46	185
1926/27	320	1946/47	496
1927/28	296	1947/48	399
1928/29	398	1948/49	326
1929/30	335	1949/50	365
1930/31	331	1950/51	319
1931/32	323	1951/52	434
1932/33	242	1952/53	192
1933/34	284	1953/54	173
1934/35	311	1954/55	210
1935/36	394	1955/56	359
1936/37	246	1956/57	344
1937/38	304	1957/58	414
1938/39	409	1958/59	600
1939/40	483	1959/60	278
1940/41	181	1960/61	265
1941/42	221		

Coluna 5 — cubo do afastamento da coluna 3, $x_i^3 = (X_i - \overline{X})^3$

Coluna 6 — quarta potência do afastamento da coluna 3, $x_i^4 = (X_i - \overline{X})^4$

Coluna 7 — freqüência percentual de recorrência (f_i) das vazões, calculada pelo método de Kimball, segundo a fórmula:

$$f_i = \frac{i}{n + 1} \times 100$$

Coluna 8 — $F_i = 100 - f_i$

Em função dos dados do quadro, são determinados os seguintes valores:

$$n = 39 \qquad \Sigma x^3 = 19\ 006\ 805$$
$$\Sigma x = 9,0 \qquad \Sigma x^4 = 12\ 164\ 652\ 407$$
$$\Sigma x^2 = 427\ 547$$

Calculam-se, então, os seguintes parâmetros:

a) A *média aritmética* $\overline{X}$ dos valores x_i da coluna 2:

$$\overline{X} = \frac{\Sigma X}{n} = 343,2$$

HIDROLOGIA

b) O desvio padrão da amostra:

$$S = \sqrt{\frac{\Sigma x^2}{n-1}} = 106,1$$

c) O coeficiente de variação:

$$C_v = \frac{S}{X} = 0,308$$

d) O coeficiente de assimetria:

$$\alpha_3 = \frac{\Sigma(X - \overline{X})^3}{nS^3} = 0,34$$

O fato de ser esse valor maior que zero ($\alpha_3 > 0$) indica que a distribuição tem pequena assimetria positiva.

e) A medida de curtose:

$$\alpha_4 = \frac{\Sigma(X - \overline{X})^4}{nS^4} = 2,94$$

Sendo esse valor menor que 3 ($\alpha_4 < 3$), conclui-se que a distribuição seja ligeiramente platicúrtica, isto é, tem curva de freqüência um pouco menos aguda do que a curva normal.

Quadro 9.1 Cálculo dos parâmetros estatísticos

N.º de ordem	X_i	$x = X\text{-}X$	x^2	x^3	x^4	f	F
1	2	3	4	5	6	7	8
1	600	257	66 049	16 974 593	4 362 470 401	2,5	97,5
2	540	197	38 809	7 645 373	1 506 138 481	5	95
3	518	175	30 625	5 359 375	937 890 625	7,5	92,5
4	496	153	23 409	3 581 577	547 981 281	10	90
5	496	153	23 409	3 581 577	547 981 281	12,5	87,5
6	483	140	19 600	2 744 000	384 160 000	15	85,5
7	460	117	13 689	1 601 613	187 388 721	17,5	82,5
8	434	91	8 281	753 571	68 574 961	20	80
9	414	71	5 041	357 911	25 411 681	22,5	77,5
10	409	66	4 356	287 496	18 974 736	25	75
11	399	56	3 136	175 616	9 834 496	27,5	72,5
12	398	55	3 025	166 375	9 150 625	30	70
13	394	51	2 601	132 651	6 765 201	32,5	67,5
14	365	22	484	10 648	234 256	35	65

(continua)

PREVISÃO DE ENCHENTES

Quadro 9.1 Cálculo dos parâmetros estatísticos *(continuação)*

Nº de ordem	X	$x = X\text{-}X$	x^2	x^3	x^4	f	F
1	2	3	4	5	6	7	8
15	359	16	256	4 096	65 536	37,5	62,5
16	350	7	49	343	2 401	40	60
17	344	1	1	1	1	42,5	57,5
18	335	-8	64	-512	4 096	45	55
19	335	-8	64	-512	4 096	47,5	52,5
20	331	-12	144	-1 728	20 736	50	50
21	326	-17	289	-4 913	83 521	52,5	47,5
22	323	-20	400	-8 000	160 000	55	47,5
23	320	-23	529	-12 167	279 841	57,5	42,5
24	319	-24	576	-13 824	331 776	60	40
25	311	-32	1 024	-32 768	1 048 576	62,5	37,5
26	304	-39	1 521	-59 319	2 313 441	65	35
27	296	-47	2 209	-103 823	4 879 681	67,5	32,5
28	284	-59	3 481	-205 379	12 117 361	70	30
29	278	-65	4 225	-274 625	17 850 625	72,5	27,5
30	265	-78	6 084	-474 552	37 015 056	75	25
31	248	-95	9 025	-857 375	81 450 625	77,5	22,5
32	246	-97	9 409	-912 673	88 529 281	80	20
33	242	-101	10 201	-1 030 301	104 060 401	82,5	17,5
34	221	-122	14 884	-1 815 848	221 533 456	85,5	15
35	210	-133	17 689	-2 352 637	312 900 721	87,5	12,5
36	192	-151	22 801	-3 442 951	519 885 601	90	10
37	185	-158	24 964	-3 944 312	623 201 296	92,5	7,5
38	181	-162	26 244	-4 251 528	688 747 536	95	5
39	173	-170	28 900	-4 913 000	835 210 000	97,5	2,5
			427 547	-19 006 805	12 164 652 407		

9.4.2 Aplicação do método de Fuller

É um dos métodos mais empregados pelos engenheiros que trabalham em Hidrologia no Estado de São Paulo. O professor Alfredo Bandini e o engenheiro Adolpho Santos Jr. adaptaram as fórmulas de Fuller para os rios Tietê e Paraíba, calculando vazões de enchentes para vários postos fluviométricos desses cursos de água.

Esse método consiste em calcular as vazões de enchentes por meio de expressões do tipo:

$$X_T = \overline{X}(a + b \cdot \log T)$$

262   *HIDROLOGIA*

onde $\overline{X}$ é a média aritmética das máximas anuais, T período de recorrências em anos, a e b parâmetros, que podem ser determinados pelo método dos mínimos quadrados e Q_T, vazão máxima provável em T anos.

A freqüência acumulada de recorrência é calculada pelo critério californiano:

$$f = \frac{i}{n}$$

e portanto o período de retorno T em anos será determinado por:

$$T = \frac{n}{i}$$

Com os dados disponíveis, é organizado então um quadro (Quadro 9.2). As médias aritméticas das colunas 4, 6, 7 e 8 permitem o cálculo dos parâmetros a e b da fórmula de Fuller.

Quadro 9.2 Método de Fuller

i	X	$\dfrac{X}{X}$	$\dfrac{1}{i}\Sigma_1^i\dfrac{X}{X}$	T	$\log T$	$(\log T)^2$	$(4)\times(6)$
1	2	3	4	5	6	7	8
1	600	1,748	1,748	39	1,5910	2,5313	2,781
2	540	1,573	1,660	19,500	1,2900	1,6641	2,141
3	518	1,509	1,610	13	1,1139	1,2408	1,793
4	496	1,445	1,569	9,749	0,9889	0,9779	1,551
5	496	1,445	1,544	7,800	0,8921	0,7958	1,377
6	483	1,407	1,521	6,500	0,8129	0,6081	1,236
7	460	1,340	1,484	5,571	0,7459	0,5564	1,107
8	434	1,265	1,466	4,875	0,6879	0,4732	1,008
9	414	1,206	1,437	4,333	0,6367	0,4054	0,915
10	409	1,192	1,413	3,900	0,5910	0,3493	0,835
11	399	1,162	1,390	3,545	0,5496	0,3021	0,764
12	398	1,160	1,371	3,250	0,5118	0,2619	0,702
13	394	1,148	1,354	3	0,4771	0,2276	0,646
14	365	1,064	1,333	2,785	0,4448	0,1978	0,593
15	359	1,046	1,314	2,600	0,4149	0,1721	0,545
16	350	1,020	1,296	2,437	0,3868	0,1496	0,501
17	344	1,002	1,278	2,294	0,3605	0,1300	0,461
18	335	0,976	1,262	2,166	0,3356	1,1126	0,424
19	335	0,976	1,247	2,052	0,3121	0,0974	0,389
20	331	0,964	1,232	1,950	0,2900	0,0841	0,357

(continua)

PREVISÃO DE ENCHENTES   263

Quadro 9.2 Método de Fuller   *(continuação)*

i	X	$\dfrac{X}{X}$	$\dfrac{1}{i}\,\Sigma_1^i\,\dfrac{X}{X}$	T	$\log T$	$(\log T)^2$	$(4) \times (6)$
1	2	3	4	5	6	7	8
21	326	0,950	1,219	1,857	0,2688	0,0723	0,328
22	323	0,941	1,206	1,772	0,2484	0,0617	0,300
23	320	0,932	1,194	1,695	0,2291	0,0525	0,274
24	319	0,930	1,183	1,625	0,2108	0,0444	0,249
25	311	0,906	1,172	1,560	0,1931	0,0373	0,226
26	304	0,886	1,161	1,500	0,1760	0,0310	0,204
27	296	0,862	1,150	1,444	0,1595	0,0254	0,183
28	284	0,828	1,139	1,390	0,1430	0,0204	0,163
29	278	0,810	1,127	1,344	0,1283	0,0165	0,145
30	265	0,772	1,116	1,300	0,1139	0,0130	0,127
31	248	0,723	1,103	1,258	0,0996	0,0099	0,110
32	246	0,717	1,091	1,219	0,0860	0,0074	0,094
33	242	0,705	1,079	1,182	0,0726	0,0053	0,078
34	221	0,644	1,066	1,147	0,0595	0,0035	0,064
35	210	0,612	1,053	1,114	0,0468	0,0022	0,049
36	192	0,559	1,040	1,083	0,0346	0,0012	0,036
37	185	0,539	1,026	1,054	0,0228	0,0005	0,023
38	181	0,527	1,013	1,026	0,0111	0,0001	0,011
39	173	0,504	1	1	0	0	0
Total			49,667		15,7374	11,7421	22,789
Média			1,274		0,4035	0,3011	0,584

O método dos mínimos quadrados leva às seguintes expressões:

$$a = \frac{(8)-(6)(4)}{(7)-(6)^2}$$

$$b = \frac{(4)(7)-(6)(8)}{(7)-(6)^2}$$

onde:

$(\overline{4})$ = média aritmética da coluna 4, $(\overline{4})$ = 1,274;

$(\overline{6})$ = média aritmética da coluna 6, $(\overline{6})$ = 0,4035;

$(\overline{7})$ = média aritmética da coluna 7, $(\overline{7})$ = 0,3011;

$(\overline{8})$ = média aritmética da coluna 8, $(\overline{8})$ = 0,584.

Com esses dados obtêm-se: $a = 0,506$ e $b = 1,070$; $\overline{X} = 343,2$, já calculado anteriormente.

Para $T = 1\ 000$ anos:

$$X_{1\ 000} = \overline{X}(a + b \cdot \log 1\ 000) = 888\ \text{m}^3/\text{s}$$

9.4.3 Aplicação do método de Ven te Chow

Em 1951, Ven te Chow, mostrou que a maioria das funções de freqüência empregadas em análises hidrológicas pode ser resolvida por equações do tipo:

$$X_T = \overline{X} + kS$$

onde:

$\overline{X}_T$ = valor procurado da variável em estudo para o período de retorno desejado;

$\overline{X}$ = média aritmética das vazões máximas anuais;

k = o fator de frequência, que é função do período de retorno e do número de anos de observações;

S = desvio padrão da amostra'

Se for adotado o método de Gumbel, o fator de freqüência poderá ser calculado pela Tab. 9.3 (Court 1953).

Quadro 9.3

T/n	15	20	25	30	40	50	70	100	200	500
20	2,41	2,30	2,24	2,19	2,13	2,09	2,04	2	1,94	1,89
50	3,32	3,18	3,09	3,03	2,94	2,89	2,82	2,77	2,70	2,60
100	4,01	3,84	3,73	3,65	3,55	3,49	3,41	3,35	3,26	3,14
1 000	6,26	6,01	5,84	5,73	5,58	5,48	5,36	5,26	5,13	4,49

No presente caso, tem-se: $X = 343,2$, $S = 106,1$, $n = 39$, $T = 1\ 000$. Pela Tab. 9.3, determina-se $k = 5,60$. Tem-se, então:

$$X_{1\ 000} = 343,2 + 5,60 \times 106,1 = 937\ \text{m}^3/\text{s}$$

9.4.4 Aplicação do método de Foster-Hazen

Esse método adota como curva de probabilidade válida na distribuição das vazões a curva assimétrica tipo III de Pearson. As coordenadas necessárias ao traçado da curva que melhor se ajuste aos dados observados são calculadas com o auxílio da tábua

PREVISÃO DE ENCHENTES **265**

de áreas da curva de freqüência assimétrica Tipo III de Pearson, em função do coeficiente de obliqüidade ou índice de assimetria de Pearson.

Cálculo do coeficiente de obliqüidade:

$$\alpha = \frac{\overline{X} - M_o}{S} = \frac{\Sigma x^3}{2 S \Sigma x^3}$$

Já foi visto que $\Sigma x^3 = 19\ 006\ 805$, $\Sigma x^2 = 427\ 547$, $S = 106,1$, $\Sigma = 0,208$.

Ajustando-se a obliqüidade ao coeficiente de Hazen, vem:

$$\alpha' = \left(1 + \frac{8,5}{n}\right) \alpha = 0,25$$

onde: $n = 39$.

Tabela 9.4 Pontos da reta de ajuste

% de tempo 100 A/n	$\dfrac{x}{S}$	X	$X' = X + \overline{X}$
1	-1,95	-206,9	172,7
5	1,48	157,5	185,7
10	1,20	128,1	215,1
20	0,80	92,3	250,9
50	0,07	9,3	333,9
80	0,81	87,1	430,3
90	1,33	141,7	484,9
95	1,77	187,9	531,1
99	2,65	280,9	623,7
99,9	3,82	403,4	746,6
99,99	4,62	487,5	830,7

Os pontos da reta de ajuste da Tab. 9.4 foram levados ao papel geométrico de probabilidade, conforme mostra a Fig. 9.2. Pode-se notar que há boa aderência entre os pontos observados e os calculados. Porém, as vazões maiores que 400 m³/s alinham-se segundo uma reta, e as menores, em torno de outra com coeficiente angular maior.

Por isso, para $T = 1\ 000$ anos, têm-se dois valores: $X_{1\ 000} = 1\ 000$ m³/s, dado pela reta de melhor aderência dos valores mais baixos, e $X_{1\ 000} = 750$ m³/s, dado pela outra correspondente a vazões mais altas.

As vazões diárias máximas anuais foram levadas ao papel geométrico de probabilidade em função dos valores de $F = 100 - f$, isto é, $X = f(F)$, tirados do Quadro 9.1.

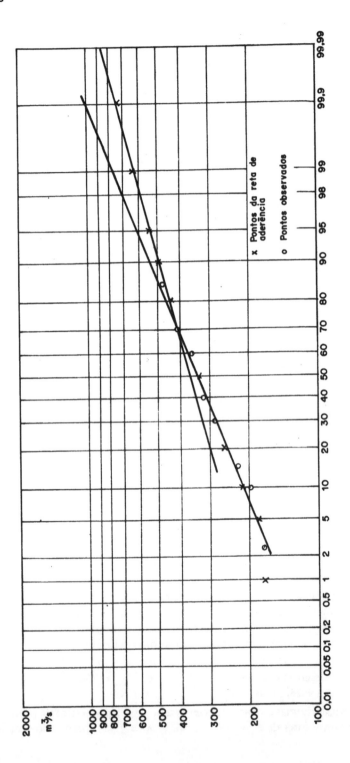

Figura 9.2 Gráfico de previsão de enchentes no rio Paraíba, em Guararema, pelo método de Hazen-Foster

PREVISÃO DE ENCHENTES

9.4.5. Aplicação do método de Foster, usando-se a curva normal de probabilidades de Gauss

Considerando o coeficiente de obliqüidade $\alpha = 0$, da tábua de áreas da curva de freqüência assimétrica Tipo III de Pearson obtêm-se os valores de X/S para calcular as coordenadas da reta de melhor aderência (ver Tab. 9.5).

Tabela 9.5

% de tempo 100 A/n	$\dfrac{x}{S}$	X	$X' = X + \overline{X}$
1	-2,33	-246,8	96,4
5	-1,65	-175,4	167,8
10	-1,28	-136,5	206,7
20	-0,84	- 90,2	253
50	0	0	343,2
80	0,84	90,2	433,4
90	1,28	136,5	479,7
95	1,65	175,4	518,6
99	2,33	246,8	590
99,9	3,09	326,7	669,9
99,99	3,73	393,9	737,1

Os valores X' (Tab. 9.5) e as vazões observadas com freqüência F correspondentes foram levados ao gráfico aritmético de probabilidade, como mostra a Fig. 9.3. Nota-se que a reta de aderência assim obtida não está bem ajustada aos pontos observados, que se alinham segundo uma reta de coeficiente angular maior.

A vazão máxima de $T = 1\,000$ anos apresenta dois resultados: $X_{1\,000} = 670$ e 740 m³/s.

9.4.6 Aplicação do método de Galton-Gibrat

Nesse método foram adotadas as seguintes equações para calcular a distribuição da probabilidade das cheias anuais:

$$P = \frac{1}{2} \int_{-\infty}^{Z} e^{-\frac{Z^2}{2}\, dZ}$$

$$Z = a \log (X - X_0) + b$$

Os dados a, b e X_0 foram os parâmetros da reta de melhor aderência dos pontos de coordenadas X e Z obtidos num gráfico semilogarítmico.

Montou-se a Tab. 9.6, cujos valores de Z' foram obtidos da tabela da curva normal de Gauss, em função de $F - 50$ (Fig. 9.4).

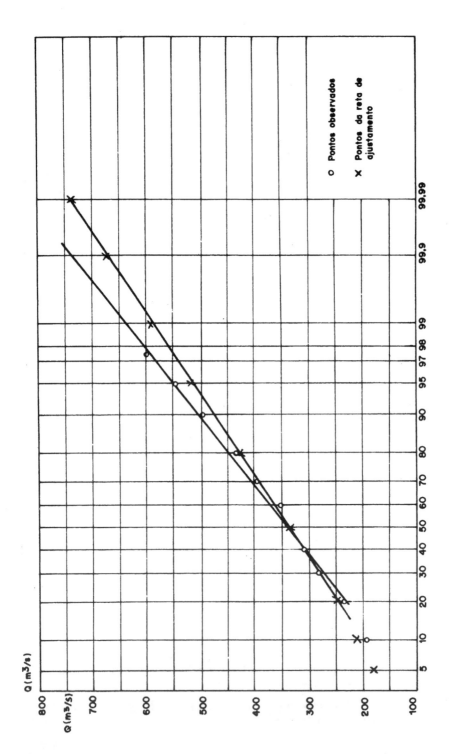

Figura 9.3 Gráfica de previsão de enchentes do rio Paraíba, em Guararema, pelo método de probabilidade aritmética.

PREVISÃO DE ENCHENTES

Tabela 9.6 Método de Galton-Gibrat

i	f	$F = 100\text{-}f$	F - 50	Z'	X
1	2,5	97,5	47,5	1,96	600
2	5	95	45	1,65	540
3	7,5	92,5	42,5	1,44	518
4	10	90	40	1,28	496
5	12,5	87,5	37,5	1,15	496
6	15	85	35	1,03	483
7	17,5	82,5	32,5	0,93	460
8	20	80	30	0,84	434
9	22,5	77,5	27,5	0,76	414
10	25	75	25	0,67	409
11	27,5	72,5	22,5	0,60	399
12	30	70	20	0,52	398
13	32,5	67,5	17,5	0,45	394
14	35	65	15	0,39	365
15	37,5	62,5	12,5	0,32	359
16	40	60	10	0,25	350
17	42,5	57,5	7,5	0,19	344
18	45	55	5	0,13	335
19	47,5	52,5	2,5	0,06	335
20	50	50	—	—	331
21	52,5	47,5	-2,5	-0,06	326
22	55	45	-5	-0,13	323
23	57,5	42,5	-7,5	-0,19	320
24	60	40	-10	-0,25	319
25	62,5	37,5	-12,5	-0,32	311
26	65	35	-15	-0,39	304
27	57,5	32,5	-17,5	-0,45	296
28	70	30	-20	-0,52	284
29	72,5	27,5	-22,5	-0,60	278
30	75	25	-25	-0,67	265
31	77,5	22,5	-27,5	-0,76	248
32	80	20	-30	-0,84	246
33	82,5	17,5	-32,5	-0,93	242
34	85	15	-35	-1,03	221
35	87,5	12,5	-37,5	-1,15	210
36	90	10	-40	-1,28	192
37	92,5	7,5	-42,5	-1,44	185
38	95	5	-45	-1,65	181
39	97,5	2,5	-47,5	-1,96	173

Os pares de valores de X e Z' foram levados a um gráfico semilogarítmico e os pontos alinharam-se segundo uma reta, com boa aderência, como mostra a Fig. 9.4.

A equação da reta interpolatriz ou reta de ajustamento foi:

$$Z = 6,58 \log X - 16,55$$

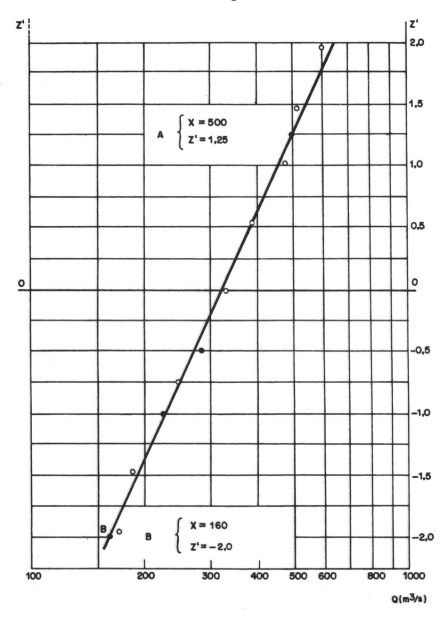

Figura 9.4 Gráfico de previsão de enchentes do rio Paraíba, em Guararema, pelo método de Galton-Gibrat

PREVISÃO DE ENCHENTES **271**

Essa equação foi estabelecida em função dos pontos A ($X = 500$ e $Z' = 1,25$) e B ($X = 160$ e $Z' = -2$), tomados sobre a reta.

Para $T = 1\ 000$ anos e $f = 0,1$:

$$F = 100 - f = 99,9$$

donde:

$$F - 50 = 49,9$$

Em função de $F - 50$, obtém-se da curva normal de Gauss $Z' = 3,10$. Ora:

$$X = \text{antilog}\ \frac{3,10 + 16,55}{6,58} = \text{antilog}\ 3,000$$

Logo:

$$X_{1\ 000} = 1\ 000\ \text{m}^3/\text{s}$$

9.4.7 Aplicação do método de Gumbel

Com base na teoria dos extremos de amostras ocasionais, Gumbel demonstrou que, se o número de vazões máximas anuais tende para o infinito, a probabilidade P_i de qualquer uma das máximas ser menor do que um certo X_i é dada pela equação:

$$P_i = e^{-e^{-Y_i}}$$

onde:

e = base dos logaritmos neperianos,

$Y_i = a\,(X_i - X_f)$.

sendo Y_i é a variável reduzida, a um parâmetro, X_i um certo valor da variável aleatória X (vazões máximas anuais), $X_f = \mu - 0,450\,\sigma$ para $n \to \infty$ (μ é a média do universo e σ o desvio padrão do universo).

Na prática, não se tem um número suficiente de dados para se considerar $n \to \infty$, principalmente no Brasil. Gumbel calculou os parâmetros a X_f pelas seguintes expressões:

$$X_f = \overline{X} - S\ \frac{Y_a}{\sigma_a}$$

$$a = \frac{\sigma_a}{S}$$

Os valores $\overline{Y}_a$ e σ_a foram tabelados em função do número das amostras, como indica a Tab. 9.7.

Ta2ela 9.7

n	Y_a	n
20	0,52	1,06
30	0,54	1,11
40	0,54	1,14
50	0,55	1,16
60	0,55	1,17
70	0,55	1,19
80	0,56	1,19
90	0,56	1,20
100	0,56	1,21
150	0,56	1,23
200	0,57	1,24
—	0,57	1,28

Para o rio Paraíba, em Guararema, têm-se: $n = 39$, $S = 106,1$ e $\overline{X} = 343,2$.
Para $n = 39$, $\overline{Y}_n = 0,54$ e $\sigma n = 1,14$:

$$X_f = 293$$

$$a = 0,0114$$

A reta de Gumbel será da forma:

$$Y_i = 0,0114 \, (X_i = 293)$$

Essa reta cortará o eixo $Y_i = 0$ para $X_i = 293$.

Na prática, pode-se marcar X em função de F no papel de probabilidade de Gumbel. Porém, esses valores de F são calculados em função do número das amostras (ver Tab. 9.8).

Tabela 9.8

n	F_1	F_n
15	93,551	4,600
20	95,123	3,554
25	96,079	2,902
30	96,720	2,456
35	97,182	2,130
40	97,531	1,882
45	97,802	1,687
50	98,020	1,529

n = número de amostras
F_1 = primeira freqüência da série
F_n = ultima freqüência da série

PREVISÃO DE ENCHENTES 273

A diferença entre duas freqüências consecutivas é dada pela expressão:

$$\Delta F = \frac{F_1 - F_n}{n - 1}$$

Assim: $F_2 = F_1 - \Delta F$, $F_3 = F_2 - \Delta F$ etc.

No caso em questão $n = 39$, donde:

$$\Delta F = 2,515$$

Organizou-se, então, a Tab. 9.9, onde se tem pares de valores $T = 100/(100-F)$ e X, que foram levados ao papel de probabilidade de Gumbel (Fig. 9.5).

Observa-se que a reta $Y_i = 0,0114 (X_i = 293)$ dá boa aderência aos pontos marcados no gráfico.

Por esse gráfico pode-se determinar facilmente a vazão milenar $X_{1\,000} = 890$ m³/s.

9.4.8 Comparação de valores de vazões milenares estimadas por processos probabilísticos

Como se viu, os resultados obtidos pelos diferentes métodos de cálculo de vazão máxima para o rio Paraíba, em Guararema, foram os seguintes:

Método de Fuller	888 m³/s
Método de Ven Te Chow	937 m³/s
Método de Foster-Hazen	750 a 1 000 m³/s
Método de curva normal de Gauss	670 a 740 m³/s
Método de Galton-Gibrat	1 000 m³/s
Método de Gumbel	890 m³/s

Verifica-se que o emprego do método da curva normal de probabilidade leva a valores bem inferiores aos obtidos pelos demais. Tanto nesse método como no de Foster-Hazen, os pontos observados não se ajustaram bem às retas de melhor aderência calculadas em função da tábua da curva de freqüência assimétrica Tipo III de Pearson. Nesses dois métodos, os pontos se ajustaram em torno de duas retas distintas, razão pela qual foram apresentados dois resultados.

Nos métodos de Galton-Gibrat e de Gumbel, os pontos observados se ajustaram muito bem às retas de melhor aderência.

Os métodos de Fuller e de Ven te Chow deram resultados próximos aos obtidos pelo método de Gumbel. Isso pode ser considerado até certo ponto normal, pois todos os três se baseiam numa mesma teoria estatística, a *teoria dos extremos de amostras ocasionais*.

A escolha final de um determinado valor de vazão milenar para dimensionar uma obra caberá ao engenheiro responsável pelo projeto, de acordo com a importân-

HIDROLOGIA

Tabela 9.9 Freqüência segundo Gumbel

$F_1 = 97,501$
$F_J = 1,932$

$n = 39$

$T = \dfrac{100}{100 - F}$

n.º	F	100-F	$T = \dfrac{100}{100 - F}$	X
1	97,500	2,500	40	600
2	94,986	5,014	19,944	540
3	92,471	7,529	13,282	518
4	89,956	10,044	9,956	496
5	87,441	12,559	7,962	496
6	84,926	15,074	6,634	483
7	82,411	17,589	5,685	460
8	79,896	20,104	4,974	434
9	77,381	22,619	4,421	44e
10	74,866	25,134	3,979	409
11	72,351	27,649	3,617	399
12	69,836	30,164	3,315	398
13	67,321	32,679	3,060	394
14	64,806	35,194	2,841	365
15	62,291	37,709	2,652	359
16	59,776	40,224	2,486	350
17	57,261	42,739	2,340	344
18	54,746	45,254	2,210	335
19	52,231	47,769	2,093	335
20	49,716	50,289	1,989	331
21	47,201	52,799	1,894	326
22	44,686	55,314	1,808	323
23	42,171	57,829	1,729	320
24	39,656	60,344	1,657	319
25	37,141	62,859	1,591	311
26	34,626	65,374	1,530	304
27	32,111	67,889	1,473	296
28	29,596	70,404	1,420	284
29	27,081	72,919	1,371	278
30	24,566	75,434	1,326	265
31	22,051	77,949	1,283	248
32	19,536	80,464	1,243	246
33	17,021	82,979	1,205	242
34	14,506	85,494	1,170	221
35	11,991	88,009	1,136	210
36	9,476	90,524	1,105	192
37	6,961	93,039	1,075	185
38	4,446	95,554	1,047	181
39	1,931	98,069	1,020	173

PREVISÃO DE ENCHENTES

cia da obra, o grau de confiança que ele deposita na precisão dos dados de vazões máximas e, principalmente, a sua experiência profissional.

Para comparação, são citadas ainda as vazões milenares calculadas pelo professor Alfredo Bandini e o engenheiro Adolpho Santos Jr. para o rio Paraíba, em Guararema, em dois trabalhos de grande valor.

No trabalho do engenheiro Adolpho Santos Jr. *Das cheias do rio Paraíba*, encontra-se o seguinte resultado para Santa Branca Guararema:

vazão milenar	$X_{1\,000}$ =	899 m³/s
limite fiducial inferior		668 m³/s
limite fiducial superior		1 190 m³/s

Esses limites foram calculados com grau de confiança igual a 95%. Verifica-se, assim, que todos os resultados obtidos pelos métodos anteriores caem dentro dos limites calculados por Adolpho Santos Jr.

O professor Alfredo Bandini adaptou as fórmulas de Fuller à bacia do Paraíba e a alguns dos seus afluentes. Para Guararema, a fórmula determinada neste trabalho é:

$$Q = 0,145 \cdot A^{0.931} (1,2 + 0,48 \log T)$$

para $T = 1\,000$, $A = 5\,300$ km² e $Q_{1\,000} = 1\,084$ m³/s. Esse valor é próximo do calculado pelo método de Galton-Gibrat e cai também dentro dos limites fiduciais calculados por Adolpho Santos Jr.

Finalizando, conclui-se que os métodos probabilísticos de previsão de enchentes aqui estudados conduzem a resultados satisfatórios, caindo todos dentro da faixa dos limites fiduciais com grau de confiabilidade de 95%, tomando por base o trabalho de Adolpho Santos Jr.

9.5 MÉTODOS INDIRETOS

Freqüentemente, e sobretudo em casos de pequenas bacias, os dados relativos às vazões máximas são insuficientes, devido à sua observação ser difícil e onerosa; por outro lado, os dados pluviométricos podem abranger um período de tempo razoável. Quando isso ocorre, pode-se correlacionar as enchentes e as chuvas que lhes deram origem. Constituem os chamados processos indiretos para previsão de enchentes, cujos tipos principais são os seguintes: o impropriamente chamado *método racional*, o do *fluviograma unitário* e o do *streamflow routing*.

9.5.1 Método racional

A fórmula para o cálculo de vazões de cheias de uma bacia hidrográfica pelo método racional é:

$$Q = CiA$$

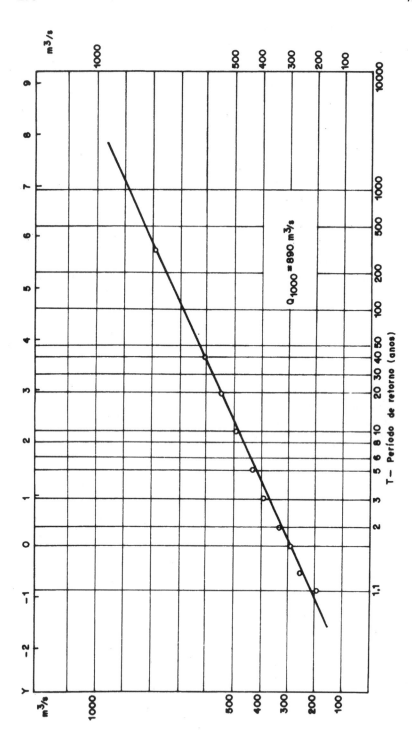

Figura 9.5 Gráfico de previsão de enchentes do rio Paraíba, em Guararema, pelo método de Gumbel

PREVISÃO DE ENCHENTES

onde C é o coeficiente de escoamento superficial; A, a área da bacia contribuinte e i, a intensidade de uma chuva cuja duração seja igual ao tempo de concentração da bacia.

Essa última condição é importante para que toda a área de drenagem esteja contribuindo para a seção do posto fluviométrico considerado.

Esse método, embora chamado de racional, na realidade é pouco racional, pois sua aplicação exige a adoção de certas grandezas *a priori*, o que depende muito do critério pessoal, motivo pelo qual nem sempre é recomendável.

No Cap. 5 já foi mostrado como se obtêm fórmulas para o cálculo da intensidade de chuvas em função da duração e do período de retorno. Foram estudados, entre outros, os trabalhos de Parigot de Souza para Curitiba, Ulysses M.A. de Alcântara e A. Rocha Lima para o Rio de Janeiro e Paulo Wilken, Antonio Garcia Occhipinti e PauloM M. dos Santos para a cidade de São Paulo.

O tempo de concentração pode ser calculado com razoável precisão pela fórmula de George Ribeiro:

$$t = \frac{16L}{(1,05 - 0,2p)\,(100s)^{0.04}}$$

onde:

t = tempo de concentração (em min);

L = desenvolvimento do talvegue (em km);

s = declividade média do talvegue (em m/m);

p = relação entre a área coberta de vegetação e a área total da bacia

Para se determinar o coeficiente de escoamento superficial têm sido sugeridas várias fórmulas em função da duração e intensidade das chuvas, temperatura média anual, porcentagem de impermeabilização e forma da bacia. Horner apresenta uma tabela com os valores do coeficiente de escoamento superficial em função da duração de chuvas, forma da bacia e porcentagem de impermeabilização. Estabeleceu, ainda, a seguinte expressão:

$$C = 0,364 \log t + 0,0042p - 0,145$$

onde:

p = porcentagem de impermeabilização;

t = tempo de duração das chuvas (em min).

Fantoli elaborou um ábaco de C em função do produto da intensidade de chuva e sua duração e um coeficiente de impermeabilidade da bacia, relação entre a área impermeável e a permeável.

9.5.2 Fluviograma unitário

Qualquer fluviograma de um período de cheia pode ser considerado a soma de dois fluviogramas: *um*, referente ao deflúvio básico, produzido pela infiltração efluente, na calha fluvial, de águas subterrâneas; *outro*, relativo ao deflúvio direto, melhor chamado deflúvio imediato, formado pelas águas que se escoam pela superfície do terreno e por porção substancial das que se escoam subsuperficialmente, alcançando o rio em tempo relativamente curto, a contar da chuva que lhes deu origem.

As flutuações de vazão que podem ocorrer devido ao deflúvio básico são muito menos importantes, em ordem de grandeza, que aquelas causadas pelo deflúvio direto e, além disso, essas flutuações obedecem, conforme a sua origem — básica ou direta —, a leis completamente diferentes. Assim estudam-se separadamente o fluviograma do deflúvio básico e o do deflúvio direto, referindo-se ao último, exclusivamente, a teoria do fluviograma unitário. Essa teoria se baseia nos seguintes princípios:

1. *Princípio da constância do tempo-base.* Para uma dada bacia contribuinte, a duração do deflúvio direto é a mesma para qualquer chuva, uniformemente distribuída e de intensidade constante, de igual duração, qualquer que seja o volume total escoado sob forma de deflúvio direto.

2. *Princípio da proporcionalidade das descargas.* Para uma dada bacia contribuinte, se duas chuvas de igual duração, ambas uniformemente distribuídas e de intensidade constante, produzem deflúvios diretos totais diferentes, então a descarga desses deflúvios no mesmo tempo *t* qualquer, após o início das duas precipitações, estão entre si na mesma proporção que os respectivos deflúvios diretos totais.

3. *Princípio da independência dos deflúvios simultâneos de chuvas diversas.* O tempo de escoamento do deflúvio direto de uma dada chuva independe do deflúvio direto de chuva anterior que, por acaso, esteja ocorrendo simultaneamente.

Todos esses princípios são empíricos e pode-se provar que nenhum deles é matematicamente certo. O fluviograma unitário é o fluviograma de uma unidade de volume de deflúvio direto produzido por uma chuva de duração unitária, uniformemente distribuída sobre a bacia e de intensidade constante. A unidade de volume é invariavelmente tomada como sendo o volume correspondente a uma profundidade de água unitária (1 cm ou 1 mm) sobre a projeção horizontal da área da bacia; a unidade de duração da chuva depende do tamanho da bacia contribuinte, do tipo de registro pluviométrico disponível e da desejada precisão do estudo.

Ao se referir a um fluviograma unitário, deve-se sempre mencionar as duas unidades, a altura do deflúvio (volume do deflúvio) e a duração da chuva. Assim diremos, por exemplo, fluviograma unitário de 1 mm de altura de deflúvio para chuvas de 10 minutos. De regra, toma-se para escala das ordenadas do fluviograma unitário a porcentagem do deflúvio total que ocorre em sucessivos e curtos intervalos de tempo, construindo-se o gráfico de distribuição de Bernard, em forma de degraus (histograma), pois as ordenadas representam o volume percentual escoado em cada incremento do tempo.

Observação: Essa apresentação sucinta do método do fluviograma unitário se deve ao Grupo de Hidrologia da Sursan, sob a orientação do engenheiro Ulysses M. A.

PREVISÃO DE ENCHENTES

de Alcântara, e se encontra na excelente monografia "Vazão máxima do rio Rainha", julho de 1963.

A aplicação do método do fluviograma unitário é bastante trabalhosa, porém, no caso de uma bacia hidrográfica da qual se tem alguns dados limnigráficos e pluviográficos, os resultados podem ser razoáveis.

Não se pode contar com uma chuva isolada caindo uniformemente distribuída sobre a bacia e com intensidade constante, como seria ideal. além disso, é difícil determinar o fluviograma do deflúvio direto separando-o do deflúvio básico ou vazão básica, porque a variação do deflúvio básico durante a enchente é praticamente desconhecida. Na realidade, mesmo o instante em que cessa o escoamento superficial é difícil de ser fixado nos hidrogramas. Na prática são adotadas certas simplificações para contornar o problema.

Um outro grave inconveniente desse método é determinar a chuva excedente, ou seja, a chuva que efetivamente cai em excesso acima da capacidade de infiltração e retenção no solo. Assim, a rigor, deve-se conhecer a capacidade da infiltração no solo, a qual é expressa por:

$$f_t = f_c + (f_o - f_c) \, e^{-kt}$$

onde:

f_t = capacidade de infiltração no instante t;

f_c = capacidade de infiltração final;

f_o = capacidade de infiltração para $t = 0$;

k = constante;

t = tempo decorrido de precipitação.

A determinação dos parâmetros dessa equação se faz em função de pluviogramas e fluviogramas correspondentes e, em geral, é bastante trablhosa.

Existem fórmulas práticas para o cálculo das vazões máximas baseadas na teoria do hidrograma unitário. Snyder estabeleceu um certo número de fórmulas para as bacias da região dos Apalaches, nos Estados Unidos, que visam determinar a vazão de pico, o tempo básico e o tempo de retardamento ou defasagem (intervalo de tempo que separa o centro de gravidade do hietograma e o pico do fluviograma).

Segundo Snyder, o tempo de retardamento é:

$$t_p = 1,38 \, C_t \, (L\bar{L})^{0.3}$$

onde:

t_p = tempo de retardamento (em horas);

C_t = constante que depende das unidades escolhidas e das condições flúvio-morfologicas da bacia (na região de Apalaches varia entre 1,8 a 2,2);

L = comprimento do curso de água principal do posto fluviométrico à linha do divisor de águas (em km);

$\overline{L}$ = distância ao longo do curso principal, do posto fluviométrico ao centro de gravidade da bacia (em km).

Para o tempo de duração das chuvas unitárias, o mesmo autor sugere a seguinte fórmula:

$$t_c = \frac{t_p}{5,5} \quad \text{(em horas)}$$

O valor da vazão de pico do fluviograma unitário para uma chuva unitária que provoca um escoamento superficial de uma polegada é dada pela expressão:

$$q_p = \frac{6,9 \, C_p A}{t_p}$$

onde:

q_p = vazão do pico (em m³/s);
A = área da bacia (em km²);
C_p = coeficiente que varia de 0,56 a 0,69.

9.5.3 O "streamflow routing"

Baseia-se na equação do armazenamento ou do amortecimento de ondas de enchente. Os poucos conhecimentos dos fatores que influem nas condições de armazenamento nas bacias contribuintes impedem ainda a utilização freqüente desse método.

Para contornar as dificuldades, o professor Kokei Uehara propôs um método para determinar graficamente curvas características que representam as leis de armazenamento em função de dados de chuvas e do deflúvio correspondente. A determinação gráfica de vazões máximas em função dessas curvas características e dos dados pluviográficos é justificada pelo professor Uehara do modo como se mostra a seguir.

A equação do armazenamento é:

$$\frac{I_1 + I_2}{2} \, \Delta t - \frac{O_1 + O_2}{2} \, \Delta t = S_2 - S_1 = \Delta S$$

onde:

I = intensidade de chuva excedente;
O = vazão do rio na seção considerada;
S = volume temporariamente armazenado na bacia;
t = tempo.

PREVISÃO DE ENCHENTES

Assimila-se ou substitui-se o volume temporariamente armazenado na bacia contribuinte por um volume retido num "reservatório único" que apresente "características de armazenamento" igual ao efeito de toda a bacia contribuinte. Substituem-se I por Q_e, vazão que entra no "reservatório único", e O por Q_s, vazão que sai do reservatório único através de um "extravasor imaginário".

Pode-se então, iniciar a solução gráfica.

No gráfico, conhecem-se:

$Q_s = f(t)$, dado pelo limnígrafo da seção em estudo (deflúvio direto);

$Q_e = f(t)$, dado pelos pluviógrafos instalados na bacia contribuinte (chuvas excedentes);

$Q_e \Delta t$, calculado em função de Δt adotado *a priori*.

O problema consiste em determinar curvas características de uma bacia para cada par de curvas $Q_e = f(t)$ e $Q_s = f(t)$. Essas curvas características traduzirão todos os efeitos amortecedores da bacia contribuinte, em forma de um "reservatório único".

Poderiam ser traçadas essas curvas para os pares de valores Q_e e Q_s de dezembro, janeiro, fevereiro e março etc. para cada mês do tempo das chuvas, pois as condições de retenção e escoamento das áreas drenantes são diferentes em função das precipitações, vegetações e outros fatores.

Assim, pode-se traçar curvas características médias de uma bacia, para cada mês (Fig. 9.6).

Em função dessas curvas características médias de uma bacia e dos pluviogramas já levantados, podem ser estimados os deflúvios diretos por acaso desconhecidos por falta de dados limnigráficos.

A determinação dos pontos B a partir do ponto A' sobre a curva Q_e *e A sobre a curva característica se fez conhecendo* $Q_e = f(t)$, $Q_s = f(t)$ e Δt (fixo), e, seguindo a numeração das setas, pode-se determinar facilmente o ponto B, que deve estar sobre a curva característica procurada.

Com as vazões assim determinadas pode-se estimar vazões de enchente com base em qualquer dos métodos probabilísticos já conhecidos. Pode-se também, fazer uma análise estatística das curvas características das bacias, extrapolando-se para as vazões de Q_e e Q_s maiores que as observadas.

Uma vez preparado o gráfico (Fig. 9.6), estima-se o hietograma de uma chuva máxima. Em função desse hietograma determina-se a curva $Q_e = f(t)$, que é lançada no gráfico já preparado. A determinação da vazão máxima segue, então, o mesmo processo gráfico do amortecimento de uma onda de enchente por um reservatório de acumulação.

O método gráfico apresenta inconvenientes análogos aos do fluviograma unitário, pois defronta-se com o problema de determinação da chuva excedente e do deflúvio direto. Ele adapta-se bem para determinar a curva de ascensão do fluviograma até atingir o pico. Assim, calcula-se que, para a estimativa do pico de enchentes, esse método possa ser bastante útil, após um estudo mais acurado.

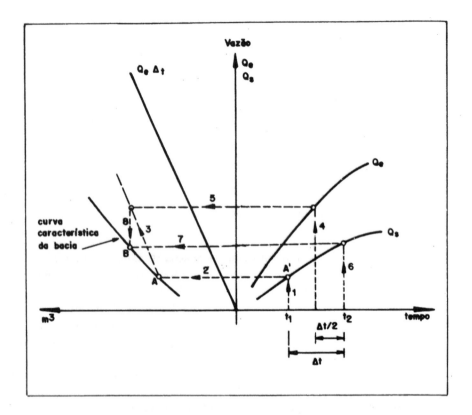

Figura 9.6 Determinação gráfica da curva característica de uma bacia.

O professor Uehara fez uma aplicação prática de seu método com os dados do rio Rainha, que a seguir é reproduzido.

No trabalho "Vazão máxima do rio Rainha", de autoria do engenheiro Ulysses Máximo Augusto de Alcântara, são encontrados os seguintes dados:

a) Chuva do dia 22-1-1962 na bacia do rio Raina, a montante da Universidade Católica (Rio de Janeiro):

área da bacia	260 ha
índice de conformação	0,33
índice de compacidade	1,29
densidade de drenagem	2,27 km/km^2
declividade equivalente constante	18%
declividade média dos terrenos da bacia	46%

PREVISÃO DE ENCHENTES **283**

b) Características da chuva e deflúvio direto:

altura	39,5 mm
duração	80 min

Tabela 9.10 Chuva excedente e deflúvio verificados no rio Paraíba

Nº	Período	Chuva excedente por período		Deflúvio direto por período m³)
		mm	m³	
1	19:20h a 19:30h	1,05	2,726	491
2	19:30h a 19:40h	1,54	4,009	1,429
3	19:40h a 19:50h	0,51	1,336	1,807
4	19:50h a 20:h	0,31	802	1,563
5	20:h a 20:10h	0,29	748	1,140
6	20:10h a 20:20h	0,12	321	772
7	20:20h a 20:30h	0,10	267	613
8	20:30h a 20:40h	0,14	348	504
9	20:40h a 20:50h	—	—	411
10	20:50h a 21:h	—	—	352
11	21:h a 21:10h	—	—	298

No estudo do rio Rainha foi fixado como fim do escoamento 20h40min.
No processo gráfico basta ir até 21h10min., apenas como exercício. A curva de recessão para valores de vazão baixos pode ser determinada por analogia com outros hidrogramas, com boa precisão.

Tabela 9.11

Nº	Período	Q_s Chuva excedente vazão média no período (m³/s)	Q_s Deflúvio direto vazão média no período (m$_3$/s)
1	19:20h a 19:30h	4,54	0,82
2	19:30h a 19:40h	6,18	·2,36
3	19:40h a 19:50h	2,23	3,00
4	19:50h a 20:h	1,34	2,60
5	20:h a 20:10h	1,25	1,80
6	20:10h a 20:20h	0,54	1,29
7	20:20h a 20:30h	0,45	1,02
8	20:30h a 20:40h	0,58	0,84
9	20:40h a 20:50h	—	0,69
10	20:50h a 21:h	—	0,58
11	21:h a 21:10h	—	0,50

HIDROLOGIA

Para a aplicação gráfica, as chuvas excedentes por período e deflúvio direto por período foram transformadas em vazão. Sendo o período escolhido de $\Delta t = 10$ min $= 600$ s, é suficiente dividir os valores em m^3 por 600 para termos a vazão em m^3/s.

Os dados da Tab. 9.11 foram transportados a um gráfico (Fig. 9.7), onde marcou-se o tempo no eixo positivo das abcissas, no eixo das ordenadas as vazões Q_e e Q_s e no eixo negativo das abcissas os volumes. Assim, temos os hidrogramas Q_e e Q_s no primeiro e uma reta $Q_e\Delta t$ no segundo quadrante.

A reta $Q_e\Delta t$ foi calculada da seguinte forma:

$$\Delta t = 10 \text{ min} = 600 \text{ s}$$

$$Q_e = 0 \quad \rightarrow \quad Q_e\Delta t = 0$$

$$Q_e = 10 \text{ m}^3/\text{s} \quad \rightarrow \quad Q_e\Delta t = 6\ 000 \text{ m}^3/\text{s}$$

O traçado da curva característica da bacia no diagrama não é difícil.

1. A origem das coordenadas (Q_e, Q_s e volume) pertence à curva característica.

2. A partir desse ponto e em função dos hidrogramas Q_e e Q_s determina-se o ponto A da curva.

3. Traça-se uma reta paralela a $Q_e \Delta t$ a partir da origem (é a própria reta $Q_e \Delta t$).

4. $\Delta t = 10$ min (admitido previamente).

5. De 9h20min $+ \Delta t/2$, isto é, 9h25min, levanta-se uma vertical que corta a curva Q_e em A_2.

6. De A_2 traça-se uma horizontal que corta a reta paralela a $Q_e \Delta t$ (esta primeira paralela coincide com a própria $Q_e \Delta t$) traçada da origem (ponto pertencente à curva procurada), em A_3.

7. De A_3 traça-se uma reta vertical que corta a horizontal passando pelo ponto A_1 da curva Q_s (este A_1 é o ponto de interseção da vertical levantada de 19h20min $+ \Delta t = 19$h30min com a curva Q_s) em A, que é o ponto procurado.

8. Repetindo-se a operação, determinam-se os pontos A, B, C, D, E, F, G etc.

Obtêm-se, assim, duas curvas: uma correspondente ao período de ascensão do hidrograma e a outra, ao de recessão. Portanto, em função de pares de curvas Q_e e Q_s pode se estudar esses dois tipos de curvas características médias.

Estabelecidas as curvas características da bacia, a determinação do fluviograma de uma enchente provocada por uma determinada chuva é imediata. Para isso transforma-se a chuva excedente em vazões Q_e. Em função das curvas características determina-se o hidrograma Q_s, segundo processo gráfico análogo ao do amortecimento de onda por um reservatório de acumulação e um extravasor.

PREVISÃO DE ENCHENTES

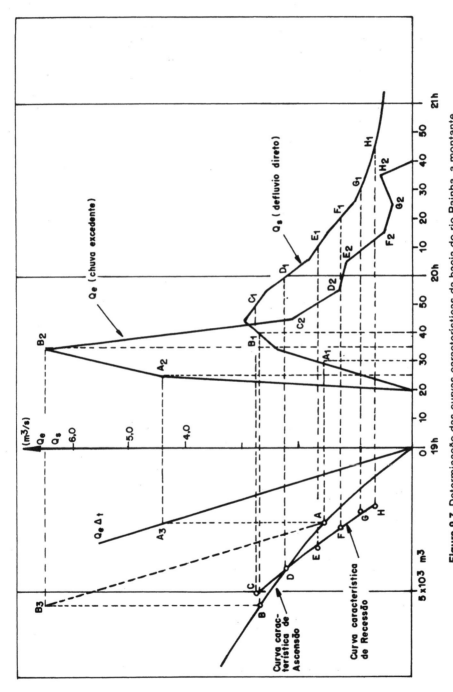

Figura 9.7 Determinação das curvas características da bacia do rio Rainha, a montante da Universidade Católica do Rio de Janeiro, pelo método gráfico *streamflow routing*

9.6 MÉTODOS HIDROMETEOROLÓGICOS

Nas obras hidráulicas, a segurança é fundamental para evitar conseqüências desastrosas, com um eventual colapso, e para preservar o contexto existente a jusante do local de sua implantação. Nesse sentido, os métodos hidrometeorológicos constituem importante recurso para a fixação de critérios e de parâmetros de dimensionamento dessas obras. Esses métodos procuram definir a freqüência com que um determinado evento pode ocorrer, permitindo a fixação de elementos e parâmetros para otimizar o projeto em função da segurança de suas estruturas.

Nos casos em que existem riscos de desastres envolvendo populações ou áreas a serem preservadas, torna-se necessário estabelecer critérios que garantam a segurança das estruturas em função da ocorrência das condições mais críticas de vazão possível, dentro de limites tecnicamente aceitáveis. Os estudos de freqüência, via de regra, não estabelecem limites de máxima vazão num determinado curso de água. Entretanto existe um limite físico, determinado pelas dimensões da área drenada.

Os métodos hidrometeorológicos procuram estabelecer o valor limite a ser atribuído a vazões de enchente, mediante a avaliação da máxima precipitação fisicamente possível de ocorrer na bacia em estudo, com base nos dados e elementos disponíveis e dentro dos princípios da meteorologia. Assim, para uma rigorosa aplicação desses métodos, exige-se um considerável volume de dados hidrológicos e meteorológicos, dificilmente disponíveis num país como o nosso, onde a observação e o registro sistemático desses dados não tiveram até então a devida importância.

9.6.1 Avaliação da máxima precipitação provável

9.6.1.1 Conceituação

A utilização de dados meteorológicos para estimar o máximo limite físico da precipitação, visando avaliar vazões de enchentes no projeto de obras hidráulicas, teve origem origem na década de 1930.

Conceitualmente a *máxima precipitação possível* (MPP) é a maior altura pluviométrica de uma dada duração teoricamente possível de ocorrer sobre uma certa bacia hidrográfica numa dada época do ano. Na prática consiste em estimar a magnitude da chuva que não poderia ser excedida na bacia em estudo. Os valores assim estimados são baseados na compreensão do processo das precipitações e na habilidade em se definir o valor máximo ou o valor ótimo da quantidade de chuva em cada caso.

É importante citar que existem inúmeros casos de ocorrência de eventos hidrometeorológicos que excederam em muito os valores máximos observados nos estudos de distribuição de freqüência. Assim, deve-se levar em conta que podem ocorrer, de forma esperada, chuvas e enchentes excepcionais, de magnitude muitas vezes superior às máximas anuais observadas até aquela data.

O valor da máxima precipitação provável é obtido através da análise de varios eventos de forma independente e direta, como, por exemplo, as chuvas frontais, convectivas ou orográficas, representando as condições críticas para cada duração, não constituindo um fenômeno único. O U.S. Weather Bureau desenvolveu procedimen-

PREVISÃO DE ENCHENTES 287

tos que permitem avaliar a máxima precipitação provável mediante a maximização dos elementos meteorológicos mais significativos, tais como o ponto de orvalho, o grau de eficiência do mecanismo da chuva (precipitação efetiva) e as características das tormentas. A ocorrência da máxima precipitação provável está intimamente vinculada à *máxima enchente provável* (MEP), uma vez que numa determinada bacia existe relação causa-efeito entre as precipitações formadoras de máximas enchentes e a evolução e propagação delas.

9.6.1.2 Elementos necessários para a avaliação da MPP

Para avaliar a MPP, e conseqüentemente estimar a MEP, é necessária a compilação e sistematização de dados e elementos da bacia em estudo, tais como:

a) *dados hidrológicos e meteorológicos disponíveis*: localização em planta da rede hidrometeorológica dos postos pluviométricos e das estações meteorológicas; observações pluviométricas e pluviográficas compreendendo o registro das alturas pluviométricas diárias e os registros pluviográficos de grandes tormentas ocorridas; registros pluviométricos dos cursos de água principais e secundários contidos na bacia, incluindo alturas linimétricas, registros linigráficos, medições de descarga, relações cota-descarga, deflúvios instantâneos e deflúvios médios diários; observações meteorológicas de superfície (temperaturas do ar e do ponto de orvalho, ventos, pressão atmosférica e umidade relativa do ar), das camadas superiores (radiossondagens e sondagens aerológicas) e cartas sinóticas, incluindo fotografias de satélites.

b) *dados topográficos, geológicos, geomorfológicos e pedológicos da bacia.*

9.6.1.3 Estudos básicos para a avaliação da MPP

a) *Climatologia*, incluindo: distribuição espacial e sazonal dos principais fatores climáticos (ventos, temperatura do ar, umidade relativa, evaporação e evapotranspiração, ponto de orvalho, precipitações); classificação do clima e da região; caracterização das zonas climáticas e pluviométricas.

b) *Fisiografia da bacia*, abrangendo: definição do comprimento dos talvegues; caracterização da rede fluvial da área; definição dos fatores de forma; densidade de drenagem; análise do relevo (declividades, barreiras); definição dos índices morfológicos e sua relação com o comportamento hidrológico; caracterização e tipificação dos solos da bacia; cobertura vegetal; ocupação e uso do solo na bacia; definição dos índices de retenção e de infiltração.

c) *Análise das características meteorológicas da bacia e das áreas circundantes*, compreendendo: definição dos tipos e das características das massas de ar e de sua estrutura vertical; principais centros de ação; padrões de circulação atmosférica; mecanismos de formação de tormentas na área; análise dos processos termoconvectivos e dos principais tipos de perturbações meteorológicas transientes em função do potencial de tormenta e de sua prolificidade pluviométrica; caracterização dos fenômenos, meteorológicos associados às maiores tormentas observadas na bacia, sua intensidade, duração e extensão; dinâmica climatológica da região, incluindo a análise estatística das principais tormentas, dos fenômenos meteorológicos e das variações típicas espaciais e temporais dos principais elementos meteorológicos associados às ocorrências de perturbações meteorológicas.

d) *Pluviologia*, abrangendo: análise dos dados quanto à consistência, significância, coerência e suficiência; homogeneização, complementação e extensão das séries de dados pluviométricos; seriação dos dados pluviométricos homogêneos (diários, mensais e anuais); distribuição sazonal das precipitações e seus parâmetros estatísticos; distribuição espacial das precipitações e seus parâmetros estatísticos; distribuição espacial e temporal das precipitações das grandes tormentas na bacia ou em áreas circundantes; consideradas bacias meteorologicamente homogêneas; definição do efeito orográfico; estudos de intensidade-duração-freqüência das máximas precipitações; estudo das relações entre a altura pluviométrica, a área e a duração da precipitação na área.

e) *Fluviologia*, incluindo: planta de localização da rede fluviométrica; análise dos dados fluviométricos quanto à consistência, significância, coerência e suficiência; traçado de linigramas típicos de enchente nas bacias e sub-bacias; análise de relações cota-descarga e de suas extrapolações; traçado e análise de hidrogramas típicos de enchente nas sub-bacias; análise das características dos hidrogramas típicos de enchente, abrangendo tempo de ascensão, tempo de recessão, taxa de diplexão e a subdivisão do hidrograma (deflúvio direto e deflúvio básico); análise das seqüências críticas de deflúvios máximos; distribuição temporal e espacial dos deflúvios e seus parâmetros estatísticos; deflúvios específicos máximos por sub-bacia; probabilidade de ocorrência de enchentes máximas nas diversas sub-bacias, incluindo a probabilidade de ocorrência de picos máximos anuais e de volumes máximos em diferentes períodos de dias consecutivos.

9.6.2 Estudos hidrometeorológicos

São efetuados com base em observações meteorológicas de superfície, radiossondagens, estruturas termodinâmicas padrões ou teóricas da atmosfera, compreendendo:

a) análise estatística dos pontos de orvalho máximos que podem ocorrer na região em estudo;

b) análise da estrutura vertical e da extensão horizontal das massas de ar capazes de produzir as máximas tormentas sobre a bacia;

c) avaliação da máxima água precipitável associada às massas de ar e perturbações meteorológicas potencialmente mais prolíferas em precipitação;

d) avaliação da máxima razão de suprimento de umidade, de condensação e de precipitação sobre a região;

e) modelos de processos termodinâmicos associados aos principais mecanismos formadores e intensificadores de tormentas;

f) características do ar afluente, incluindo teor de umidade, água precipitável, velocidade de afluência, barreiras de afluência, altura e extensão de afluência;

g) transposição de tormentas;

h) maximização de tormentas, compreendendo intensificação por efeito orográfico e por efeitos de convergência;

i) dinâmica das grandes tormentas, incluindo direções e velocidades de deslocamento.

PREVISÃO DE ENCHENTES

9.6.3 Máxima precipitação provável

A maximização de uma chuva pode ser entendida como os ajustes feitos para avaliar o total da precipitação que pode propiciar esse evento em condições meteorológicas críticas, passíveis de ocorrer na bacia ou região em estudo.

Considerando que a eficiência de uma chuva, medida em termos de capacidade de transformar a umidade presente na atmosfera em precipitação, depende de fatores ainda não completamente conhecidos, nos estudos hidrometeorológicos se admite que o volume precipitado é proporcional à umidade. Na falta de dados referentes à umidade existente nas camadas superiores da atmosfera, utiliza-se o ponto de orvalho na superfície como índice representativo.

A definição da MPP inclui o estudo da fenomenologia e da evolução das grandes tormentas localizadas nas sub-bacias e sobre a bacia como um todo, compreendendo:

a) distribuição espacial e temporal das precipitações;

b) evoluções típicas do tempo associadas à tormenta;

c) variações das precipitações com a evolução e o deslocamento das perturbações meteorológicas;

d) determinação das características do ar afluente, abrangendo ponto de orvalho representativo, características das massas de ar, teor de umidade, máxima água precipitável, velocidade e direção da afluência, barreira de afluência e altura e extensão da afluência;

e) transposição da tormenta, levando-se em conta a validade da transposição e a influência do relevo;

f) maximização da tormenta, considerando a razão da máxima água precipitável, a razão de afluência de teor de umidade e a razão de convergência;

g) caracterização dos fenômenos meteorológicos associados às máximas tormentas;

h) caracterização das máximas tormentas para as diferentes sub-bacias em função da localização de sua área e de suas características físicas;

i) determinação das precipitações máximas prováveis localizadas sobre as principais sub-bacias;

j) determinação da precipitação máxima provável sobre a bacia como um todo com diferentes hipóteses de evolução e deslocamento;

l) testes de comparação das precipitações máximas prováveis com os estudos de probabilidade de ocorrência de chuvas máximas.

Os valores que definem a MPP sobre a área ou bacia em estudo podem ser obtidos através de uma curva envoltória ajustada das máximas precipitações verificadas em função do tempo de duração. A MPP assim obtida, ou através de métodos análogos, deve se aproximar do limite físico que se procura definir para a precipitação sobre uma bacia. É lógico supor que os valores finais e o grau de confiabilidade dos resultados estão diretamente vinculados à quantidade e a qualidade dos dados básicos disponíveis e do conhecimento das características meteorológicas da região.

290 HIDROLOGIA

9.6.4 Hidrologia das enchentes

a) Estudo dos hidrogramas das maiores enchentes da bacia em estudo e sua relação com as chuvas que as produziram, incluindo elementos característicos do hidrograma, decomposição do hidrograma, deflúvio direto e deflúvio básico, relação pico-volume.

b) Estudo do mecanismo de formação, desenvolvimento, propagação e sincronismo das enchentes ao longo da bacia, abrangendo análise das condições antecedentes, análise dos índices de retenção, análise das máximas enchentes localizadas nas sub-bacias, análise das máximas enchentes na bacia como um todo.

9.6.5 Enchente máxima provável

a) Determinação das condições antecedentes mais desfavoráveis.

b) Índices de retenção mínima.

c) Hidrogramas típicos das enchentes máximas, suas características, sua decomposição e relação pico-volume das enchentes máximas.

d) Hidrogramas de distribuição das máximas chuvas excedentes prováveis.

e) Máxima chuva excedente provável, ou seja, o máximo deflúvio direto provável.

f) Hidrogramas das máximas enchentes prováveis nas principais sub-bacias e na bacia como um todo.

g) Seqüências máximas de deflúvio.

h) Propagação de ondas de enchentes e seu sincronismo na bacia em estudo.

REFERÊNCIAS BIBLIOGRÁFICAS

ALCÂNTARA, U.M.A. "A vazão do rio Rainha". SURSAN, julho, 1963.

BANDINI, A. "Valores máximos das vazões médias diárias durante as enchentes na bacia do rio Paraíba." In revista do DAE, n? 50, setembro, 1963.

CHOW, Ven te. *Handbook of Applied Hidrology*. Nova Iorque, McGraw-Hill, 1964.

DAVIS. *Handbook of Applied Hydraulics*. Nova Iorque, McGraw-Hill, 1942.

FAIR e GEYER. *Water supply and waste-water disposal*. Nova Iorque, John Wiley and Sons, 1954.

GARCEZ, L.N. *Hidrologia*. São Paulo, Departamento de Livros e Publicações do Grêmio Politécnico, 1961.

HERSHFIELD, D.M. Estimating the probable maximum precipitation, Journal of the Hydraulics Division, *ASCE*, setembro de 1971.

LEME, R.A. da S. "Os extremos de amostras ocasionais e suas aplicações à Engenharia." Tese de concurso à livre-docência da Escola Politécnica da Universidade de São Paulo, 1958.

LINSLEY, K e PAULHUS. *Applied Hydrology*. Nova Iorque, McGraw-Hill, Nova Iorque, 1949.

PAULHUS, J.L.H. e GILMAN, C.S. Evaluation of probable precipitation, *Trans. American Geophysical Union*, **34**, outubro de 1953.

PREVISÃO DE ENCHENTES

RÉMÉNIÉRAS, G. *L'Hydrologie de l'ingenieur*. Paris, Eyrolles, 1960.

SANTOS Jr., A. "Das cheias do rio Paraíba." In revista *Engenharia*, nº 243, fevereiro, 1963.

SOUZA PINTO, N.L. de e outros. *Hidrologia básica*. São Paulo, Blücher, 1978.

UEHARA, K. "Contribuição para o estudo de vazões mínimas, médias e máximas de pequenas bacias hidrográficas." Tese de concurso à livre-docência da Escola Politécnica da Universidade de São Paulo, 1964.

YASSUDA, E.R. *Hidrologia*. Edição mimeografada do curso professado na Faculdade de Higiene e Saúde Pública de São Paulo, 1958.

GRÁFICA PAYM
Tel. [11] 4392-3344
paym@graficapaym.com.br